항해기초실습

김종성
이윤석
박영수
윤귀호
배병덕
이형기 공저

도서출판 상학당

머리말

항해계열 1학년 학생을 대상으로 선박에 대한 기초지식을 습득하고 선박의 친숙화를 위하여 기초승선실습을 시행하고 있다. 이러한 기초승선실습을 시행함에 있어 보다 효과적인 승선실습이 이루어지도록 하기 위한 적절한 교재의 필요성이 대두되었고, 이에 항해계열 교수님의 노력으로 이 교재를 편찬하게 되었다. 이 교재는 해양환경의 변화, 선박에 탑재하는 항해장비의 최신화, 그리고 선박승무원의 의식의 변화 등에 발맞춰 최신화 내용을 담았고, 보다 실무적인 측면에서 내용을 편성하고자 해사대학생의 실습을 전담하는 교수님을 중심으로 이 교재의 편찬작업을 하게 되었다.

이 교재의 편찬을 위해 우선 최신화되고 새로운 자료들을 모으는 작업부터 시작되었으며, 이어 수집된 자료들을 정리 · 취합하는 작업이 이어졌다. 이렇게 정리된 자료를 편집교수님들이 모여 의견을 교환하고 합의를 바탕으로 이 교재인 《항해기초실습》이 세상에 나올 수 있게 되었다.

그간 바쁜 와중에도 기꺼이 시간을 내어준 교수님들께 심심한 감사를 드리며 이 교재가 항해계열 실습생의 선박기초교육에 도움이 되고 반려자가 되기를 바란다. 또한 우리 저자들은 해양환경과 선박의 변화를 적극적으로 수용하고, 개정할 내용을 지속적으로 모으는 활동을 계속할 예정이며, 앞으로도 지속적으로 교육과정에 맞추어 개정 · 보완할 것임을 약속하는 바이다.

끝으로 바쁘신 와중에도 이 교재가 편찬될 수 있도록 많은 배려를 해주신 도서출판 상학당의 남승우 사장님에게 진심으로 감사의 마음을 전한다.

2009년 1월

저자 일동

차 례

제 2 장 항 해

제 3 장 선박조종 및 운항

제 4 장 선박 관리

제 5 장 국제해사안전관리

제 6 장 해상교통법

제 1 장

선박의 개요 및 당직근무

제1장 선박의 개요 및 당직근무

1.1 선박의 정의

우리 고유의 용어로는 배라고 표기하며 한자로는 선박(船舶)이라고 하는데, 실무상 이것은 주로 대형선을 의미하고, 단정(丹艇)은 소형선을 의미하나 법규상으로는 공통적으로 선박이라는 어휘로 통일하여 사용된다. 해상에서의 운반체를 영어로는 Ship, Vessel, Boat, Marine Vehicle, Carrier, Freighter, Craft 등의 여러 가지 명칭들이 별다른 구별 없이 사용되고 있으나, 엄밀히 구별하면 Ship은 대형선을 의미하고, Boat는 소형선을 의미하며, Vessel은 대형선과 소형선을 모두 포함하는 의미를 갖는다. 우리나라에서 법률적으로 선박을 정의함에 있어서는 상법, 선박법, 해상교통안전법 등에서 약간씩 서로 다르게 규정하고 있으나, 일반적으로는 사람 또는 물건을 적재하여 항행의 용도에 제공되는 것이라고 정의할 수 있다. 즉, 선박은 부양성(浮揚性), 적재성(積載性) 및 이동성(移動性)의 3가지 특성을 갖는 특수 구조물이라고 말할 수 있는 것이다.

1.2 선박 발달의 역사

선박 발달의 역사는 인류의 역사와 함께 시작되었다고 추정되지만 그 과정은 자세히 알 수 없다. 다만 세계 최초의 원시적인 선박의 형태는 한 토막의 통나무였으며, 이것이 뗏목(筏, 벌)이 되고, 다시 통나무를 파서 배를 만드는 단계로 발전하였다. 이집트의 나일강 유역에서는 6천년 전에 벌써 갈대와 비슷한 풀을 엮어서 타고 다닌 기록이 있으며, 그 후에 대나무나 목판으로 골격을 만들고 여기에 목피나 수피(獸皮)를 입혀 배를 만들게 되었고, 마침내는 나무의 골격에 목판을 덧붙인 선박으로 발달하게 되었다. 지금도 남태평양의 원주민들이 사용하고 있는 카누(Canoe)는 통나무를 파서 만든 것이고, 에스키모인이 사용하고 있는 카약(Kayak)이라는 배는 나무의 골격에 해수(海獸)의 가죽을 입힌 것이다. 세계 최고의 역사를 갖는 이집트시대에는 조선기술도 상당히 진보하였으며, 그 뒤에 융성한 페니키아(Phoenicia)인들은 지중해에서 북해까지 항행하여 해외무역을 하였고, 다시 그리스, 로마시대에는 120인승의 3층 전함이 건조되었다. 선박의 추진방법은 노(櫓)에 의한 인력추진 시대에서 풍력을 이용하는 범선의 시대로 바뀌었고, 15세기초에 처음으로 3본 마스트의 대양항행 범선이 건조되어 활약하였다. 1492년 그리스토퍼 콜럼버스(Christopher Columbus, 1451-1506)가 신대륙을 발견할 당시에 타고 갔던 산타 마리아(Santa Maria)호는 전장 29미터, 만재배수톤(滿載排水噸) 233톤급의 3본 마스트(Mast)선이었다. 18세기에는 구미제국의 대형 범선들이 세계의 전 해양을 종횡으로 항해하여 범선 항해술을 크게 발달시켰고, 1801년에는 기선(汽船)이 발명되었지만 19세기 중엽까지 범선의 황금시대를 이루었다.

그러나 그 후 기선의 발달에 따라 범선은 점차 쇠퇴하였고, 1821년에는 철선(鐵船, Iron Ship)이 출현하고, 다시 1851년경에는 목철교조선이 출현하였고, 마침내 1873년에는 강선(鋼船, Steel Ship)을 건조하기에 이르렀다. 최근 100여년 동안에 선체, 기관은 물론 항해계기 등의 경이적인 진보 발전과 함께 항해술 및 선박 운용의 기술도 큰 발전을 계속하여 오늘날과 같은 최첨단 전자장비(電子裝備)를 갖춘 초자동화선의 출현을 보게 된 것이다.

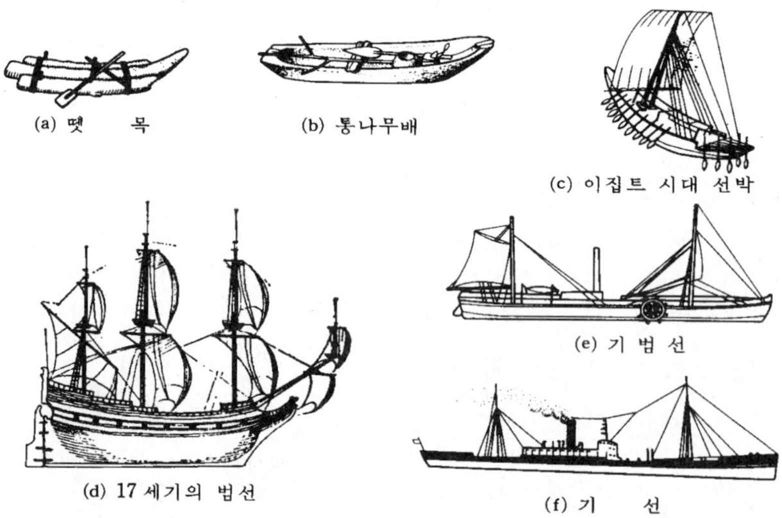

그림 1-1 ◦ 선박의 발달

1.3 선박의 종류

선박은 용도에 따라 화물(상품)을 싣는 화물선, 사람을 싣는 여객선, 고기를 잡는 어선, 전투를 하는 군함 그리고 실습선, 관공선, 해양 탐사선, 병원선 및 소방선 등 특수한 목적을 가진 선박으로 나눌 수 있다.

1. 화물선(Cargo Ship)

일반적으로 상선이라 함은 화물선을 의미하며 이 배는 화물을 수송하여 운임 수익을 얻을 목적으로 운항(항해)하는 선박을 말하며, 선적하는 화물의 종류에 따라 다음과 같이 분류할 수 있다.

1) 일반 화물선(General Cargo Ship)

말 그대로 여러 종류의 화물을 실어 나르는 배를 말하며 잡화선이라고도 부르고 있다. 초기의 상선은 거의 대부분이 이런 타입의 선박이었으나, 1970년대부터 산업이 고도화되고 첨단화되면서 운송효율을 극대화하기 위하여 특별한 화물만을 선적할 목적으로 건조된 특수선 혹은 전용선을 건조하기 시작하여 현재는 그 빛을 발하고 있으며 척수 또한 감소하는 추세이다. 잡화선은 여러 종류의 화물을 싣고 내리기 때문에 작업이 복잡하고 시간이 많이 소요되어 선박 승무원들에게는 적지 않은 노동력을 요하게 되나 한편으로는 해외여행이 자유롭지 못했던 시대인 70년대, 80년대에는 전 세계 각지를 가 볼 수 있는 기회를 얻어 인기가 많았다. 그림 1-2는 현재 운항되고 있는 2만5천 톤 크기(길이 180미터 넓이 30미터)의 일반적인 잡화선을 보여주고 있다.

그림 1-2 ● 일반 화물선

2) 광석(鑛石)·석탄(石炭) 운반선(Bulk Carrier)

흔히 광탄선(鑛炭船)이라 부르는 선박으로 철의 원료인 철을 함유한 철광석이나 석탄을 실어 나르기 위하여 만든 배로써 살물선(撒物船)이라고도 부른다. 이 선박은 보통 배의 크기가 큰 것이 보통이다(배의 길이가 250미터, 넓이는 약 40여 미터에 달하는 대형선박이다).

그림 1-3 ◦ 살물선(Bulk Carrier)

3) 풀 컨테이너선(Full Container Ship)

우리가 가장 흔히 볼 수 있는 선박으로 육상의 트레일러에 의해 옮겨지는 컨테이너만을 실어 나르는 선박을 말하며 우리나라 수출입화물의 대부분이 바로 이 풀 컨테이너 선박을 통하여 운송되고 있다. 이배는 대양의 험한 파도에도 견딜 수 있도록 매우 튼튼하게 건조되어졌으며 따라서, 가격 또한 고가로서 그림 1-4 선박의 경우 선가(船價)는 약 1000억원에 달한다.

그림 1-4 ◦ 풀 컨테이너선

이 배는 시속 약 50km/h의 속력으로 항해가 가능한 선박으로 배로서는 굉장히 빠른 속력으로 항해를 한다. 선박의 크기를 살펴보면 길이 300미터 넓이 약 45미터로 이 배가 한번에 운송할 수 있는 컨테이너의 개수는 20피트 컨테이너 약 6,500개로 어마어마한 양이다. 최근에는 이들 선박의 초대형화가 이루어지고 있는데 선박의 길이가 360미터, 넓이가 50미터로 9.11 테러에 의해 무너진 월드트레이드센터(WTC)빌딩보다 더 큰 규모로 20피트 컨테이너 12,000개를 선적가능 한 선박이다.

4) 자동차 운반선(PCC, Pure Car Carrier)

자동차운반선은 자동차만을 운송하기 위하여 건조한 선박으로 현대, 기아 및 대우자동차를 외국에 수출하거나 외국자동차를 수입할 때 사용하게 된다. 자동차 운반선 1척이 운송할 수 있는 용량은 승용차 기준으로 8,000대 정도를 실을 수 있다. 이 선박은 자동차뿐만 아니라 중량화물 예컨대 불도저와 군용탱크도 선적이 가능하고 특히 현재 건설 중인 경부고속철도에서 사용할 객차인 떼제베 열차를 프랑스에서 한국까지 수송한 실적도 가지고 있다.

그림 1-5 • 자동차 운반선

5) 화학제품선(Chemical Tanker)

산업용으로 쓰이는 암모니아, 에틸렌, 폴리에틸렌 등 화학제품을 운송하기 위하여 특수한 구조를 갖춘 선박이다.

그림 1-6 • 화학제품선

6) 원유 운반선(Crude Oil Tanker)

우리가 흔히 이야기하는 석유(원유)를 수송하는 선박으로 "Tanker"라고 부르며 우리나라는 주로 중동에서 원유를 수송해 오고 있다. 원유 운반선 중에서 대형 원유선을 VLCC(Very Large Crude Carrier, 길이 340미터, 넓이 60미터)라고 부르며 이 보다 더욱 큰 배를 ULCC(Ultra Large Crude Carrier)라고 부른다.

그림 1-7 • 원유 운반선

7) LPG(Liquefied Petroleum Gas) Tanker

액화석유가스 운반선으로 원유에 포함된 프로판(Propane), 부탄(Butane) 등을 수송하는 선박이다. 우리가 요리할 때 사용하는 프로판가스나 LPG용 자동차에 쓰이는 연료가 되는 가스가 이것이다.

그림 1-8 • LPG Tanker

8) LNG(Liquefied Natural Gas) Tanker

액화천연가스 운반선으로 화물인 천연가스를 수송하는 선박인데 천연가스의 주성분인 메탄(METHANE)은 영하 −162℃의 상태로 운송을 해야 하기 때문에 최첨단의 장비를 탑재하고 잘 훈련된 승조원들에 의해 운항을 하고 있는 최고가(선가가 약 2천 5백억 원)의 선박으로 우리가 흔히 말하는 첨단기술의 집약 선박이며, 이 배는 운송방식에 따라서 "MOSS" 타입과 "MEMBRANE" 타입으로 구분한다. 천연가스는 우리에게 도시가스로 잘 알려져 있으며 각 가정마다 파이프를 통해 보급되며 난방 및 취사용으로 사용된다.

그림 1-9 • MOSS Type LNGC

그림 1-10 • Membrane Type LNGC

9) 기타 특수 목적용 선박

기타 특수목적용으로 건조된 선박으로 석유시추선, 자동차, 컨테이너 및 여객을 운송하는 RORO(Roll-on Roll-off)선 등 여러 가지 특수목적의 선박이 있다.

그림 1-11 • 석유시추선(Oil Rig)

그림 1-12 • RORO Carrier

2. 여객선(Cruise Ship)

화물대신 사람(여객)을 수송하는 선박을 말하며 여객선은 적은 수의 승객이 탈 수 있는 것부터 외국을 여행하는 호화유람선 등 다양한 형태의 선박이 있다.

그림 1-13 • 호화 여객선(Cruise Ship)

3. 어선(Fishing Vessel)

그림 1-14 • 일반 어선

고기를 잡거나 운반하는 선박 등이 있으며 고기를 잡는 방법에 따라 트롤어선, 안강망어선, 저인망어선, 건착망어선 등으로 분류할 수 있다.

4. 특수 선박(Special Purpose Vessel)

특수한 목적을 위해 건조하여 운항되는 선박으로 군함, 경찰선, 병원선, 소방선, 어업지도선, 실습선 등 여러 가지 종류의 선박이 이에 해당한다.

1) 군함(Warship)

군함은 전투 목적에 따라 소형 전투함에서부터 구축함, 순양함, 항공모함 및 잠수함 등 여러 가지 형태의 종류가 있다.

그림 1-15 • 항공모함(Aircraft Carrier)

2) 실습선(Training Ship)

그림 1-16 • 실습선 한나라호

1.4 선박의 주요 장비

선박의 주요 구성을 보면 신체에 해당하는 선체(Hull)와 두뇌에 해당하는 선교(Bridge), 심장인 메인엔진(Main Engine), 배에서 필요한 전기를 만드는 발전기(Generator), 배를 정박시키는 앵커(Anchor)와 배를 항해할 수 있게 하는 프로펠러(Propeller) 등으로 구성된다.

1. 선교(Bridge)

브리지, 즉 선교는 배의 두뇌에 해당하는 장소로 이곳에서는 선박 대부분의 중요한 조종을 하는 곳으로 선박의 조타장치, 선박의 속력을 조절하는 장치, 선박의 위치를 확인하는 장치 등이 설치되어 있어 이곳에서 항해사와 조타수가 근무를 하고 있다.

그림 1-17 • 선교(Bridge)

2. 조타장치(Wheel)

조타장치는 자동차의 핸들과 기능이 비슷한 장치로 배를 가고자 하는 방향으로 갈 수 있도록 하는 장치인데 조타실에 있는 핸들처럼 생긴 조타기를 조작하면 배의 끝단에 위치한 물속에 잠겨있는 타(Rudder)가 움직여 배가 돌아가게 된다.

그림 1-18 ◦ 조타장치(Wheel)

3. 레이더(Radar)

레이더는 2차 세계대전 중에 영국에 의해 군사용으로 개발된 것으로 전파를 발사하여 되돌아오는 반사파의 시간과 감도를 계산, 목표물의 위치를 알아내는 장비로써 선박이 항해를 위하여 반드시 필요한 장비이다. 특히 안개 등이 끼여 앞이 전혀 보이지 않을 경우에도 이 레이더를 이용하여 선박과 선박이 상호간에 통항을 할 수 있고 우리 눈으로 볼 수 없는 항구를 찾아 입항을 하게 된다. 항해사관이 가장 애착을 가지는 장비가 바로 레이더인 것이다.

그림 1-19 ◦ 레이더

4. 지피에스(GPS : Global Positioning System)

지피에스는 전 세계 위치표지시스템, 즉 Global Positioning System으로 지구위대기권에 24개의 인공위성을 발사하여 지구위에 있는 목표물이 전파를 수신함으로써 자기의 위치를 알아내는 장비로, 미 해군에서 군사용으로 개발되었으나 해사기구의 요청으로 민간에게 개방되어 광범위하게 사용하고 있는 위치추적시스템이다. 예전에 주로 사용되어진 선박에서 자신의 위치를 알아내는 방법으로는 별을 보거나, 태양 혹은 달을 이용하였으나 오늘날에는 레이더나 GPS를 주로 이용하여 항해를 하고 있다. 최근에는 이 GPS 장비를 자동차에 탑재하여 위치를 확인하고 교통정보 등을 제공하고 있다.

그림 1-20 · GPS

5. 기관실(Engine Room)

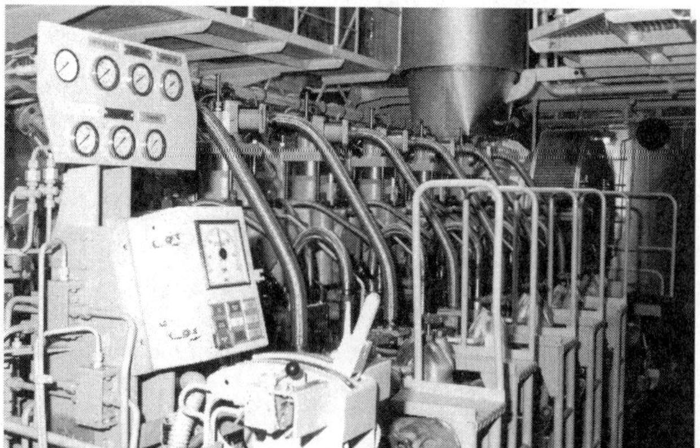

그림 1-21 · 기관실의 메인엔진

배가 갈 수 있도록 하는 추진력을 내는 메인엔진(Main Engine)과 전기를 만드는 발전기 및 이들을 조종하는 조종실 등으로 구성되어 있다. 또한 이곳에서는 우리가 생활하는데 필요한 물도 만드는 등 하나의 거대한 공장이라고 생각하면 된다.

그림 1-22 • 기관실의 발전기(Generator)

6. 앵커(Anchor)

그림 1-23 • 앵커(Anchor)

우리가 뉴스의 중심적인 역할을 하는 사람을 앵커맨(Anchorman)이라고 하듯이 선박에서도 앵커는 배를 잡아주는 역할을 한다. 즉 앵커는 배가 항구나 또는 깊지 않은 바다에 떠내려가지 않도록 앵커를 바다에 내려서 배가 그 자리에 있게끔 하는 역할을 하는 장비다.

7. 프로펠러(Propeller)

이 장치는 선박이 앞으로 혹은 뒤로 움직일 수 있도록 하는 장비로 이것이 회전하면서 배는 항해를 하게 되는 것인데 평소에는 물속에 잠겨있어서 보지 못하며 정기수리를 위해서 배의 바닥을 조사할 때 볼 수 있는 장비이다.

그림 1-24 • 프로펠러(Propeller)

1.5 선박 각 부의 명칭

1. 선체 각 부의 명칭

선체의 구조는 크게 선수(Bow), 선미(Stern), 중앙(Midship)으로 나눌 수 있으며 선체를 구성하는 각 부분의 명칭은 그림 1-25와 같다.

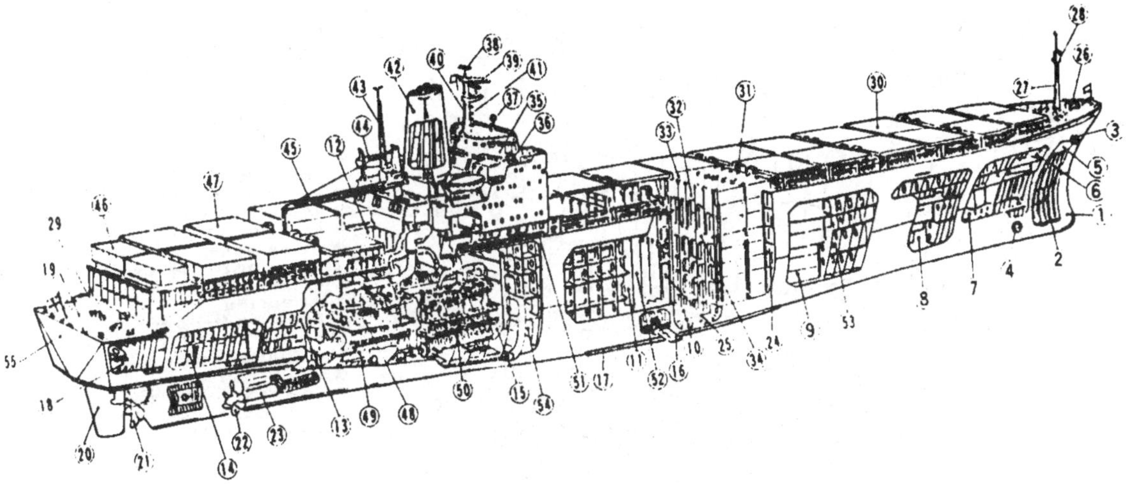

① 구상 선수(球狀船首) Bulbous bow
② 선수 물 탱크(船首水艙) Fore peak tank
③ 바우 앵커(大錨) Bow anchor
④ 선수(船首) 드러스터 Bow thruster
⑤ 갑판장 창고(甲板長倉庫) Bos'n store
⑥ 갑판하 통로(甲板下通路) Under deck passage
⑦ 제1 컨테이너 창(倉) No. 1 Container hold
⑧ 제2 컨테이너 창(倉) No. 2 Container hold
⑨ 제3 컨테이너 창(倉) No.3 Container hold
⑩ 제4 컨테이너 창(倉) No.4 Container hold
㊿ 양현축(兩舷軸) 주(主) 디젤 기관(機關) Side main diesel engine
51 선측(船側) 사다리 Accommo. ladder
52 횡격벽(橫隔壁) Trans. BHD
53 종격벽(縱隔壁) Long. BHD
54 기관실 전단 격벽(機關室前端隔壁) Fore BHD in Eng. room
55 각형 선미(角形船尾) Transom stern

⑪ 제5 컨테이너 창(倉) No.5 Container hold
⑫ 제6 컨테이너 창(倉) No.6 Container hold
⑬ 제7 컨테이너 창(倉) No.7 Container hold
⑭ 제8 컨테이너 창(倉) No.8 Container hold
⑮ 기관실(機關室) Engine room
⑯ 안정(安定) 핀 Fin stabilizer
⑰ 빌지 킬 Bilge keel
⑱ 조타기실(操舵機室) Steering gear room
⑲ 저선미 갑판(低船尾甲板) Sunken deck
⑳ 키(舵) Rudder
㊶ 수에즈 운하 신호등(運河信號燈) Suez signal light
㊷ 연돌(煙突) Funnel
㊸ 안테나 기둥(柱) Antenna pole
㊹ 구명정(救命艇) Life boat
㊺ 크레인 Crane
㊻ 20' 컨테이너 20' Container
㊼ 40' 컨테이너 40' Container
㊽ 디젤 발전기(發電機) Diesel generator
㊾ 중앙축(中央軸) 주(主) 디젤 기관(機關) Center main diesel engine

㉑ 중앙축(中央軸) 프로펠러 Center propeller
㉒ 양현축(兩舷軸) 프로펠러 Side propeller
㉓ 보싱 Bossing
㉔ 선측(船側) 밸러스트 탱크 Side ballast tank
㉕ 심수(深水) 밸러스트 탱크 Deep ballast tank
㉖ 윈들러스 Windlass
㉗ 전부(前部) 마스트 Foremast
㉘ 크로즈 네스트(감시대) Crow's nest
㉙ 무어링(係船) 윈치 Mooring winch
㉚ 해치 커버 Hatch cover
㉛ 선창 통풍 장치(船倉通風裝置) Ventilator for hold
㉜ 셀 가이드 Cell guide
㉝ 플립플롭 Flip—flop
㉞ 컨테이너 서포트 Container support
㉟ 조타실(操舵室) Wheel house
㊱ 구명(救命) 뗏목 Life laft
㊲ 방위 측정기(方位測定機) 안테나 Direction finder antenna
㊳ 레이더 스캐너 Radar scanner
㊴ 신호(信號) 줄 Signal yard
㊵ 레이더 마스트 Radar mast

그림 1-25 ● Full Container선의 선체 각 부 명칭

2. 선체 선수부의 주요 명칭

그림 1-26은 선수부분의 주요 명칭을 나타낸 것으로 이곳이 선체의 구조 가운데 가장 응력을 많이 받는 부분으로 격벽(Bulkhead), 프레임(Frame), 횡강력재(Stiffener) 및 종강력재(Stringer)가 많이 보강된 구조이다.

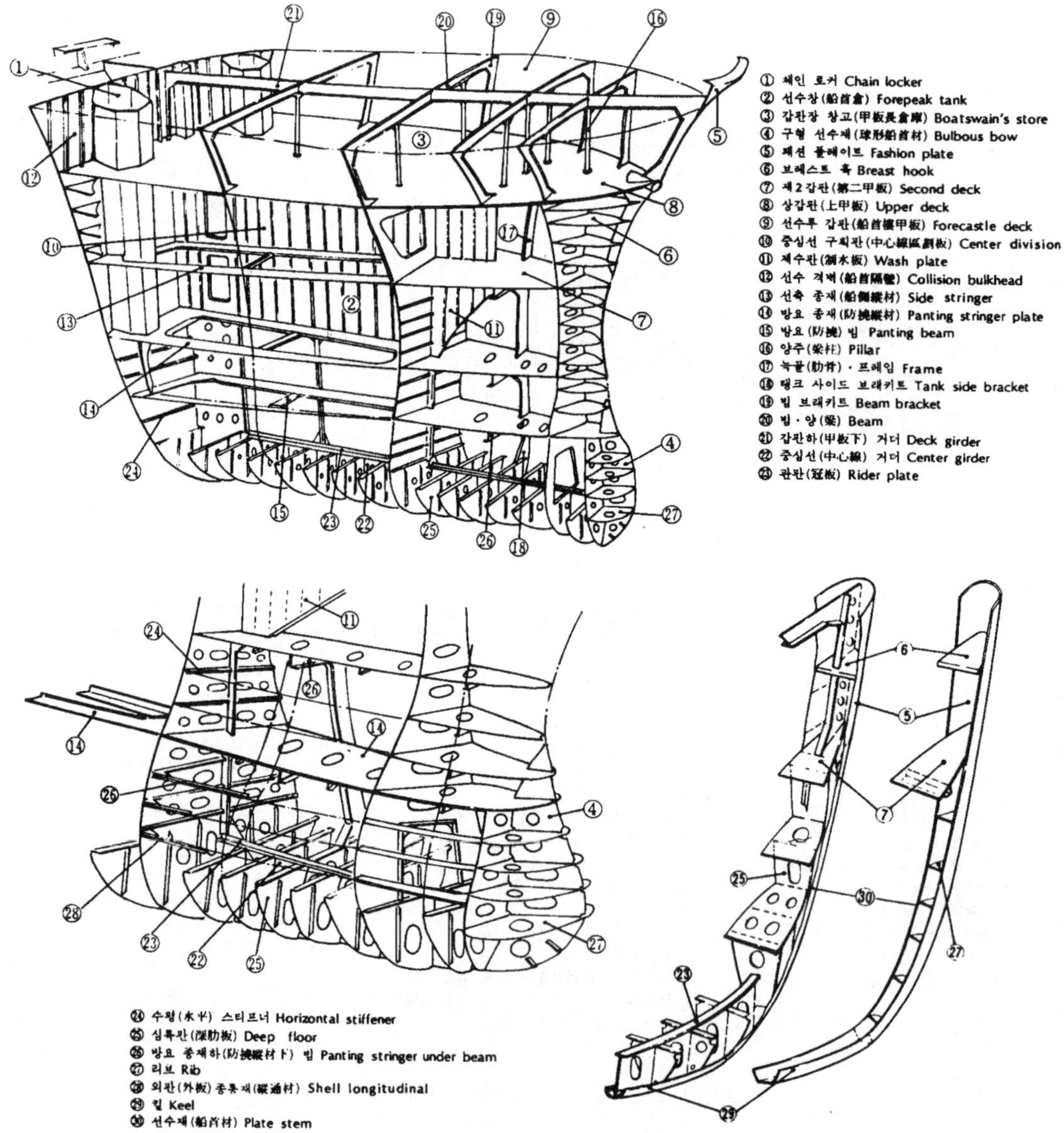

그림 1-26 ◦ 선체의 선수부의 주요 명칭

3. 선미부의 주요 명칭

타(Rudder), 보스(Boss), 타축 트렁크(Rudder Stock Trunk), 선미 프레임(Stern Flame) 등으로 구성되어 있으며 선체 구성부위 중 응력을 비교적 적게 받는 곳이다.

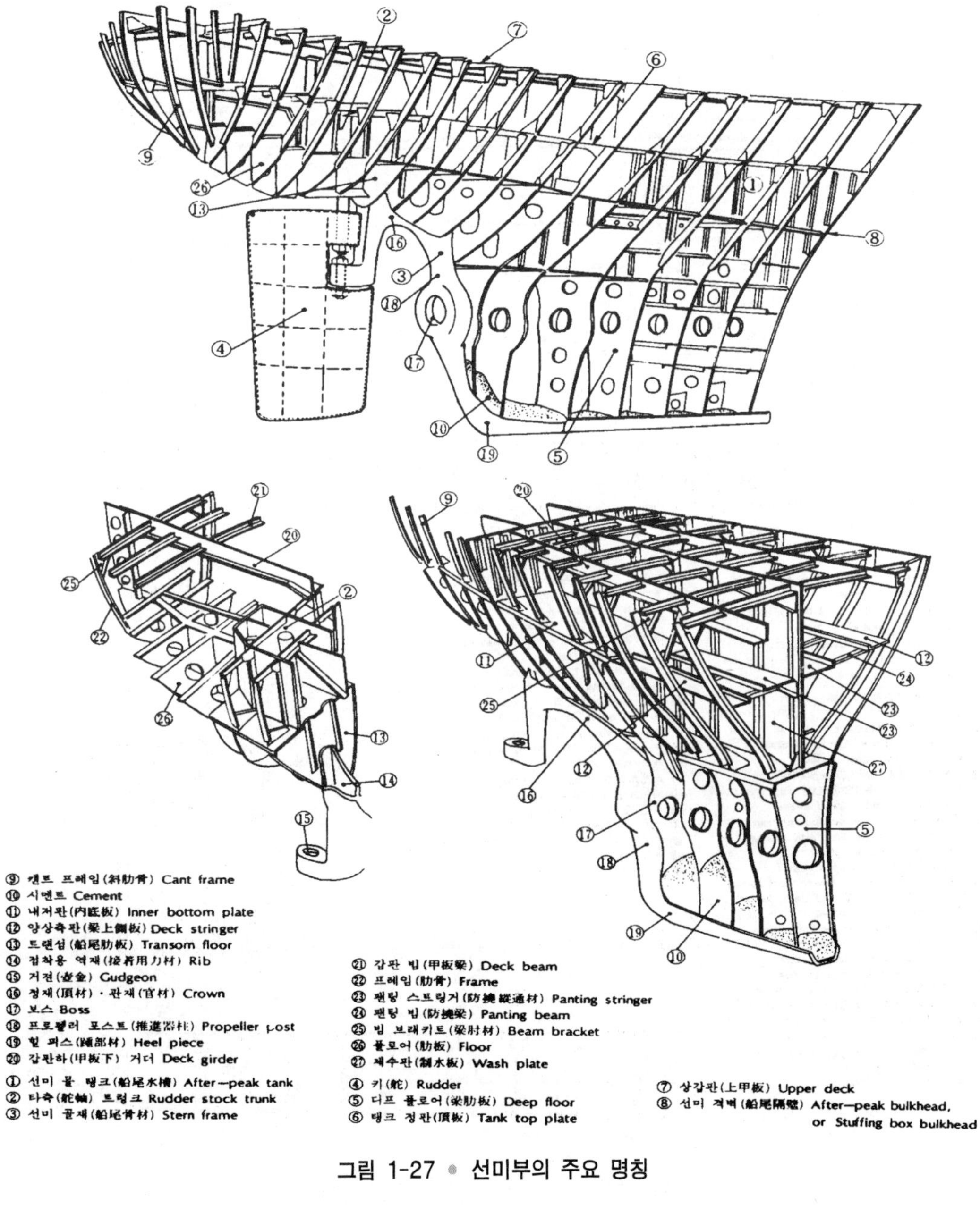

그림 1-27 ◦ 선미부의 주요 명칭

4. 선체 중앙부의 주요 명칭

선체의 중앙부는 화물탱크(Cargo Tank), 밸러스트탱크(Ballast Tank) 및 벙커탱크(Bunker Tank) 등이 위치하며 이중저(Double Bottom)구조로 되어 있다.

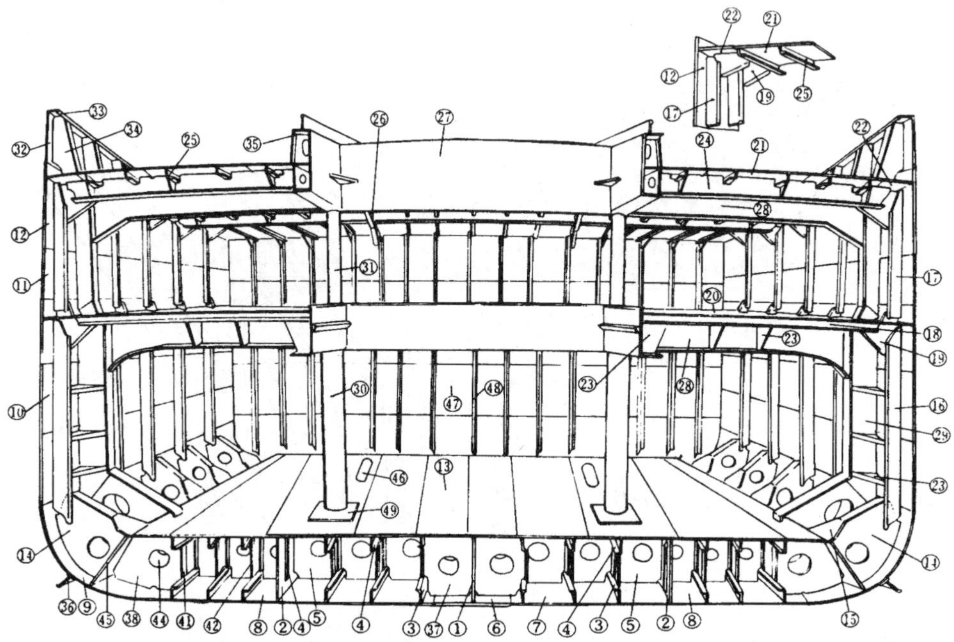

① 중심선(中心線) 거더 Center girder
② 측(側) 거더 Side girder
③ 선저(船底) 종통재(縱通材) Bottom longitudinal
④ 이중저 정부(二重底頂部) 종지
Top longitudinal of double bottom
③과 ④를 합쳐서 종지 프레임(Long. frame)
이라 부르는 수도 있다.
⑤ 실체 늑판(實體肋板) Solid floor
⑥ 킬 Keel
⑦ A외판(外板) A strake
⑧ 선저 외판(船底外板) Bottom plating
⑨ 빌지 외판(外板) Bilge strake
⑩ 선측 외판(船側外板) Side plating
⑪ 정부 선측 외판(頂部船側外板) Top side strake
⑫ 현측 후판(舷側厚板) Sheer strake
⑬ 내저판(內底板) Inner bottom plating
⑭ 외측(外側) 브래키트 Tank side bracket
⑮ 거세트 판(板) Cusset plate
⑯ 창내(倉內) 프레임 Holo frame
⑰ 갑판간(甲板間) 프레임 Tween deck frame
⑱ 제2갑판(第二甲板) 빔 2nd deck beam
⑲ 빔 브래키트 Beam bracket
⑳ 제2갑판(第二甲板) Second deck
㉑ 상갑판(上甲板) Upper deck
㉒ 양상측판(梁上側板) Stringer plate
㉓ 트리핑 브래키트 Tripping bracket
㉔ 특설량(特設梁) Deck transverse beam
㉕ 갑판(甲板) 종통재(縱通材) Deck longitudinal
㉖ 갑판하(甲板下) 거더 Deck girder
㉗ 해치 코밍 Hatch coaming
㉘ 강력량(強力梁) Strength beam
㉙ 웨브 프레임 Web frame
㉚ 창내(倉內) 필러 Hold pillar
㉛ 갑판간(甲板間) 필러 Tween deck pillar
㉜ 불워크 판(板) Bulwark plate
㉝ 핸드 레일 Hand rail
㉞ 불워크 지주(支柱) Bulwark stay
㉟ 수평(水平) 스티프너 Horizontal stiffener
㊱ 빌지 킬 Bilge keel
㊲ 도킹 브래키트 Docking bracket
㊳ 연판측(緣板側) 브래키트 Bracket to margin plate
㊴ 수밀 늑판(水密肋板) Watertight floor
㊵ 종지 프레임 고착(固着) 브래키트
Bracket to watertight floor
㊶ 수직(垂直) 스티프너 Vertical stiffener
㊷ 지주(支柱) Strut
㊸ 스캘로프 Scallop, or serration
㊹ 라이트닝 홀 Lightening hole
㊺ 마진 플레이트 Margin plate
㊻ 맨홀 Manhole
㊼ 수밀 격벽(水密隔壁) Watertight bulkhead
㊽ 수직(垂直) 스티프너 Bulkhead stiffener
㊾ 2중장(二重張) Doubling

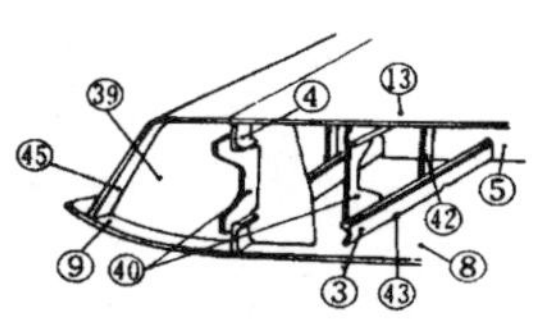

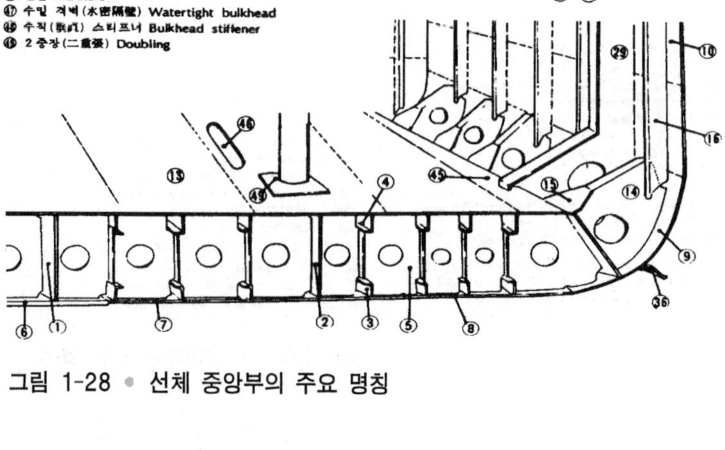

그림 1-28 • 선체 중앙부의 주요 명칭

1.6 선내조직 및 승무원의 임무

1. 선내조직

최근의 선내조직을 살펴보면 1990년대에 비하여 많은 변화를 보이고 있는데 이러한 변화는 선박의 조직이 과학기술의 발전, 사회적, 경제적 환경의 변화를 반영한 것으로 볼 수 있다.

1) 전통적인 선내조직의 특징

표 1-1은 전통적인 선내조직도를 보여주는 것으로 선장을 중심으로 갑판부, 기관부 및 사주부로 구성되어 있었으며 부서간의 구별이 뚜렷하였다.

표 1-1 ● 전통적인 선내조직표

(1) 선내조직의 규모가 방대

80년대만 하더라도 통상 선내구성원은 적게는 28명이, 많게는 30명이상이 승선하였는데 지금은 없어진 직급만도 상당히 많은데 사관의 경우 통신장 아래에 차석통신사가, 기관사관 가운데 전기만을 담당했던 전기사가 별도로 있었다.

부원직급을 살펴보면 선내창고를 관리했던 갑/기고수(Store Keeper)가, 유조선(Tanker)에는 펌프를 담당했던 펌프맨(Pump man)이 있었고, 기관부속의 보기원(補機員, Donkey man)이, 각 부서에는 견습선원(Apprentice) 1명이 근무했었다.

(2) 부서간의 구별이 뚜렷

전통적인 선내조직은 부서간의 구별이 명확하고 타 부서에 대하여 간섭이나 지원 혹은 통합된 부서업무수행의 경우가 거의 없이 기관장, 일등항해사, 통신장등 부서장의 판단으로 업무가 이루어졌으며 어떤 의미로 부서간의 대결구도적인 면이 있었다.

(3) 권위주의적인 조직

전통적인 선박의 조직은 강압적이고 상하관계가 매우 뚜렷한 군대조직과 유사하였는데 이는 통신의 미발달로 인한 육지와의 단절, 위급사항 발생시 자체적으로 문제를 해결해야하는 점, 선박에서 발생하는 모든 중요한 문제들을 선장이 독자적으로 결정하고 수행해야 하는 점 등으로 선박의 구성원에 대해 권위적이며 위압적인 자세로 통솔해야 할 필요성이 어느 정도는 있었다고 하겠다.

2) 최근의 선내조직의 특징

표 1-2는 최근의 선내조직도를 보여주는 것으로 전통적인 선내조직에 비하여 조직구성원의 슬림(Slim)화, 부서의 통합운영, 선장의 권한강화 및 기관장의 역할증대 등의 특징이 있다 하겠다.

(1) 선내조직의 축소

과학기술의 발달, 항해운용술의 진보와 인건비 상승 등의 원인으로 선박승무원수는 지속적으로 감소해 왔으며 최근에 운항되고 있는 선박의 승선인원은 대략 16~20명 내외가 승선하고 있고 액화천연가스운반선(LNGC, Liquefied Natural Gas Carrier) 등 특수선박의 경우 24~28명이 승선하고 있어 과거에 비해 승선인원이 대폭 감소하였다.

표 1-2 ◦ 최근의 선내조직표

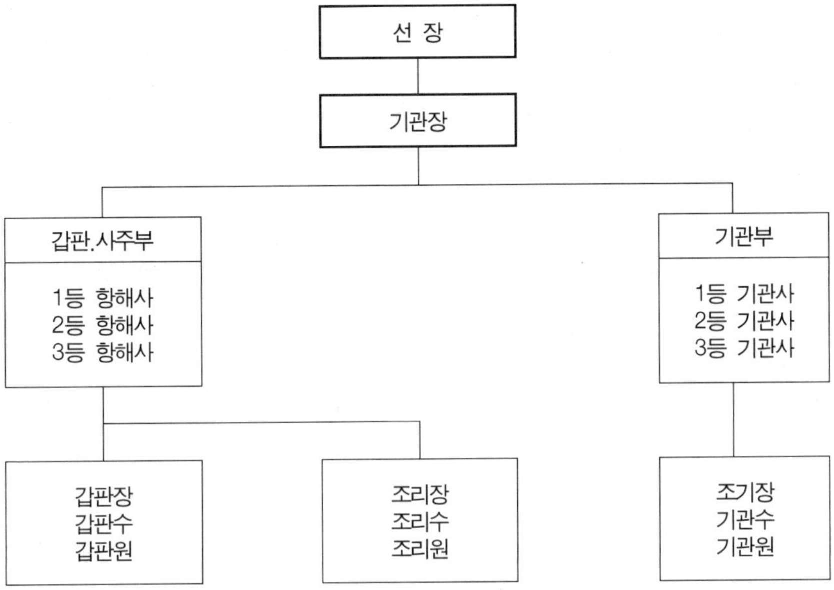

(2) 선장의 역할 강화

국제해사기구(IMO : International Maritime Organization)는 지금까지 발생한 대형 해난사고를 분석한 결과 사고의 원인이 선박에 탑재된 기계/설비의 결함이 아니라 인간에 의한 과실, 즉 Human Error에 의한 인적과실이 대부분이었음을 밝혀내고 이러한 인적과실을 줄이기 위하여 1993년 ISM(International Safety Management) Code를 제정하기에 이르렀다. ISM Code의 주요 내용은 선장의 권한과 책임을 강화하고 회사는 선장의 권한을 행사하는데 적극적인 도움을 줄 것을 명시적으로 규정할 것을 요구하고 있다.

(3) 기관장의 역할 증대

기존의 선내조직에 있어서 기관장의 역할은 기관부서의 장으로 인식되었고 그 지위가 애매하였던 것이 사실이다. 그러나 최근의 선내조직상 기관장은 선박의 정비책임자, 오염방지관리인, 선장을 보좌하여 선박의 안전운항에 책임을 지는 역할로 인식되고 있다.

2. 승무원의 임무

선박의 안전운항을 위해서는 전체 승무원들이 각자의 임무를 잘 알고 성실하게 일하는 것이 중요하며, 특히 비상시에 대비하여 각자의 임무를 분담하여 신속하게 대처해 나갈 수 있는 능력을 갖추는 것이 무엇보다도 중요하다. 그리고 소수 정예의 당직근무자의 직무충실이 선박의 안전에 가장 기본적인 일이다.

1) 선장의 책임과 권한(Master's Responsibility and Authority)

선장은 회사의 대리인으로서 선박에 대해 최종적인 책임과 권한이 있다. 즉 선장은 갑판부는 물론 선박 전체를 지휘, 통솔하고 선내질서를 유지하며, 선박을 안전하게 운항시키는 총 지휘책임자로 대표적인 권한과 임무는 다음과 같다.

① 선장은 인명, 선박의 안전 확보 및 오염방지에 필요한 대응조치에 최우선적인 결정권한이 있으며 필요시 회사에 인적·물적 자원의 지원 요청을 해야 한다.

② 선장은 항차수행과 운송계약을 충족하기 위해 통상적으로 필요한 조치에 전반적인 권한을 갖는다.

③ 선장은 다음과 같이 비정상적인 사태(비상상황)에서 회사대리인으로서 좀 더 폭넓은 권한을 행사한다.

- 인명, 선박, 화물과 해양환경 보호를 위해 특별한 조치가 필요한 상황
- 회사 또는 대리점과 통신이 불가능한 상황

④ 선장은 전문가적인 판단에 의거 필요한 결정을 내릴 때 회사, 용선주(傭船主) 또는 어떤 사람으로부터도 제약 및 부당한 처우를 받지 않는다.

⑤ 선장은 전문가적인 판단에 의거 적절한 행위의 결과로써 회사, 용선주 또는 기타 사람에 의한 부당한 해고 또는 기타 부당한 처벌로부터 국내법, 공동협정 또는 고용계약에 언급한 항소권을 포함한 적절한 규정에 의해 보호를 받는다.

⑥ 선박의 안전 운항

⑦ 승선 선박의 운항에 대한 숙지

⑧ 다음과 같은 지역, 국가 및 국제 규정의 준수(SOLAS 74/83 with Amendments, MARPOL 73/78 Amendments, COLREG 72, STCW 95, Load Line 66 with Amendments, IAM SAR, IMO IMDG Code & Supplement, Port State

Control(USCG and Similar National Authorities, Local Port Authorities), Regulations of Classification Societies, P&I Rules)

⑨ 승무원의 효율적인 관리
- 승무원의 자격과 직무에 적합한 신체적/정신적 상태의 검증
- 업무시간 및 인원배치의 관리
- 안전한 작업환경 및 관행 준수의 확인
- C/O와 하역작업 협의 및 감독
- 기관장과 기기관련 협의 및 감독
- 적절한 승무원 교대를 위한 조치
- 승무원의 직무상 건강 및 복지에 대한 고려
- 선용금의 지급, 정산, 관리
- 주·부식의 부족/낭비를 배제하기 위한 효율적인 주·부식 관리

⑩ 선박의 보선업무 및 관련 업무

⑪ 회사의 영업적 이익을 위한 다음 사항
- 용선계약서 또는 항차지시서의 선박 운항과 관련된 조항에 관한 숙지
- 회사의 이익을 위해 용선주가 만족하도록 협조(해당시)
- 회사, 용선주, 대리점, 관청과의 효율적이고 효과적인 정보체계 유지

⑫ 문서와 기록의 사용 및 참조가 용이하도록 분명하고 체계적인 FILING 및 유지

⑬ 선장은 선박과 선박운항에 관련된 모든 문제를 회사에 알려 주어야 한다. 부적절한 의사소통은 선박의 효율적인 운항에 치명적인 영향을 미칠 수 있다.

2) 일등항해사의 책임과 권한(Chief Officer's Responsibility and Authority)

일등항해사는 갑판부의 책임자로 항해사 및 갑판부원의 지휘, 감독 및 선장을 보좌하고, 선장 부재시 그 직무를 대행한다.

① 책임 및 직무

C/O는 선장(운항) 또는 기관장(정비·보수)에 대해 다음의 책임이 있다.

a) 항해중 당직항해사 직무수행

b) 입항전의 항해계기 및 조타기의 시험

c) 선내 질서 및 보안 유지

d) 갑판의 Daywork(일과작업)시행 주관

e) 선체의 적절한 응력유지 및 복원성 확보 업무 수행

f) 화물의 적·양하 및 운송관리 책임자 역할

g) Ballast Water Management Officer

h) 선체, 갑판, 거주구역, 화물창, 밸러스트 탱크 등의 유지

i) 하역 설비와 화물고박 설비 운전, 점검, 시험

j) 선체 의장품의 운전, 점검, 시험

k) 구명장비, 소화장비의 운전, 점검, 시험

l) 선용품 관리

m) Deck Log book, Port Order, Cargo Gear Maintenance Log의 관리

n) 거주구역 및 공공장소의 청결 유지

o) 정비쓰레기를 제외한 쓰레기 관리

p) Hull and Pipes 관리(점검, 시험)

q) 조리 관리

r) C/O는 선장의 Standing Order를 읽고 준수해야 한다. 또한 C/O는 승선 후 신속히 선박의 구조와 특성을 숙지해야 한다.

② 항해 당직

a) C/O는 항해시 통상 4시~8시 사이의 당직에 임한다.

b) 통상적인 항해당직에 부가해서 제한 시정하에서 항해가 지속될 경우 선장을 교대하여 근무해야 한다.

c) C/O의 이·접안/묘박시 배치는 원칙적으로 선수이다.

③ 하역업무와 기타업무

a) 복원성 : 하역작업 중 허용 가능한 응력, 즉 최대 Bending Moment, Shearing Force 내에서의 적·양하, Hold Bottom/Hatch Cover 등에 과석하지 않는 것 등이 필수적으로 고려되어야 한다.

b) 적부계획 : C/O는 선장에게 자문을 구하여 적하 및 적부, 양하계획 등의 하역계획을 수립한다. 수립된 하역계획은 선장의 승인을 받아야 하며 당직항해사 및 관련자에게 배포해야 한다.

c) 하역인부에 의한 손상의 방지, 하역인부에 의한 화물 또는 선박의 손상을 방지하기 위해 C/O는 하역인부가 안전수칙을 지키는지, 하역중 실수하거나 태만한지 감시해야 한다. 화물이나 선박에 손상이 발생시는 즉시 서면으로 손상의 상세를 적어 하역회사에 통보해야 한다.

d) 화물취급, 하역장비, 밸러스트(Ballast)
e) 선체 및 의장품 정비
f) 오염방지
g) C/O는 선상에서의 생활쓰레기 및 화물 관련 쓰레기의 생성 및 분리, 양륙 등에 대해 책임이 있다. 쓰레기의 생성량을 최소화하기 위해 최선을 다해야 한다.
h) 폐기물 관리계획 : C/O는 생활 및 화물관련 쓰레기 등의 폐기물 관리계획을 매월 최신화해야 한다.
i) 대기오염방지 : C/O는 대기오염방지를 위해 정박중 또는 연안 항해시 화물이나 정비작업으로 인한 대기오염물질 발생에 주의해야 한다.
j) 생물학적 밸러스트 관리 : 전세계의 많은 국가들이 자국에 원래 서식하고 있지 않은 해양생물의 이동을 방지하기 위해 밸러스트 관리법을 수립하고 있다.
k) 청수 수급 청수탱크 검사 및 정비
l) 입거(Dry Docking)
m) Stowaway 관련 : C/O는 1/E와 협의하여 밀항자 발생 고위험 국가의 항구를 출항하기 전에 밀항자 방지를 위한 철저한 수색을 해야 한다.
n) 밀수 또는 마약 밀수 : C/O는 1/E와 협의하여 출항전에 밀수방지를 위한 수색을 해야 한다.
o) 열쇠
- C/O는 비상시외에는 선박의 모든 보관용 열쇠를 관리한다.
- 선장과 C/O는 MASTER KEY를 관리한다.
- C/O는 모든 승무원의 교대시 침실과 담당 구역의 열쇠를 인수자에게 전달했는지 확인해야 한다.

3) 이등항해사의 책임과 권한(2nd Officer's Responsibility and Authority)

① 책임 및 직무

2항사는 선장에 대해 다음의 책임이 있다.

a) 항해중 당직항해사 직무 수행
b) 선장의 지시에 따른 항로계획 수립
c) 해도의 수급, 보관 및 관리

d) Noon Report 및 AB-Log 작성

e) 입항전의 항해계기 및 조타기 점검 및 시험

f) C/O 지시에 따라 하역당직

g) 항해 장비의 운전, 점검 및 시험

h) 항해 계기의 관련 기록 유지

i) 2항사는 선장의 Standing Order를 읽고 준수해야 하며 또한 선박의 구조와 특성을 숙지해야 한다.

② 항해 당직

2항사는 항해시 통상 00~04시, 12~16시 사이의 항해 당직에 임한다.

③ 특수·중대업무

④ 배치

2항사는 접이안시 원칙적으로 선미에 배치된다.

⑤ Master's passage Plan

2항사는 선장의 지시에 따라 항로계획을 작성해야 한다.

⑥ 해도의 관리

⑦ 정박시 정박당직업무 수행

⑧ 항해장비·계기의 유지 관리 업무

⑨ Steering 시스템의 유지 보수

⑩ 전문도서관리

2항사는 선박에 비치된 전문도서의 목록을 작성하고 최신화해야 한다.

4) 삼등항해사의 책임과 권한(3rd Officer's Responsibility and Authority)

① 책임 및 직무

3항사는 다음 사항에 대해 선장에게 직접적인 책임이 있다.

a) 당직항해사 직무수행

b) 입·출항 준비

c) 입·출항 Condition Report 작성

d) 신호, 형상물, 기류 및 Hand Lead의 관리

e) 의료관리자로서의 직무

f) Muster List 준비

g) 오락기구의 관리

h) 구명설비 및 소화 장비의 점검에 대한 보좌

i) C/O 지시에 따라 하역 당직 수행

j) Log Book 기록

k) 3항사는 선장의 Standing Order를 읽고 준수해야 하며, 또한 선박의 구조와 특성을 숙지해야 한다.

② 항해 당직 : 3항사는 항해시 통상 08~12, 20~24시 사이의 항해 당직에 임한다.

③ 배치 : 통상 3항사는 입출항시 선교에서 선장을 보좌하며 다음의 업무를 수행해야 한다.

a) Telegraph 사용

b) Bell Book의 기록유지

c) 당직갑판수에게 지시전달 및 확인

d) 도선사 안내

e) 기류나 신호가 적절히 게양되었는지 확인한다.

f) 항내에서 선교문을 잠그고 귀중품은 잘 보관하며, 전기제품이나 위험한 물건이 안전한 상태로 되어 있는지 확인하고 항만당국 등의 점검을 대비하여 선교를 깨끗하게 유지한다.

④ 출항전의 직무

a) 3항사는 출항전 항해기기를 점검하고 사용준비를 확인해야 한다. 이와 관련 Pilot Card를 작성한다.

b) 조타기 점검

출항전 12시간 이내에 당직기관사 입회하에 다음과 같은 항목에 대하여 조타기를 점검한다.

- Main and auxiliary steering gear
- Remote steering gear control system
- Steering positions located on the navigating bridge
- Emergency power supply
- Rudder angle indicator in relation to the actual position of the rudder
- Power failure alarm of both the remote control and steering gear power unit

• Automatic isolating arrangements and other automatic equipment

⑤ 조석 및 조류표(Tide table) 준비

⑥ 점검표 상기의 점검사항이 만족되면 '점검표' Before Sailing을 작성하고 선장에게 보고한다.

⑦ 정박중 정박당직업무 수행

⑧ 의료관리자로서의 직무

a) 3항사는 선장에게 자문을 구하여 승무원에게 의료지원을 제공하고 의약품창고를 관리할 책임이 있다.

b) 회사의 비치기준에 의거 필요한 의약품을 유지한다.

c) 모든 의약품은 약장내에 잠구어 보관하고 병원은 개방한다.

d) 의약품의 사용명세는 Crew Medical Record에 기재하여 매주 선장에게 보고해야 한다.

e) 특별관리 약품은 특별히 주의를 요하며 선장의 관리하에 사용해야 한다.

• 주사제, 항생제류, 독극물

• 이러한 약품은 대장을 유지해야 하며 별도로 보관하여야 한다. 특히 독극물은 격리된 장소에 잠구어 보관한다.

f) 3항사는 선장의 허가를 받아 일상적인 의료지원 시간을 지정할 수 있다.

g) 3항사는 비상시 응급처치를 수행해야 한다.

h) 3항사는 병원치료시 의뢰 및 치료결과 보고를 한다.

i) 3항사는 다음의 응급의료 장비가 상황발생시 즉시 사용할 수 있는 상태로 관리되는지 여부를 확인해야 한다.

• 들것, 구급낭(기관실을 포함한 2곳), 인공호흡기(해당시)

j) 3항사는 병원과 침구류를 포함한 관련 장비가 청결히 유지되도록 해야 한다.

k) 3항사는 필요시 해충방지를 위해 거주구역에 대한 소독을 실시한다.

⑨ 구명장비 및 소화장비의 관리

3항사는 구명장비 및 소화장비의 관리에 대해 C/O를 보조한다. 따라서 3항사는 다음 사항을 확인한다.

a) 모든 안전장비가 Safety Plan에 따라 비치되어 있는지 여부

b) 모든 안전장비가 표준 이상으로 잘 정비되어 있는지 여부

c) 특정 안전장비의 정비가 필요한 경우 C/O에게 보고한다.

d) 소화기의 재충전을 위해 적절한 Spare를 확보한다. 재충전을 위한 Spare의 보급 요청 시기를 C/O에게 알려 주어야 한다.

e) 승무원 교대가 발생시에는 비상배치표를 최신화하여 지정된 장소에 게시한다. 이에 관해서는 선장의 지시에 따른다.

f) 매주 토요일 정오에 General Alarm과 Whistle을 테스트한다.

g) 구명장비 및 소화장비를 매 1개월마다 그리고 PSC 수검이 예상되는 항구 입항 전에 점검해야 한다.

⑩ 기타 직무

a) 3항사는 시간대에 맞춰 선내시간을 조정해야 한다. 또한 Chronometer Rate Book의 기록을 유지해야 한다.

b) 3항사는 입항직후와 출항직전에 흘수를 확인해서 선장에게 보고하고 Deck Log Book에 기재해야 한다.

c) 3항사는 Flag가 적절히 갖추어지고 취급, 보관되도록 해야 하며 입·출항시 적절히 게양되는지 확인하여야 한다.

d) 3항사는 입항 후, 출항 전에 입출항 Condition Report를 작성하여 선장, 기관장, C/O에게 배포해야 한다.

e) 3항사는 형상물 및 음향신호기, Bell, Gong 및 Emergency Whistle 등을 적절히 관리해야 하고 찾고 사용하기 쉬운 장소에 보관해야 한다.

⑪ 선내 오락 및 체육 시설의 관리를 책임진다.

5) 통신담당지정자의 책임과 직무(Designated Officer for Radio Communication's Responsibility and Duty)

① 책임 및 직무

통신담당지정자는 다음과 같은 직무에 대해 선장에게 책임이 있다.

a) 기밀유지

b) 통신업무 수행

② 선장의 사무보좌 통신담당지정자는 다음의 선장 사무업무를 보좌한다.

a) 문서의 수·발신 및 관리

b) 일일 항해 Data입력 업무

c) 입·출항시 CIQ(세관, 출입국관리, 검역) 업무

d) 시간외수당, 통신비 및 주 · 부식 관련 회계업무 보조

③ 수로지의 관리, 문방구와 양식지의 관리를 책임진다.

④ 선박문서목록을 작성 · 유지해야 한다.

⑤ 통신 및 보고, SOLAS 및 기국정부의 통신 규정의 준수, 육해상간 통신을 유지한다.

⑥ Main Radio 및 Inmarsat를 적절히 운용 및 정비 유지한다.

⑦ Computer 및 Printer 관리

⑧ 다음과 같은 전파/전자 기기의 정비 및 유지

- 통신장비(비상 통신담당지정 장비/기기를 포함), 통신기기 및 선내비상용 축전지
- 가전제품 및 사무기기
- GMDSS 장비를 포함한 무선/전자 항해 장비/계기의 정비 보조

⑨ 통신장비/기기의 정비 · 유지는

- VHF, Weather Facsimile, Public Addressor/선내전화, Walki-Talki
- 2-WAY VHF Radio, EPIRB, SART 등의 선내 통신장비

⑩ 당직항해사로서의 역할

선장은 통신담당지정자의 직무에 방해를 받지 않는 범위에서 선교 항해당직 또는 정박당직에 배치할 수 있다. 이 경우는 당직항해사로서 선장의 Standing Order를 숙지하고 이에 따라야 한다.

6) 갑판부원의 책임과 직무(Deck Crew's Responsibility and Duty)

갑판부원은 기관장/C/O/당직항해사의 지휘, 감독하에 다음의 업무를 수행한다.

a) 당직항해사 지휘하에 정박/항해 당직 수행

b) 기관장/C/O의 시휘하에 선체, 기관, 설비, 장비 등의 정비 · 보수

c) C/O의 지휘하에 하역 작업 및 화물관리 업무

d) 개인 업무 및 업무 규정

e) 비상시 배치 및 임무

f) 선내 안전 및 환경관련 수칙(알콜 방침, 금연수칙, 환경규정 등)

g) 직무에 관한 작업 안전 수칙

h) Bilge, Ballast, Cargo System의 통상적인 운전

i) Alarm System과 Alarm 종류의 식별(특히 화재경보 등 비상신호)

j) EPIRB 및 SART와 같은 비상신호의 사용법

7) 기관장의 책임과 권한(Chief Engineer's Responsibility and Authority)

① 책임

a) 선내 정비 · 보수 업무의 통합 계획 및 이행

b) 법정 또는 선급 검사

c) 연료유 및 윤활유의 적절한 수급 및 관리

d) 안전 및 환경오염방지관리인으로서의 업무(안전 및 환경오염방지관리인은 안전관리자와 환경오염방지관리인의 역할을 수행함)

e) 선용품 및 예비품 관련 업무

f) 조수(造水)

g) 일일과업 지시를 포함한 보선관련 인원에 대한 감독

h) 정비 · 보수 History의 기록 및 유지

i) 기관장은 다음 사항을 확인해야 한다.

- 안전한 작업환경 및 관행
- 안전/감지장치의 적절한 유지 및 점검
- 인명보호장구의 사용방법과 안전수칙 등 작업안전에 관한 훈련
- 위험한 사례가 발생하였거나 발생할 우려가 있을 때의 응급 또는 방지조치
- 안전관리에 관한 기록

② 환경오염방지관리인으로서의 직무 오염방지는 특수/중대 업무로 분류되며, 이와 관련한 모든 국 · 내외 법규를 준수해야 한다.

③ 정비 · 보수 업무 관리 및 인원운용

④ Standing Orders

⑤ 오염 방지관리인으로써의 책임

⑥ 입거수리 책임자

8) 일등기관사 책임과 권한(1st Engineer's Responsibility and Authority)

① 책임 및 직무

a) 1기사는 기관실의 실무책임자이며, 선내 기기와 설비의 운전에 있어 기관장을 보좌한다.

b) 1기사는 기관장과 협의하여 기관사 및 기관부원에게 정비, 보수 업무를 감독한다.

c) 당직

② 기관장에게 보고 : 1기사는 업무관련 사항에 대해 정확한 정보를 기관장에게 제공해야 한다.

③ 비상대응, 예비품 및 선용품, 문서 관리

④ 작업안전규칙 준수

⑤ 항해 및 정박당직 수행

⑥ 일일과업 지시 및 수행

⑦ 예방 정비

⑧ 특수/중대선상업무

9) 이등기관사 책임과 권한(2nd Engineer's Responsibility and Authority)

① 2기사는 당직 근무에 있어서 기관장, 통상적인 직무에 있어서는 1기사에 대해 책임이 있다.

② 항해중 유인 기관당직의 경우 2기사는 통상적으로 00~04, 12~10시 당직에 임한다(UMA선의 경우 당직기관사이다). 정박중 2기사는 1기사의 지휘를 받는다.

③ 2기사는 다음의 일반적인 정비에 대해 책임이 있다.

a) 발전기 및 관련기기

b) 비상배전반, Battery를 포함한 비상발전기

c) H.F.O & M.D.O Purifiers

d) 담당기기를 구동 및 운전에 필요한 Pump류

c) 연료유 관리에 있어 기관장 보좌

④ 작업안전규칙

⑤ 오염방지 관련 국·내외 법규는 준수

⑥ 연료유 관리

⑦ 2기사는 기관장의 지시하에 연료유를 관리한다.

⑧ 유류탱크의 현장 측심은 최소한 하루 한 번 이상 시행해야 한다.

10) 삼등기관사 책임과 권한(3rd Engineer's Responsibility and Authority)

① 3기사는 당직근무에 있어 기관장, 통상적인 직무에 있어서는 1기사에 대해 책임이 있다.

② 항해중 유인기관당직의 경우 통상적으로 08~12, 20~24시 당직에 임한다(UMA선의 경우 당직기관사이다). 정박중 3기사는 1기사의 지시를 받는다.

③ 3기사는 다음의 일반적인 정비에 책임이 있다.

a) Aux. Boiler
b) Exh. Gas Economizer
c) Air Conditioner, Provision Ref. Plant
d) Unit Cooler, M.G.P.S, I.C.C.P (설치된 경우에 한함)
e) F.W Evaporator & Fresh Water System
f) 담당기기를 구동 및 운전에 필요한 Pump류
g) Vacuum Toilet를 포함한 Sewage Treatment Plant
h) Elevator(설치된 경우에 한함)
i) 일반적인 전기설비
j) Lifeboat Engine

④ 작업안전수칙 준수

⑤ 오염방지관련 국내외 법규의 준수

11) 기관부원의 책임과 직무(Engine Crew's Responsibility and Duty)

기관부원은 기관장/1기사/당직기관사의 지휘, 감독하에 다음의 업무를 수행한다.

a) 당직기관사의 지시에 의한 기관실 유인당직
b) 무인 당직 준비시 Sounding 지원
c) 기관장 및 1기사의 지시에 의한 기관, 기기 및 설비의 정비·보수 업무
d) 기관실 통신 System의 사용법
e) 기관구역으로부터의 대피 경로
f) 기관실 Alarm System과 Alarm 종류의 식별(특히 화재경보 등)
g) 소화장비의 수, 위치 및 Type과 Machinery Space에 있는 Damage Control Gear(Watertight Door, 빌지 펌프, 댐퍼 및 기타)의 사용법 및 각종 안전수칙

h) Bilge, Ballast, Cargo System의 통상적인 운전
i) 직무에 관한 안전작업 훈련

12) 사주부서원의 책임과 의무(Cook Crew's Responsibility and Duty)

통신장이 없어짐에 따라서 사주부원의 관리의 책임은 일등항해사가 담당하고 있으며 식사 및 주거시설의 관리, 보건 위생과 서비스 등이 주요 업무이다.

1.7 항해당직근무

선박에서 항해사의 가장 중요한 업무는 항해당직사관으로써 항해당직에 임하는 것이라 하겠다. 이러한 항해당직업무의 형태는 과학기술의 발달, 항해기기의 발전, 항해술의 진보에도 불구하고 멀리 범선시대로부터 내려오던 방식과 유사하게 지금까지도 수행되어 온 업무이기도 하다. 항해는 기계의 조작과는 달리 매우 가변적이며, 상대방이 있고 당직항해사의 단 한 번의 판단 실수로 인하여 선박에 막대한 영향을 준다. 항해당직근무 원칙과 관련하여 IMO, SOLAS, STCW 및 COLREGs 등의 여러 국제규칙과 기구에서 이에 대한 당직수행원칙들이 권고되어 오고 있는데 선박에서는 통상 Master's Standing Order로 부르고 있다.

1. STCW Recommendation on Navigational Watchkeeping

선원의 훈련, 자격증명 및 당직근무에 관한 국제협약(STCW, The International Convention on Standards of Training certification and Watchkeeping for Seafarers, 1978) 제8장 당직근무에 관한 기준(Standards Regarding Watchkeeping)에서도 당직항해사가 항해당직중에 준수해야 할 제 원칙들을 기술해놓았다. STCW에 기술한 내용 또한 IMO가 권고하는 내용과 크게 다르지는 않지만 두 내용을 비교하기 위하여 여기에 싣는다. 아무쪼록 항해사들은 당직수행시 국제규칙(COLREGs), IMO 권고내용 및 STCW의 당직수행원칙을 항상 기억하기 바란다.

1) Principles To Be Observed In Keeping A Navigational Watch

The officer in charge of the navigational watch is the master's representative and is primarily responsible at all times for the safe navigation of the ship and for complying with the International Regulations for Preventing Collisions at Sea. 1972.

(1) Look-out(경계)

A proper look-out shall be maintained at all times in compliance with rule 5 of the International Regulations for Preventing Collisions at Sea, 1972 and shall serve the purpose of :

.1 maintaining a continuous state of vigilance by sight and hearing as well as by all other available means, with regard to any significant change in the operating environment:

.2 fully appraising the situation and the risk of collision, stranding and other dangers to navigation; and

.3 detecting ships or aircraft in distress, shipwrecked persons, wrecks, debris and other hazards to safe navigation.

The look-out must be able to give full attention to the keeping of a proper look-out and no other duties shall be undertaken or assigned which could interfere with that task.

The duties of the look-out and helmsperson are separate and the helmsperson shall not be considered to be the look-out while steering, except in small ships where an unobstructed all-round view is provided at the steering position and there is no impairment of night vision or other impediment to the keeping of a proper look-out. The officer in charge of the navigational watch may be the sole look-out in daylight provided that on each such occasion:

.1 the situation has been carefully assessed and it has been established without doubt that it is safe to do so;

.2 full account has been taken of all relevant factors including, but not limited to :

- state of weather.
- visibility.

- traffic density.

- proximity of dangers to navigation, and

- the attention necessary when navigating in or near traffic separation schemes; and

.3 assistance is immediately available to be summoned to the bridge when any change is the situation so requires.

In determining that the composition of the navigational watch is adequate to ensure that a proper look-out can continuously be maintained, the master shall take into account all relevant factors, including those described in this section of the Code, as well as the following factors:

.1 visibility, state of weather and sea;

.2 traffic density, and other activities occurring in the area in which the vessel is navigating;

.3 the attention necessary when navigating in or near traffic separation schemes or other routing measures;

.4 the additional workload caused by the nature of the ship's functions, immediate operating requirements and anticipated manoeuvres;

.5 the fitness for duty of any crew members on call who are assigned as members on call who are assigned as members of the watch;

.6 knowledge of and confidence in the professional competence of the ship's officers and crew;

.7 the experience of each officer of the navigational watch, and the familiarity of that officer with the ship's equipment, procedures, and manoeuvring capability;

.8 activities taking place on board the ship at any particular time, including radio-communication activities and the availability of assistance to be summoned immediately to the bridge when necessary:

.9 the operational status of bridge instrumentation and controls, including alarm systems;

.10 rudder and propeller control and ship manoeuvring characteristics;

.11 the size of the ship and the field of vision available from the conning position;

.12 the configuration of the bridge, to the extent such configuration might inhibit a member of the watch from detecting by sight or hearing any external development; and

.13 any other relevant standard, procedure or guidance relation to watchkeeping arrangements and fitness for duty which has been adopted by the Organization.

(2) Watch arrangements(당직배치)

When deciding the composition of the watch on the bridge, which may include appropriately qualified ratings, the following factors, shall be taken into account:

.1 at no time shall the bridge be left unattended;

.2 weather conditions, visibility and whether there is day light or darkness;

.3 proximity of navigational hazards which may make it necessary for the officer in charge of the watch to carry out additional navigational duties;

.4 use and operational condition of navigational aids such as radar or electronic position-indicating devices and any other equipment affecting the safe navigation of the ship;

.5 whether the ship is fitted with automatic steering;

.6 whether there are radio duties to be performed;

.7 unmanned machinery space(UMS) controls, alarms and indicators provided on the bridge, procedures for their use and limitations; and

.8 any unusual demands on the navigational watch that may arise as a result of special operational circumstances.

(3) Taking over the watch(당직인수인계)

The officer in charge of the navigational watch shall not hand over the watch to the relieving officer if there is reason to believe that the latter is not capable of carrying out the watchkeeping duties effectively in which case the master shall be notified.

The relieving officer shall ensure that the members of the relieving watch are fully capable of performing their duties, particularly as regards their adjustment to night vision. Relieving officers shall not take over the watch until their vision is fully adjusted to the light conditions.

Prior to taking over the watch relieving officers shall satisfy themselves as to the ship's estimated or true position and confirm its intended track, course and speed, and UMS controls as appropriate and shall note any dangers to navigation expected to be encountered during their watch.

Relieving officers shall personally satisfy themselves regarding the:

.1 standing orders and other special instructions of the master relating to navigation of the ship;

.2 position, course, speed and draught of the ship;

.3 prevailing and predicted tides, currents, weather, visibility and the effect of these factors upon course and speed;

.4 procedures for the use of main engines to manoeuvre when the main engines are on bridge control; and

.5 navigational situation, including but not limited to:

.5.1 the operational condition of all navigational and safety equipment being used or likely to be used during the watch.

.5.2 the errors of gyro and magnetic compasses.

.5.3 the presence and movement of ships in sight or known to be in the vicinity.

.5.4 the conditions and hazards likely to be encountered during the watch, and

.5.5 the possible effects of heel, trim, water density and squat on under keel clearance.

If at any time the officer in charge of the navigational watch is to be relieved when a manoeuvre of other action to avoid any hazard is taking place, the relief of that officer shall be deferred until such action has been completed.

(4) Performing the navigational watch(항해당직 수행)

The officer in charge of the navigational watch shall;

.1 keep the watch on the bridge;

.2 in no circumstances leave the bridge until properly relieved;

.3 continue to be responsible for the safe navigation for the ship, despite the presence for the master on the bridge, until informed specifically that the master has assumed that responsibility and this is mutually understood; and

.4 notify the master when in any doubt as to what action to take in the interest of safety.

During the watch the course steered, position and speed shall be checked at sufficiently frequent intervals, using any available navigational aids necessary to ensure that the ship follows the planed course.

The officer in charge of the navigational watch shall have full knowledge of the location and operation of all safety and navigational equipment on board the ship and shall be aware and take account of the operating limitations of such equipment.

The officer in charge of the navigational watch shall not be assigned or undertake any duties which would interfere with the safe navigation of the ship.

Officers of the navigational watch shall make the most effective use of all navigational equipment at their disposal.

When using radar, the officer in charge of the navigational watch shall bear in mind the necessity to comply at all times with the provisions on the use of radar contained in the International Regulations for Preventing Collisions at Sea, in force.

In cases of need to officer in charge of the navigational watch shall not hesitate to use the helm, engines and sound signalling apparatus. However, timely notice of intended variations of engine speed shall be given where possible or effective use made of UMS engine controls provided on the bridge in accordance with the applicable procedures.

Officers of the navigational watch shall know the handling characteristics of their ships, including its stopping distances, and should appreciate that other ships may have different handling characteristics.

A proper record shall be kept during the watch of the movements and activities relating to the navigation of the ship.

It is of special importance that at all times the officer in charge of the navigational watch ensures that a proper look-out is maintained. In a ship with a separate chart room the officer in charge of the navigational watch may visit the chart room, when essential, for a short period for the necessary performance of navigational duties, but shall first ensure that it is safe to do so and that proper look-out is maintained.

Operational tests of shipboard navigational equipment shall be carried out at sea as frequently as practicable and as circumstances permit, in particular before hazardous conditions affecting navigation are expected. Whenever appropriate, these tests shall be recorded. Such tests shall also be carried out prior to port arrival and departure.

The officers in charge of the navigational watch shall make regular checks to ensure that:

.1 the person steering the ship or the automatic pilot is steering the correct course;

.2 the standard compass error is determined at least once a watch and, when possible, after any major alteration of course; the standard and gyro-compasses are frequently compared and repeaters are synchronized with their master compass;

.3 the automatic pilot is tested manually at least once a watch;

.4 the navigation and signal lights and other navigational equipments are functioning properly;

.5 the radio equipment is functioning properly in accordance with paragraph 86 of this section; and

.6 the UMS controls, alarms and indicators are functioning properly.

The officer in charge of the navigational watch shall bear in mind the necessity to comply at all times with the requirements in force of the International Convention for the Safety of Life at sea,(SOLAS) 1974. The officer of the navigational watch shall take into account:

.1 the need to station a person to steer the ship and to put the steering into manual control in good time to allow any potentially hazardous situation to be dealt with in a safe manner; and

.2 that with a ship under automatic steering it is highly dangerous to allow a situation to develop to the point where the officer in charge of the navigational watch is without assistance and has to break the continuity of the look-out in order to take emergency action.

Officers of the navigational watch shall be throughly familiar with the use of all electronic navigational aids carried, including their capabilities and limitations, and shall use each of these aids when appropriate and shall bear in mind that the echo-sounder is a valuable navigational aid.

The officer in charge of the navigational watch shall use the radar whenever restricted visibility in encountered or expected, and at all times in congested waters having due regard to its limitations.

The officer in charge of the navigational watch shall ensure that range scales employed are changed at sufficiently frequent intervals so that echoes are detected as early as possible. It shall be borne in mind that small or poor echoes may escape detection.

Whenever radar is in use, the officer in charge of the navigational watch shall select an appropriate range scale and observe the display carefully, and shall ensure that plotting or systematic analysis is commenced in ample time.

The officer in charge of the navigational watch shall notify the master immediately:

.1 if restricted visibility is encountered or expected;

.2 if the traffic conditions or the movements of other ships are causing concern;

.3 if difficulty is experienced in maintaining course;

.4 on failure to sight land, a navigation mark or to obtain soundings by the expected time;

.5 if, unexpectedly, land or a navigation mark is sighted or a change in soundings occurs;

.6 on breakdown of the engines, propulsion machinery remote control, steering gear or any essential navigational equipment, alarm or indicator;

.7 if the radio equipment malfunctions;

.8 in heavy weather, if in any doubt about the possibility of weather damage;

.9 if the ship meets any hazard to navigation, such as ice or a derelict; and

.10 in any other emergency or is any doubt.

Despite the requirement to notify the master immediately in the foregoing circumstances, the officer in charge of the navigational watch shall in addition not hesitate to take immediate action for the safety of the ship, where circumstances so require.

The officer in charge of the navigational watch shall give watchkeeping personnel all appropriate instructions and information which will ensure the keeping of a safe watch, including a proper look-out.

2) Watchkeeping under different conditions and in different areas

(1) Clear weather(상호시계)

The officer in charge of the navigational watch shall take frequent and accurate compass bearings of approaching ships as a means of early detection of risk of collision and bear in mind that such risk may sometimes exist even when an appreciable bearing change is evident, particularly when approaching a very large ship or a tow when approaching a ship at close range. The officer in charge of the navigational watch shall also take early and positive action in compliance with the applicable International Regulations for Preventing Collisions at Sea, 1972 and subsequently check that suck action is having the desired effect.

In clear weather, whenever possible, the officer in charge of the navigational watch shall carry out radar practice.

(2) Restricted visibility(제한시계)

When restricted visibility is encountered or expected, the first responsibility of the officer in charge of the navigational watch is to comply with the relevant rules of the International Regulations for Preventing Collisions at Sea, 1972 with particular regard to the sounding of fog signals, proceeding at a safe speed and having the engines ready for immediate manoeuvre. In addition, the officer in charge of the navigational watch shall:

.1 inform the master;

.2 post a proper look-out;

.3 exhibit navigation lights; and

.4 operate and use the radar

(3) In hours of darkness(야간)

The master and the officer in charge of the navigational watch when arranging look-out duty shall have due regard to the bridge equipment and navigational aids available for use, their limitations, procedures and safeguards implemented.

(4) Coastal and congested waters(연안 및 선박폭주 해역)

The largest scale chart on board, suitable for the area and corrected with the latest available information, shall be used. Fixes shall be taken at frequent intervals, and shall be carried out by more than one method whenever circumstances allow.

The officer in charge of the navigational watch shall positively identify all relevant navigation marks.

(5) Navigation with pilot on board(도선사 승선중의 항해)

Despite the duties and obligations of pilots, their presence on board does not relieve the master or officer in charge of the navigational watch from their duties and obligations for the safety of the ship. The master and the pilot shall exchange information regarding navigation procedures, local conditions and the ship's characteristic. The master and/or the officer in charge of the navigational watch shall co-operate closely with the pilot and maintain an accurate check on the ship's position and movement.

If in any doubt as to the pilot's actions or intentions, the officer in charge of the navigational watch shall seek clarification from the pilot and, if doubt still exists, shall notify the master immediately and take whatever action is necessary before the master arrives.

(6) Ship at anchor(묘박선)

If the master considers it necessary a continuous navigational watch shall be maintained at anchor. While at anchor, the officer in charge of the navigational watch shall;

.1 determine and plot the ship's position on the appropriate chart as soon as practicable;

.2 when circumstances permit, check at sufficiently frequent intervals whether the ship is remaining securely at anchor by taking bearings of fixed navigation marks or readily identifiable shore objects;

.3 ensure that proper look-out is maintained;

.4 ensure that inspection rounds of the ship are made periodically;

.5 observe meteorological and tidal conditions and the state of the sea;

.6 notify the master and undertake all necessary measures if the ship drags anchor;

.7 ensure that the state of readiness of the main engines and other machinery is in accordance with the master's instructions;

.8 if visibility deteriorates, notify the master;

.9 ensure that the ship exhibits the appropriate lights and shapes and that appropriate signals are made in accordance with all applicable regulations; and

.10 take measure to protect the environment from pollution by the ship and comply with applicable pollution regulations.

제 2 장
항 해

2.1 항해 관련 용어
2.2 해도 및 수로서지
2.3 항로표지
2.4 선위의 결정
2.5 항해계기
2.6 해상기상
2.7 해사영어

제2장 항 해

2.1 항해 관련 용어

1. 항해학(항해술)

항해학은 항해자에게 선박의 위치를 결정하게 하고, 지구 위의 한 지점에서 다른 지점으로 선박을 안전하고 효율적으로 이동시키는 과학 또는 기술이다.

2. 항법의 분류

항법은 선박이 두 지점 사이를 해상을 통하여 가장 안전하고 정확하게 항행(航行)하도록 하는 기술로서 그 선위(船位)를 결정함에 있어서 이용하게 되는 관측의 대상이나 수단에 따라서 다음과 같이 구분할 수 있다.

1) 지문항법(Geo Navigation)

① 연안항법(沿岸航法) : 지상에 있는 육표, 항로표지(航路標識) 등의 방위, 거리 및 고도 등을 관측하거나 수심 등을 측정하여 선위를 결정하면서 연안을 따라서 항해하는 항법

② 추측항법(推測航法) : 가장 최근에 구한 정확한 선위를 기초로 선박의 침로와 항정에 의하여 현재의 선위를 추측 및 추정하거나, 또는 출발지와 목적지의 경·위도를 알고 앞으로 취해야 할 침로 및 항정을 구하는 항법

2) 천문항법

대양에서 태양, 달, 별 등과 같은 천체의 고도와 방위를 관측하여 선박의 위치 및 컴퍼스의 오차를 측정하는 항법을 천문항법(天文航法)이라 한다. 최근에 들어서 이 항법은 전파항법의 개발로 선위를 결정하는 효용성은 점점 감소되고

있으나 시의 개념을 이해하고 대양에서 컴퍼스의 오차를 측정하는 데는 여전히 이용되고 있다.

3) 전파항법

육상의 물표나 천체를 관측하지 않고도 전파가 가지는 세 가지 특성 즉, 직진성, 반사성 및 등속성을 이용한 전파표지 및 항법장치를 이용하여 선위를 결정하면서 항해하는 항법을 전파항법(電波航法)이라 한다. 레이더 및 GPS 등이 대표적인 전파항법장치이다.

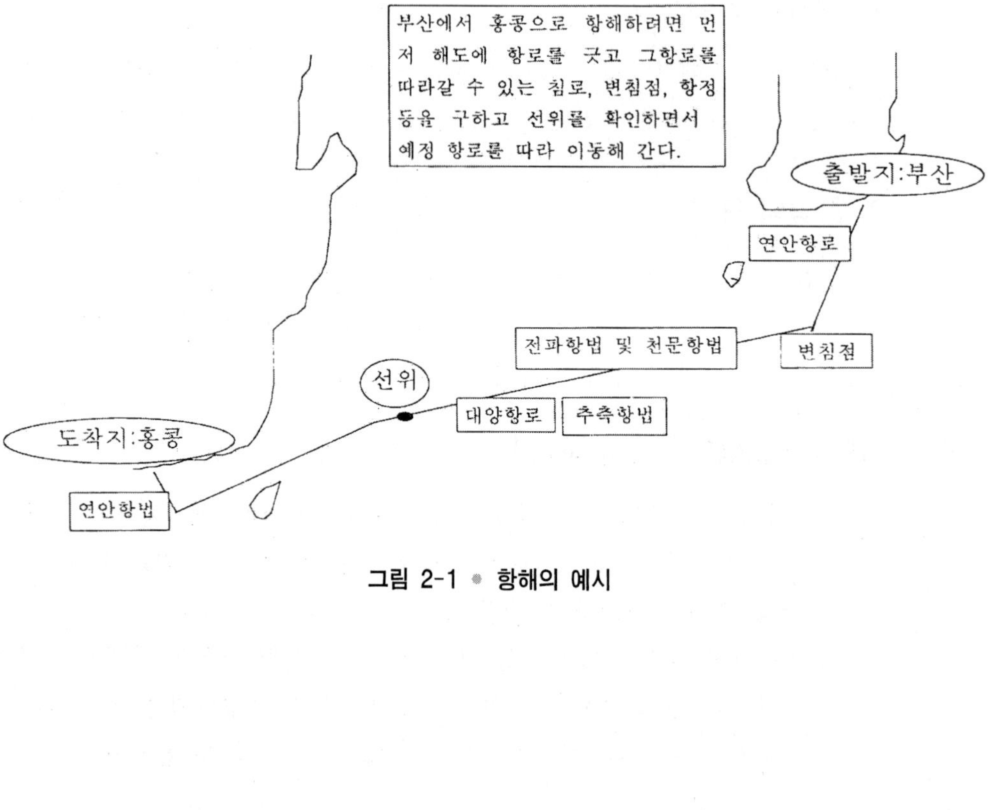

그림 2-1 ◦ 항해의 예시

3. 지구상의 위치 요소

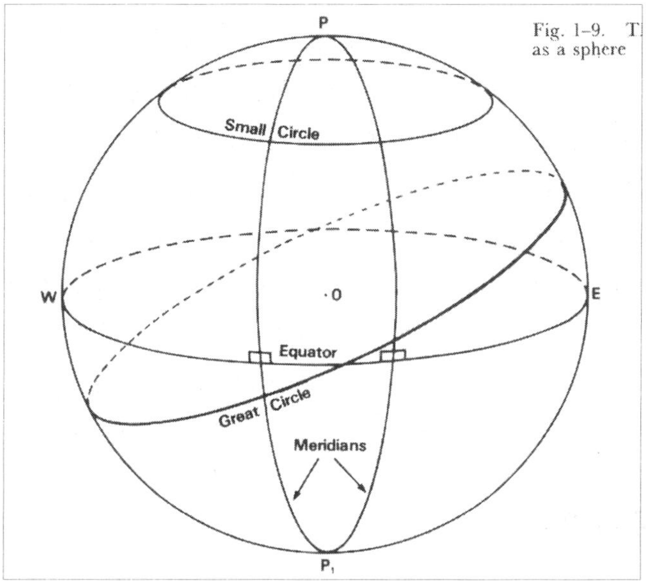

그림 2-2 ● 지구상의 위치 요소

1) 대권과 소권

① 대권(大圈, Great circle) : 지구의 중심을 지나는 평면으로 구를 자른다고 가정할 때 지구 표면에 생기게 되는 원

② 소권(小圈, Small circle) : 지구의 중심을 지나지 않는 평면으로 자를 때 생기는 원

2) 적도와 거등권

지축과 직교하는 대권을 적도(Equator)라고 하고, 적도에 평행한 소권을 거등권(Parallel of latitude) 또는 평행권이라 한다.

3) 자오선

지구의 양 극(極)을 지나는 대권을 자오선(Meridian)이라 하며, 적도와는 직교한다. 무수히 많은 자오선 가운데 영국의 그리니치(Greenwich) 천문대를 지나는 자오선을 0°로 하여 경도 계산의 기준으로 삼은 것을 본초 자오선(Prime meridian)이라 하는데, 이것이 경도를 측정하는 기준이 되는 자오선이다.

4) 위도와 경도

① 위도(Latitude, L) : 어느 지점에 있어서의 거등권과 적도 사이의 자오선상의 호(弧)의 길이 또는 이 호가 지구 중심에서 이루는 각(角). 위도는 적도를 0°로 하여 남북으로 각각 90°까지 재는데, 재는 방향이 북쪽이면 북위라 하고 부호 N을 붙여 표시하며, 남쪽이면 남위라 하고 부호 S를 붙여 표시한다.

② 경도(Longitude, λ) : 어느 지점의 자오선과 본초 자오선이 이루는 적도의 호, 또는 그 호가 지구 중심에서 이루는 각을 그 지점의 경도라 하며, 본초 자오선을 0°로 하여 동쪽과 서쪽으로 각각 180°까지 잰다. 그리고, 동쪽으로 잰 경우에는 동경(East longitude)이라 하고 E를 붙여 표시하며, 서쪽으로 잰 경우에는 서경(West longitude)이라 하고 W를 붙여 표시한다.

4. 거리와 속력

1) 해상 거리

지구의 위도 45°에 있어서의 지리 위도 1′의 길이인 약 1,852m를 1 마일 또는 1 해리(海里, Nautical mile 또는 sea mile, M)라고 하는데, 해상에서는 이것을 거리의 단위로 사용한다.

한편, 구미지역에서 많이 사용하는 마일을 육리(陸里, Land mile 또는 Statute mile)는 약 1,609.3m로 이것은 해리와는 전혀 다른 것으로 해상에서는 쓰지 않는다.

2) 속 력

선박의 속력을 나타내는 단위는 노트(Knot, kn 또는 kt)이며, 1시간에 1마일 항주하는 속력을 1노트라 한다.

선박은 물 위에 떠서 항행하므로, 선박의 속력은 물에 대한 속력과 지면에 대한 속력이 다를 수 있으며, 이들을 대수(對水)속력과 대지(對地)속력으로 구별하여 부를 때가 있다. 만일, 기관속력 10노트로 항행중인 선박이 2노트 크기의 해류를 선박의 진행방향 뒤쪽에서 앞쪽으로 받으면서(순조) 항행을 하면 선박의 대수속력은 10노트이지만 대지속력은 12노트가 되고, 선박의 진행방향과 반대방향으로 이 해류를 받게 되면(역조) 이 선박의 대수속력은 10노트이지만 대지속력은 8노트가 된다.

5. 방위와 침로

지구는 하나의 거대한 자성체이기 때문에 자석을 회전할 수 있도록 설치하면 이 자석은 지구의 자력선의 방향과 일치한 채 정지하게 된다. 그러나 이러한 자력선의 방향은 진남북 방향과 약간의 오차를 가지고 있다. 또한 이런 자석으로 만들어져 선박에 설치된 자기 컴퍼스는 자력선의 방향도 가리키지 못하고 또 오차가 생기게 된다. 이러한 원인은 편차와 자차에 기인한 것으로 자기 컴퍼스를 이용하기 위해서는 이러한 편차 및 자차값을 확인하여 정확한 진방위로 수정할 필요가 있다.

1) 편 차

어느 지점을 지나는 진자오선과 자기 자오선이 이루는 교각을 그 지점의 편차(偏差, Variation, var 또는 v)라 한다. 편차는 자침이 가리키는 북(자북)이 진자오선(진북)의 오른쪽에 있을 때를 편동편차(Easterly variation), 왼쪽에 있을 때를 편서편차(Westerly variation)로 구별하며, 각각 E 또는 W를 붙여 표시한다.

편차를 구하려면 해도에 그려져 있는 나침도에서 그 중앙에 기재된 편차에 연차를 가감하거나 자침 편차도(Variation chart)를 이용한다.

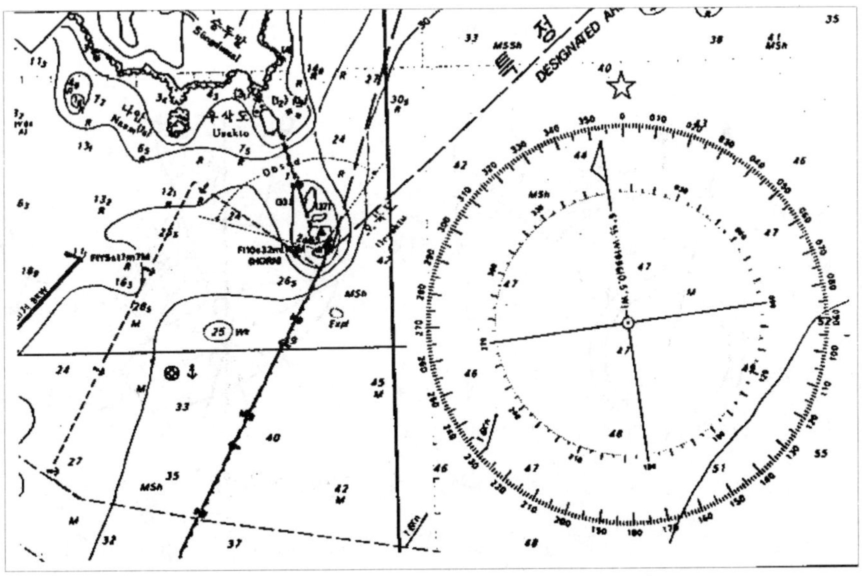

그림 2-3 ● 부산항 부근 해도상의 자침도 및 편차

2) 자 차

마그네틱 컴퍼스는 원래 자기 자오선의 방향을 가리켜야 되지만, 선체, 선내 철기류 등의 영향을 받아 지자극의 방향을 가리키지 않고 자기 자오선과 약간의 교각을 이루는 방향을 가리키게 된다. 이 교각을 자차(自差, Deviation, Dev. 또는 D)라 한다. 즉, 자차는 선내 컴퍼스가 선체나 선내 철기류의 영향을 받아서 생기는 오차이다.

자차도 편차의 경우와 같이 컴퍼스의 북(나북)이 지자기의 북(자북)의 오른쪽에 있으면 편동자차(Easterly deviation), 나북이 자북의 왼쪽에 있으면 편서자차(Westerly deviation)로 구별하며, 각각 E 또는 W를 붙여 표시한다.

3) 컴퍼스 오차

진자오선과 선박의 마그네틱 컴퍼스의 남북선이 이루는 교각을 컴퍼스 오차(Compass error, C.E.)라고 말하는데, 이 오차는 자차와 편차를 합쳐서 나타내는 것으로 그 크기는 자차와 편차의 부호가 같으면 합하고, 다르면 차를 구한 것과 같다.

C → D → M → V → T

편동오차(E) + / 편서오차(W) −

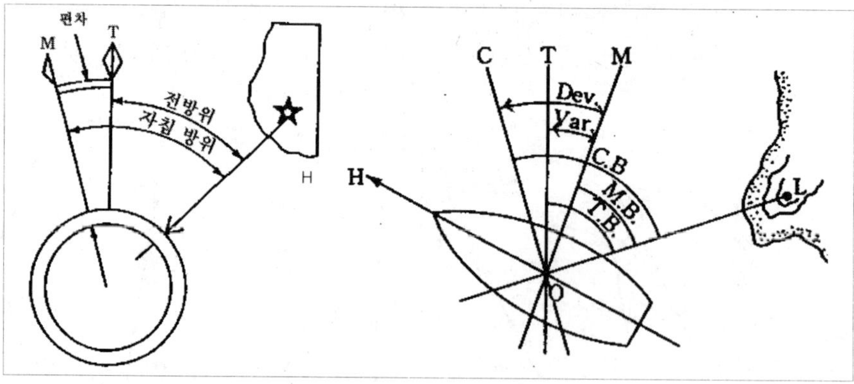

그림 2-4 ◦ 컴퍼스의 오차

4) 방위와 방위각

어느 기준선과 관측자 및 물표를 지나는 대권이 이루는 교각을, 북을 000°로

하여 시계 방향으로 360°까지 측정한 것을 방위(Bearing, Bn)라 하고, 북 또는 남을 0°로 하여 동쪽 또는 서쪽으로 180° 이내의 각으로 표시한 것을 방위각(Bearing angle, B)이라 한다.

① 180°식 방위각 : 북 또는 남을 기준으로 하여 동쪽 또는 서쪽으로 180°까지 측정하는 방식이다. N5°E, S135°W 등과 같이 표시한다.
② 90°식 방위각 : 180°식과 같이 북 또는 남을 기준으로 하여 동쪽 또는 서쪽으로 측정하되, 측정각을 90° 이내의 각으로 표시하는 방식이다. 180°식의 S135°W는 90°식으로는 N45°W가 된다.
③ 포인트식 : 한 원의 둘레를 32등분하여 그 한 등분을 1 포인트(Point) 또는 1 점이라 한다. 1 포인트는 11°15′이나, 현재는 별로 쓰이지 않고 있다.

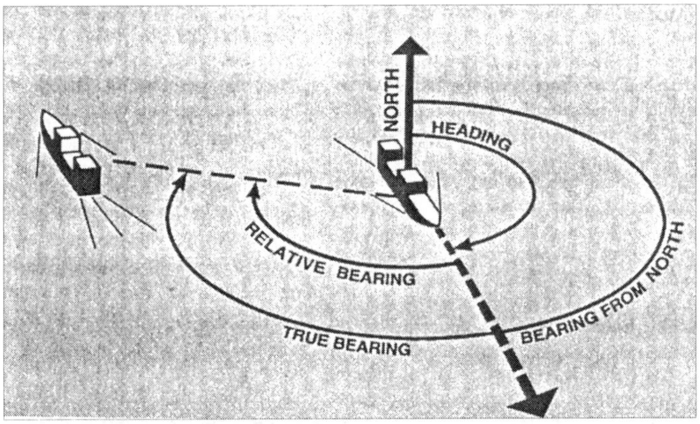

그림 2-5 • 침로

5) 침로와 침로각

선수미선과 선박을 지나는 자오선이 이루는 각을 침로(針路, Course, Co.)라고 하며, 보통 북을 000°로 하여 시계 방향으로 360°까지 측정한다.

방위각을 나타낼 때와 같이, 북 또는 남을 기준으로 하여 동쪽 또는 서쪽으로 180°까지의 각으로 표시하거나, 또는 90°까지의 각으로 표시한 경우에는 이를 침로각(Course angle, C)이라 하여 침로와 구별한다.

6) 풍압차와 유압차

일반적으로 선박에서는 풍압차와 유압차를 구별하지 않고 이들을 합쳐서 풍압차라고 하는 경우가 많다.

① 풍압차(風壓差, Lee Way, LW) : 선박이 항행할 때 어느 한쪽 현에서 바람을 받으면 풍하쪽으로 떠밀려 실제로 선박이 지나온 항적은 선수미선과 일치하지 않고 이루는 교각
② 유압차(流壓差, Tide way, Current way) : 또, 해류나 조류에 떠밀리는 경우에도 항적과 선수미선 사이에 생기는 교각

7) 해 류

(1) 세계의 해류

전 세계의 주요 해류를 보면 각 해양마다 아주 비슷한 형상을 나타내고 있다. 해류는 크게 저위도의 편동 무역풍에 의한 적도 해류와 중위도의 편서풍에 의한 서풍피류, 그리고 고위도의 아한대 편동풍에 의해 형성되는 해류의 흐름이 있다. 이는 지구의 풍계가 연중 거의 같은 방향으로 부는 바람으로 적도를 중심으로 남북대칭 분포를 가지기 때문에 해류 또한 남북대칭 분포를 이룬다. 이것을 그림으로 나타낸 것이 그림 2-6이다.

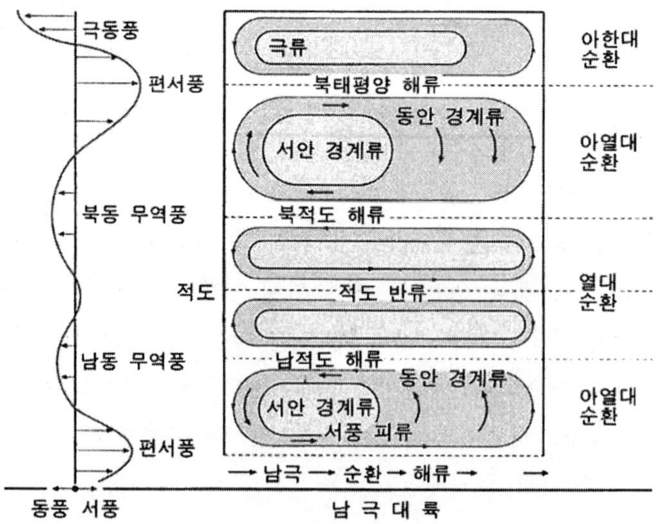

그림 2-6 • 풍계와 표층 해수

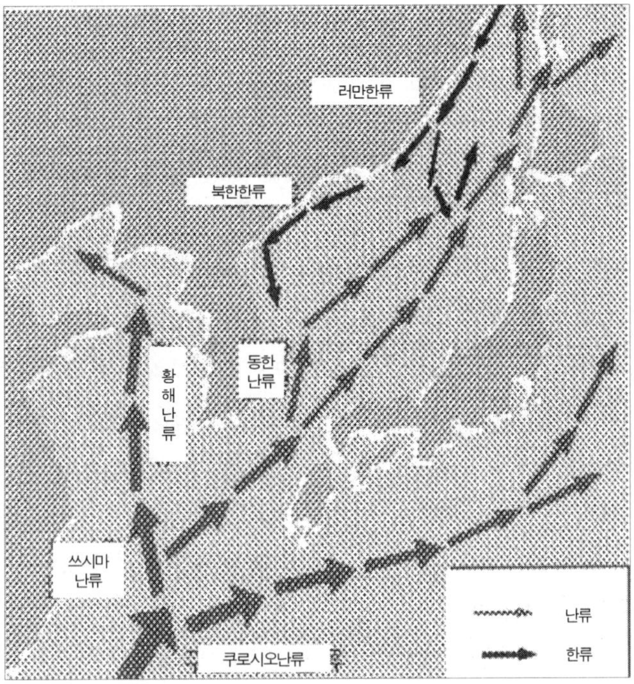

그림 2-7 ● 우리나라 주변의 해류

(2) 우리나라 주변의 해류

우리나라의 각 해역에 가장 큰 영향을 미치는 해류는 일본 큐슈우 남쪽에서 북상하는 쿠로시오(黑潮)이다. 이 해류는 루존, 대만 동방으로부터 유구열도 서방의 동중국해의 외연을 유속 1~2.5노트, 유폭 수십 마일로 북상하여 아마미오시마의 북서방에서 분리하여 대마난류가 되어 대한해협을 거쳐 동해로 유입하고, 나머지 쿠로시오 주류는 큐슈우(九州), 시코쿠(四國) 및 혼슈(本州)의 대륙붕의 외연을 따라 북상한다.

우리나라에 영향을 미치는 것은 본류로부터 분리되어 대한해협을 거쳐 동해로 유입되는 대한난류이다.

8) 조석 및 조류

해수는 달과 태양의 인력작용에 의하여 상하운동과 수평운동을 한다. 이러한 해수면의 완만한 주기적 상하운동을 조석(Tide)이라 하고, 주기적 수평운동을 조류(Tidal current, Tidal stream)라 한다.

① 고조(高潮, High water, H.W.) : 조석으로 인하여 해면이 가장 높아진 상태

② 저조(低潮, Low water, L.W.) : 해면이 가장 낮아진 상태

③ 창조(Flood tide) : 저조에서 고조로 되기까지 해면이 점차 높아지는 상태

④ 낙조(Ebb tide) : 고조에서 저조로 되기까지 해면이 점차 낮아지는 상태

⑤ 정조(Stand of tide) : 고조와 저조시에 해면의 승강운동이 순간적으로 거의 정지한 것과 같이 보이는데, 이러한 상태

⑥ 조차(Tidal range) : 연이어 일어난 고조와 저조 때의 해면 높이의 차

⑦ 월조간격(Lunitidal interval) : 달이 어느 지점의 자오선을 통과한 때로부터 그 지점에 고조가 되기까지 걸리는 시간을 고조간격, 저조가 되기까지 걸리는 시간을 저조간격이라 하고, 이들을 통틀어 월조간격이라 함.

⑧ 대조(大潮, Spring tide) : 삭과 망이 지난 뒤 1~2일 만에 생긴 조차가 극대인 조석

⑨ 소조(小潮, Neap tide) : 상현 (上弦) 및 하현(下弦)이 지난 뒤 1~2일만에 생긴 조차가 극소인 조석

⑩ 부진동(Secondary undulation, Sciche) : 육지로 깊숙이 들어온 만 등에서는 조석 이외에 해면이 기상 및 해면의 상태에 따라 짧은 주기로 승강할 때가 있는데 이 승강을 부진동이라 한다.

⑪ 일조부등(Diurnal inequality) : 조석은 보통 하루에 두 번의 고조와 저조로서 일어나지만 같은 날일지라도 반드시 그 높이가 같은 것은 아니고 또한 월조간격도 같지 않은데 이것을 일조부등이라 한다.

⑫ 게류(憩流, Slack water) : 조류는 창조류에서 낙조류, 또는 낙조류에서 창조류로 변할 때에는 흐름이 잠시 정지하는데, 이것을 게류 또는 전류라고 한다.

2.2 해도 및 수로서지

해도(海圖, Chart)는 해상의 지형뿐만 아니라 바다 밑의 암초 등과 같은 장애물 등을 기호 및 약어로 표시한 바다의 안내도이며, 수로서지(Navigation Publication)는 해도에서 모두 나타낼 수 없는 내용들을 제공하는 안내서를 총칭하는 것이

다. 이러한 해도 및 수로서지는 최신의 항행통보(Notice to mariner)의 정보로 개정한 상태를 유지하여야 한다. 최근에는 전자해도 및 서지가 개발되어 있다.

1. 해도의 구성

1) 해도 도법에 의한 분류

해도의 사용 목적에 따라 실용상 지장이 없을 정도로 오차를 작게 하여 둥근 지구 표면을 평면에 나타내는 방법을 도법(Map projection)이라 한다.

(1) 평면도법

평면도(平面圖)는 지구 표면의 좁은 한 구역을 평면으로 간주하고 그린 축척이 큰 해도이다. 주로 항박도(港迫圖, Harbour plan)에 많이 이용되고 있다.

(2) 점장도법

지구표면상의 항정선을 평면 위에 직선으로 나타내기 위해서 고안된 도법이 점장도법(漸長圖法, Mercator projection)이며, 이 도법으로 그린 해도를 점장도라 한다.

항정선은 모든 자오선과 같은 각으로 만나므로, 항정선을 직선으로 나타내기 위해서는 자오선을 거등권에 직교하는 평행선으로 나타내어야 한다. 그런데, 자오선을 평행선으로 나타내면 자오선 사이의 거등권의 호의 길이는 실제보다 늘어나며, 그 비율은 위도가 높을수록 심하다.(늘어나는 비율은 a/N cosL이고,

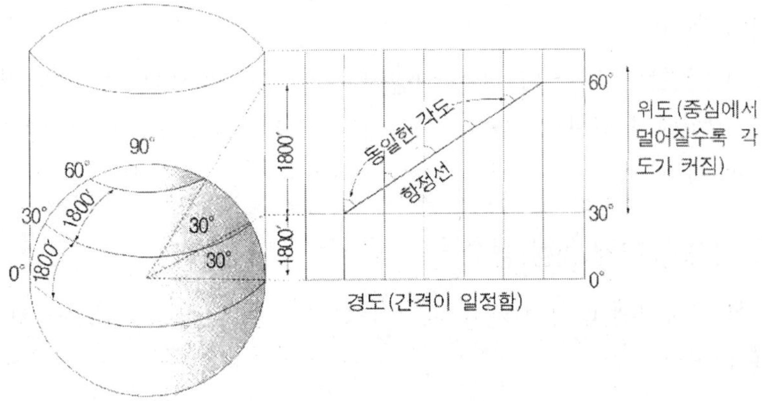

그림 2-8 • 점장도

a는 적도 반지름, N은 횡곡률 반지름, L은 그 지점의 위도) 그러므로, 항정선과 자오선 또는 항정선 상호간의 각을 정확히 나타내기 위해서는 자오선의 방향과 거등권의 방향에 대한 확대율이 같도록 자오선과 거등권을 그려야 한다.

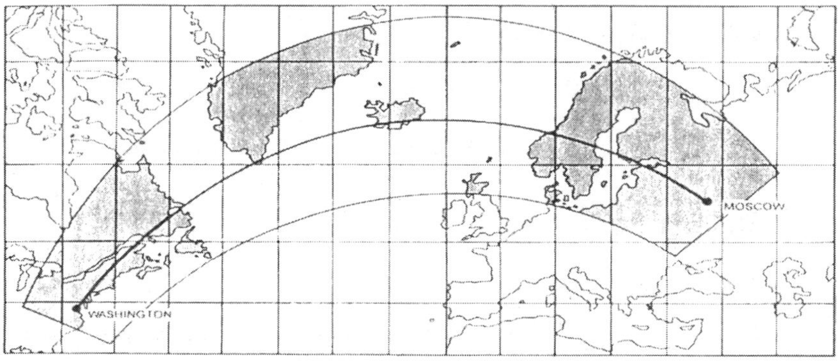

Figure 309c. The great circle between Washington and Moscow as it appears on a Mercator map.

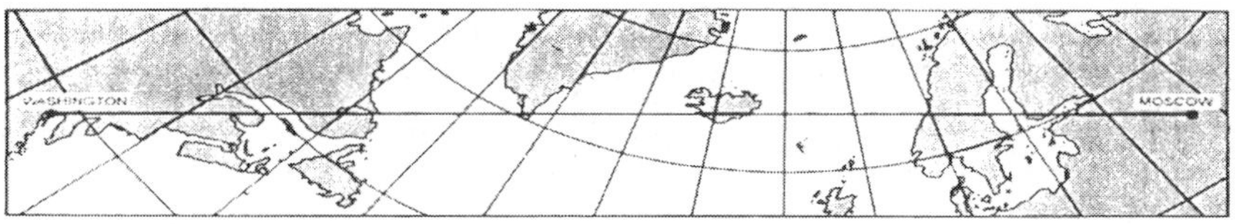

그림 2-9 ● 점장도와 대권도의 비교

(3) 대권도법

지구 표면상의 한 점에 접하는 평면에 지구의 중심으로부터 지구 표면의 점들을 투영한 해도를 대권도(大圈圖, Great circle chart)라 하며, 이는 심사도라고도 한다.

이 해도는 지구상의 모든 대권이 직선으로 표현되므로 대권 항법에 이용되며, 접점에서 멀리 떨어질수록 실제와 모양이 달라져서 일반적으로 방위, 거리 등을 직접 구할 수가 없다.

2) 사용 목적에 의한 분류

사용 목적에 따라 항해용 해도와 잡용 해도, 수로 특수도, 잠정판 해도 등으로 나눈다.

(1) 항해용 해도

종 류	축 척	내 용
총도 (nautical chart)	1/400만 이하	세계 전도와 같이 넓은 구역을 나타낸 것으로 장거리 항해와 항해 계획 수립에 이용
항양도 (sailing chart)	1/100만 이하	원거리 항해에 쓰이며, 먼바다의 수심, 주요 등대·등부표, 먼 바다에서도 보이는 육상의 물표 등이 해도에 표시됨
항해도 (coastal chart)	1/30만 이하	육지를 바라보면서 항해할 때 사용하는 해도로서, 선위를 직접 해도상에서 구할 수 있도록 육상물표, 등대, 등표 등이 비교적 상세히 표시됨
해안도 (approach chart)	1/5만 이하	연안 항해에 사용하는 것이며, 연안의 상황이 상세하게 표시됨
항박도 (harbour plan)	1/5만 이상	항만, 정박지, 협수로 등 좁은 구역을 상세히 그린 평면도

(2) 특수도

종 류	내 용
해저지형도 (bathymetric chart)	해안의 저조선을 포함한 해저면의 지형을 그린 해도로서 어장개발, 자원개발, 해저통신설 부설, 침몰선 인양, 해양오염 방제, 군사 작전, 해양의 과학적 이용 및 환경보존 등에 중요한 자료를 제공
어업용 해도 (fishery chart)	일반 항해용 해도에 각종 어업에 필요한 제반자료를 기재하여 제작한 해도로서 해도 번호앞에 'F'자가 표기됨
해류도 (ocean current chart)	일정한 방향과 유속을 가진 해수의 흐름을 나타낸 해도
조류도(tidal current chart)	조석 현상에 따라 발생하는 해수의 수평적인 흐름인 조류의 상황을 그림으로 표시한 해도로서 창조류(밀물때의 조류), 낙조류(썰물때의 조류), 시간별 조류의 방향, 유속 등이 표시
해도도식 (chart symbols and abbreviations)	해도상에 기재된 건물, 항만시설물, 등부표, 수중장애물, 조류, 해류, 해안선의 형태, 등고선, 연안지형 등의 기호 및 약어를 수록
기타 특수도 (Special charts)	위치기입도, 영해도, 세계 항로도 등

주: 두 점 사이의 실제 거리와 해도에서 이에 대응하는 두 점 사이의 거리의 비를 축척이라 하며, 축적이 크다는 의미는 좁은 지역을 자세히 나타낸다는 의미로 축적 5만분의 1 해도를 축적 10만분의 1 해도보다 대축적 해도라고 말한다.

2. 해도 도식

해도상에 항로표지의 특질, 등심선, 수심, 해저 저질의 종류, 해류 및 조류의 크기와 방향, 해안선, 높은 산과 같이 잘 나타나는 육상물표의 등고선 등을 표시하기 위하여 사용되는 특수한 기호와 약어를 해도 도식(海圖圖式, Chart symbol)이라 한다.

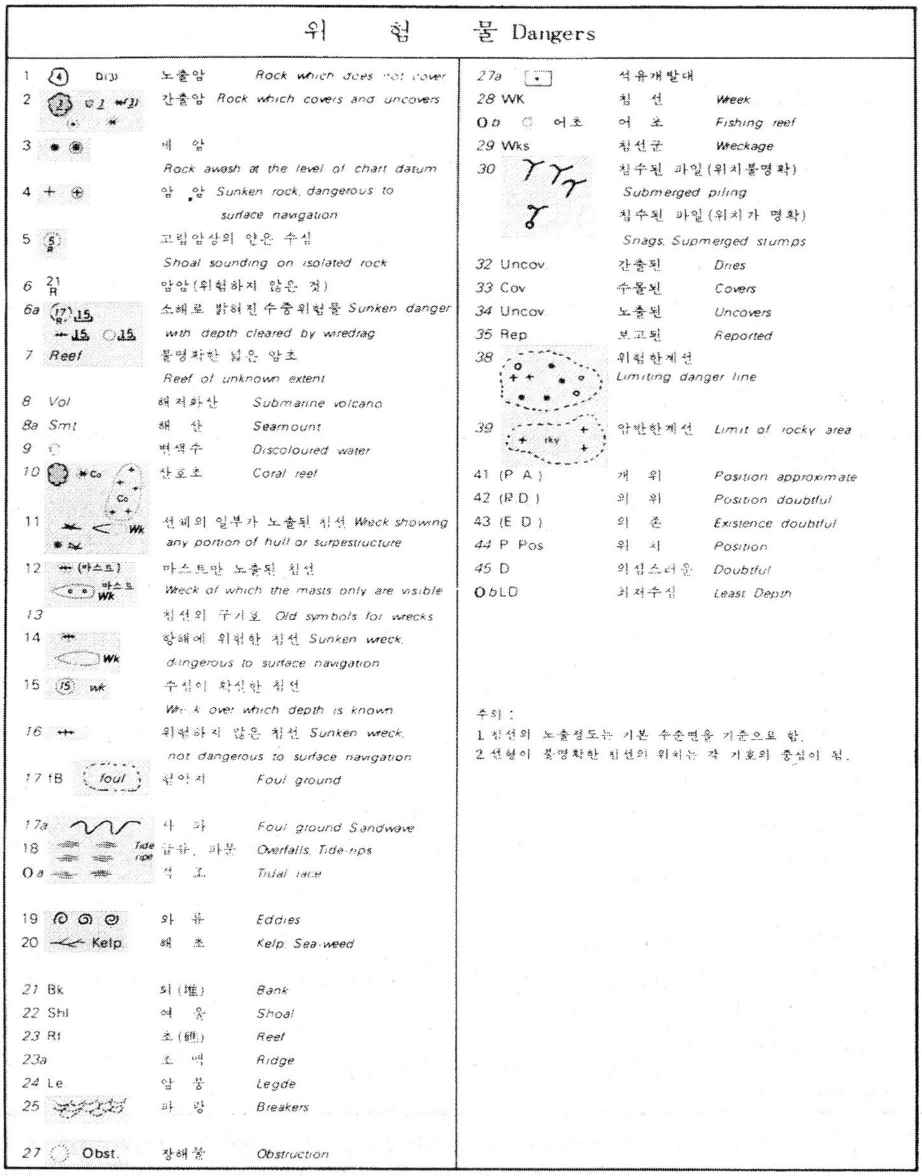

그림 2-10 ● 위험물의 해도도식 상의 표시

3. 해도 사용법

두 지점간의 거리를 구하는 방법은 그림 2-11과 같이 두 지점에 디바이더(Divider)의 발을 각각 정확히 맞추어 두 지점간의 간격을 재고, 이것을 그들 두 지점의 위도와 가장 가까운 위도의 눈금에 대어 거리를 구한다. 두 지점과 너무 떨어진 위도의 위도척에 의하여 거리를 구하면 정확하지 않게 된다.

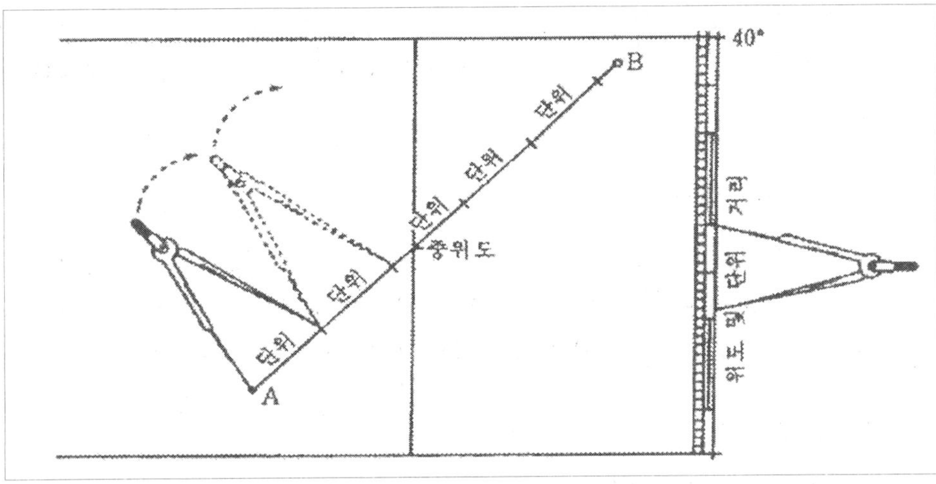

그림 2-11 ● 점장도에서의 거리측정 방법

4. 해도의 기준면

현재 우리나라에서 사용하고 있는 해도에서 높이와 수심을 나타내는 단위는 미터이며, 그 기준면은 다음과 같다.

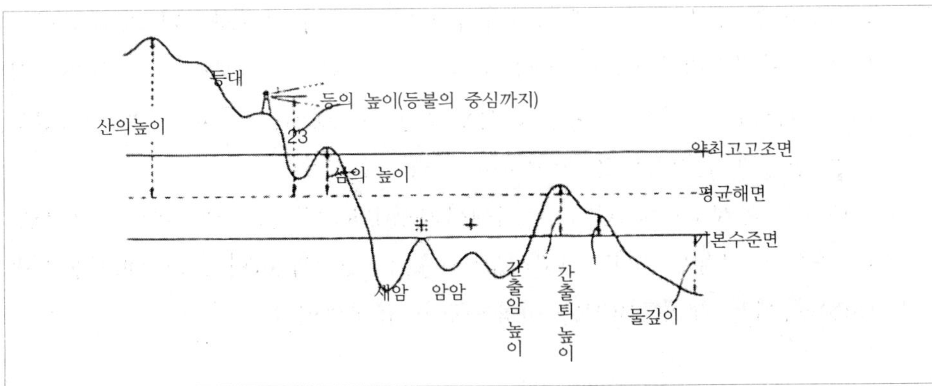

그림 2-12 ● 수심 및 높이의 기준면

1) 수심(水深)

연중 해면이 그 이상으로 낮아지는 일이 거의 없다고 생각되는 수면을 기본 수준면(基本 水準面) 또는 약최저저조면이라 하며, 우리나라 해도의 수심은 이 수면을 기준으로 하여 나타낸다.

2) 물표의 높이

장기간 관측한 해면의 평균 높이에 있는 수면을 평균수면(平均水面, Mean sea level)이라 한다. 등대와 같은 육상 물표의 높이는 이 수면으로부터의 높이로 표시한다.

3) 조고와 간출암

조석에 의하여 변동하는 수면의 높이를 조고라 하고, 조석의 간만에 따라 수면 위에 나타났다 수중에 감추어졌다 하는 바위를 간출암(干出岩)이라 한다. 그런데, 이들의 높이는 기본 수준면을 기준으로 하여 측정된다.

4) 안 선

일반적으로 해안선(海岸線)을 줄여서 안선이라고도 하며, 약최고고조면에서의 수륙의 경계선으로 표시한다.

5. 해도의 측지계

GPS에서 기본적으로 사용하는 좌표계는 지구의 중심을 원점으로 하는 3차원 직교좌표계(세계측지계라고 부르며, 약어로는 WGS-84, 또는 WGS84로 표시한다)로서, 2001년 초까지 우리나라에서 해도 등에 사용하였던 Bessel 타원체를 이용한 농경측지계(Tokyo Datum)와는 거리로는 약 300~400미터의 차이가 있다. 이러한 측지계에 대한 인식부족은 해도상에 잘못된 선위를 기입하도록 하여 선박의 안전운항을 위협하고 있다.

따라서 국제수로국(IHC), 국제해사기구(IMO)에서는 WGS-84 측지계로 작성된 해도를 사용할 것을 권고하고 있으며, 전자해도(ENC), 선박자동식별장치(AIS) 등에서 세계측지계를 사용하도록 규정하였다.

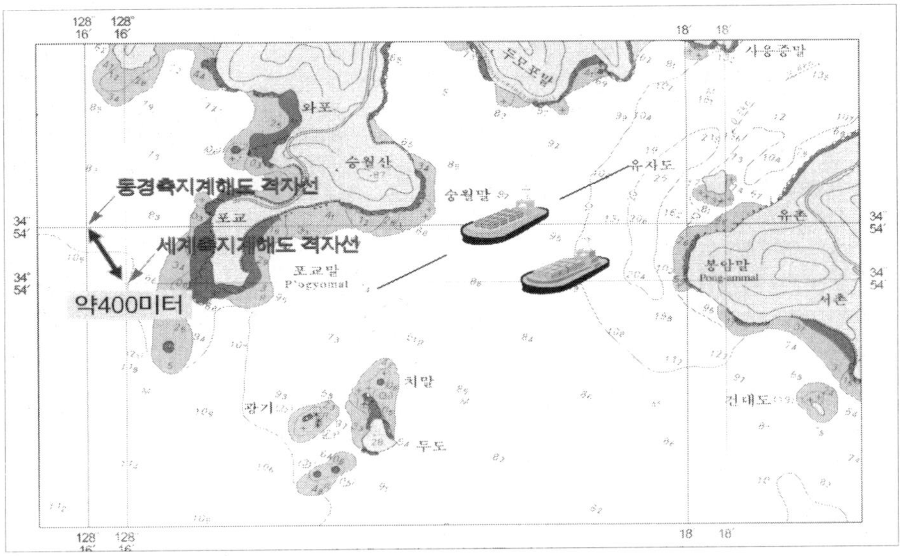

그림 2-13 ● 동경측지계와 세계측지계의 차이

이에 따라 우리나라는 기존의 동경측지계(Tokyo Datum)와 세계측지계(WGS-84)의 좌표계를 혼용하여 사용한 해도를 2004년까지 모두 세계측지계 해도로 교체하도록 측량법을 개정하였다.

6. 전자해도

전자해도는 지금까지 우리들이 사용해 온 종이형태의 해도에서 탈피하여 전자해도표시시스템(ECDIS : Electronic Chart Display and Information System) 장치를 이용하여 모니터 화면상에 종이해도와 동일한 형태로 전자적으로 그 형상을 표시하는 장치이다.

국제수로기구(IHO : International Hydrographic Organization)와 국제해사기구(IMO : International Maritime Organization)에서 공동으로 다년간의 연구를 통하여 전자해도에 사용될 해도정보인 전자해도(ENC : Electronic Navigational Chart)의 제작기준(S-57)을 완성하여 발표하였다.

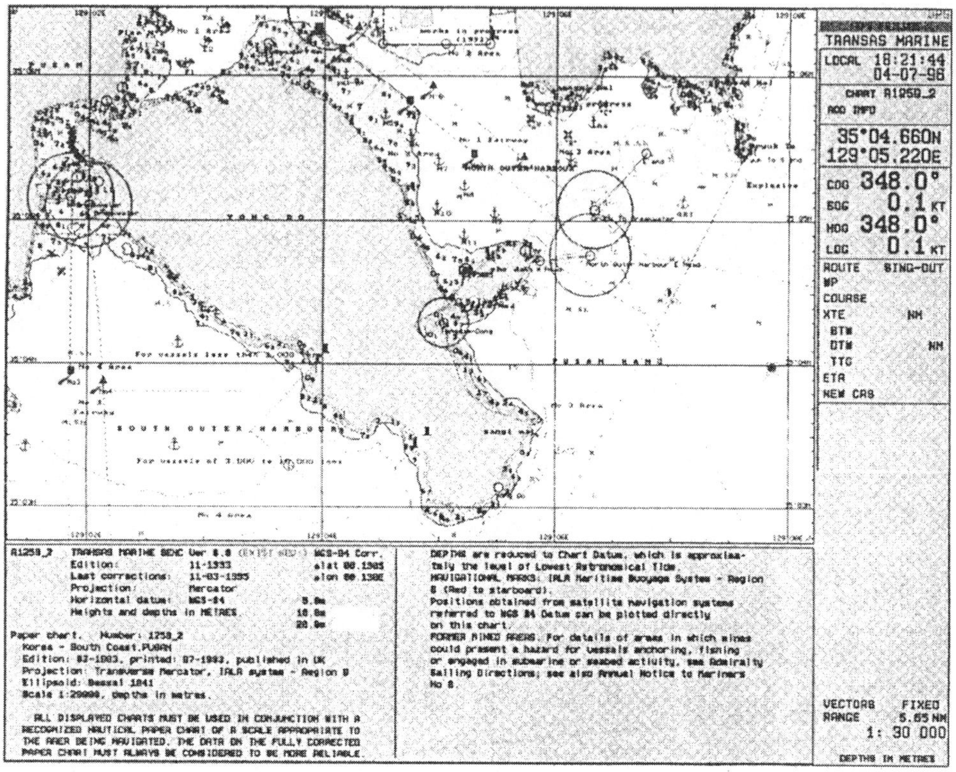

그림 2-14 ◦ 부산항 부근의 전자해도 실제 예

7. 수로서지

해도 이외에 항해에 도움을 주는 모든 간행물을 통틀어 수로서지(Nautical publications)라 하며, 일반적으로 이러한 수로서지는 항해시 또는 항만 입출항시에 안내기능을 담당하는 항로지와 기타 참고자료를 제공하는 특수서지(등대표, 조석표, 천측력, 국제 신호서 등)의 2가지로 분류된다.

우리나라의 국립해양조사원은 총 46종류의 수로서지를 그 형태에 따라 항로지, 표형태 서지, 그림형태 서지, 기타 형태 서지 등의 4가지로 분류하여 발간하고 있다.

형태	서지 번호	서지명	내 용
항로지	110	동해안 항로지	두만강 하구에서 승두말
	120	남해안 항로지	승두말에서 해남각
	130	서해안 항로지	해남각에서 압록강 하구
	140	중국연안 항로지	중국연안 전체
	150	말라카 해협	수마트라섬의 북서단에서 싱가포르 해협
	210	근해 항로지	한국근해, 일본, 동남아의 항로 선정 자료 제공
	220	대양 항로지	대양에 있어서의 항로 선정을 위한 자료 제공
	230	항로 지정	연안, 해협, 진입로 등의 통항분리 방식과 주의사항
표형태	240	국제 신호서	시각 및 무선전신으로 육, 해, 공간의 통신방법 수록
	250	해상 거리표	한국 및 세계각국의 주요항간의 거리를 수록
	310	천측력	주요행성의 적위, 항성의 항성시각, 해와 달의 출몰시간 기록된 것으로 천문항법용으로 사용
	320	태양방위각표	위도, 적위 및 시시에 의하여 태양의 진방위를 알아내는 것으로서 컴퍼스 오차 확인 등에 사용
	331 ~336	천측 계산표	천문항해에서 천측위치를 계산하는데 필요한 제원을 수록한 책
	410	등대표	한국연안의 항로표지를 수록
	510	조석표(한국연안)	한국연안의 주요항만과 표준항에 대한 조석 및 조류 자료를 수록
	520	조석표(태평양)	태평양의 주요항만과 표준항에 대한 조석 및 조류 자료를 수록
그림형태	620 ~634	조류도	우리나라 주요 19개 지역의 조류 현황 제공
	710	한국해양환경도	한국 근해의 해양 환경 자료를 수록
기타	251	속력 환산표	항해시간, 항주거리, 속력중 하나를 모르는 경우 손쉽게 구할 수 있도록 환산표 제공
	311	색성판	천측력에 실려있는 57개 항성과 기타 천체들의 고도와 방위의 근사치 제공
	810	수로 도서지 목록	항해도서지 및 기타 참고 자료를 수록
	820	수로기술연보	해양조사원이 시행한 매년의 수로조사 성과와 연구논문 수록

8. 수로 도서지의 개정

수로 도지 및 서지는 언제나 현재의 상태와 일치되어 있어야 하므로, 그 내용에 변경이 있었거나, 간행 이후에 새로운 자료를 얻었을 때에는 항행통보에 의하여 개정해야 한다.

항행통보(Notice to mariner)라 암초나 침선 등 위험물의 발견, 수심의 변화, 항로표지의 신설, 폐지 등과 같이 직접 항해 및 정박에 영향을 주는 사항들을 항해자에게 통보하여 주의를 환기시키고, 아울러 수로 도서지를 정정하게 할 목적으로 발행하는 통보를 말한다.

수로 도서지의 개정방법을 크게 나누면 도서지의 발행국에서 직접 행하는 개판(New edition), 재판(Reprint) 등의 방법과 선박에서 항해자 자신(주로 2등항해사)이 항행통보의 내용에 따라서 행하는 소개정(Small correction)이 있다.

소개정이란 항해자가 항행통보의 기사 내용에 따라 기입, 삭제 또는 보충하거나, 항행통보에 첨부된 보정도를 해당 장소에 오려붙이는 등 적당한 방법으로 개정하는 것이다. 개정한 다음에는 해도의 왼쪽 아래 난 바깥쪽에 항행통보의 연도 및 항 수를 약기하여야 한다.

2.3 항로표지

항로표지(航路標識, Aids to Navigation)는 등광, 형상, 색채, 음향, 전파 등의 수단에 의하여 항, 만, 해협 등에서 주 · 야간에 상관없이 짧은 시간안에 식별이 가능하여 자선의 위치를 정확히 알 수 있도록 하는 인위적인 시설물을 말한다.

1. 항로표지의 구조적 분류

1) 등대(Light House)

해양으로 돌출한 곳(갑), 섬 등 선박의 물표가 되기에 알맞은 장소에 설치된 탑과 같이 생긴 구조물이다. 다른 표지와 쉽게 구별할 수 있도록 등질을 서로 다르게 하고 있다.

2) 등부표(Light Buoy)

등대와 함께 가장 널리 쓰이고 있는 야간표지인 등부표는 해저의 일정한 지점에 체인으로 연결되어 해면에 떠있는 구조물이다. 이와 같이 해면에 떠있기 때문에 일정한 선회 반지름을 가지고 이동하게 되며, 강한 파랑이나 조류에 의해 위치가 이동되거나 유실되는 경우도 있으므로 주의를 요한다.

그림 2-15 • 등대

그림 2-16 • 등선

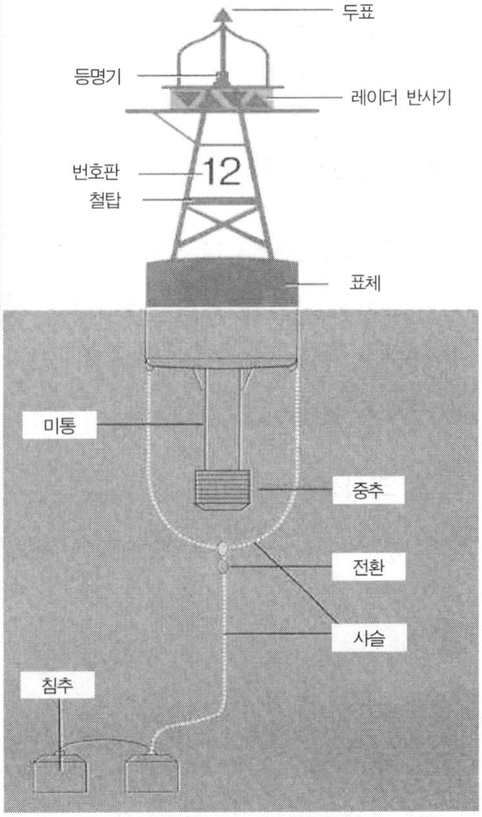

그림 2-17 • 등부표

3) 등주(Staff Light)

쇠나 나무 또는 콘크리트와 같이 기둥 모양의 꾹대기에 등을 달아 놓은 것으로 광달거리가 별로 길지 않아도 되는 항구, 항내 등에 설치한다.

4) 등표(Light Beacon)

항로, 항행에 위험한 암초, 항행 금지 구역 등을 표시하는 지점에 설치되는 표지이다.

5) 등선(Light Ship)

육지에서 멀리 떨어진 해양, 항로의 중요한 위치에 있는 모래기둥 등을 알리기 위하여 일정한 지점에 정박하고 있는 특수 구조의 선박을 말하며, 이들 등선을 대신하여 설치되고 있는 대형 등부표를 Lanby(large automatic navigational buoy)라 한다.

2. 용도에 의한 분류

1) 도등(Leading Light)

통항이 곤란한 좁은 수로, 항만 입구 등에서 안전 항로의 연장선 위에 높고 낮은 2~3개의 등화를 앞 뒤로 설치하여 그들의 중시선에 의해서 선박을 인도하도록 되어 있다.

2) 조사등(Projector)

풍랑이나 조류로 등부표를 설치하거나 관리하기가 곤란한 지점에서 근처의 등대에 강력한 투광기를 설치하여 그 구역을 비추어 위험을 표시하는 등화를 말한다.

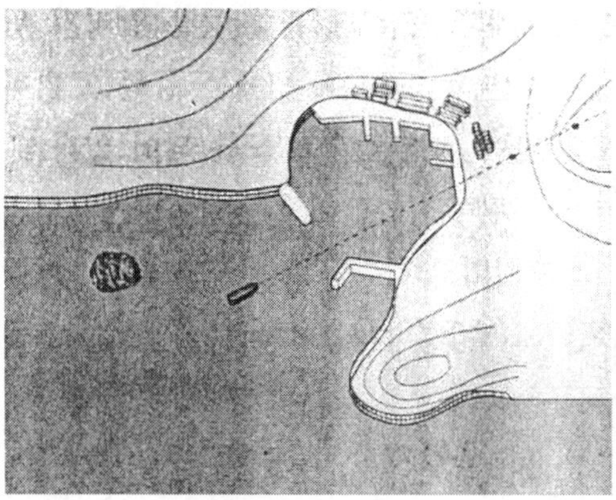

그림 2-18 ● 도 등

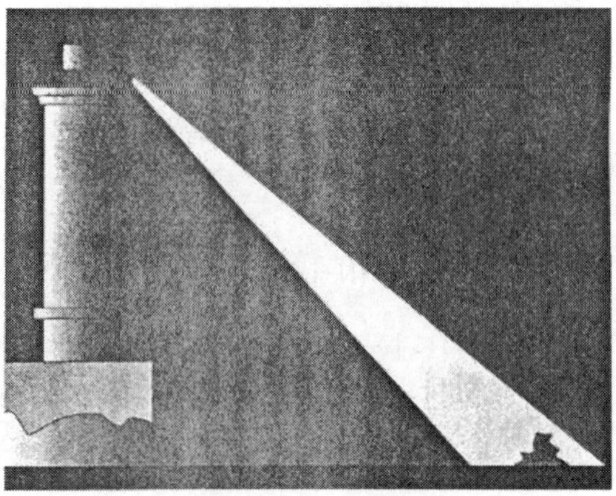

그림 2-19 ● 조사등

3) 지향등(Sector Light)

좁은 수로, 항구, 만 입구 등에서 선박에게 안전한 항로를 알려주기 위하여 항로 연장선상의 육지에 설치한 분호등을 말한다.

3. 등 질

야간표지는 일반 등화와 혼동되지 않고 부근에 있는 다른 야간표지와도 구별될 수 있도록 등광의 발사 상태를 달리하고 있는데 이것을 등질(character of light)이라 하며 다음과 같은 종류가 있다.

1) 부동광(Fixed Light, F)

등색이나 광력이 바뀌지 않고 일정하게 계속 빛을 내는 등이다.

2) 섬광(Flashing Light, Fl)

빛을 비추는 시간이 꺼져 있는 시간보다 짧은 것으로, 일정한 간격으로 섬광을 내는 등이다.

3) 명암광(Occulting Light, Oc)

한 주기 동안에 빛을 비추는 시간이 꺼져 있는 시간보다 길거나 같은 등이다.

4) 등명암광(Lsopharse Light, Iso)

한 주기 동안에 빛을 비추는 시간과 꺼져 있는 시간이 같은 등이다.

5) 호광(Alternating Light, Al)

색깔이 다른 종류의 빛을 교대로 내며 그 사이에 등광은 꺼지는 일이 없이 계속 빛을 낸다.

6) 분호등(Sectored Lights)

한가지 이상의 색깔을 비추는 등화는 위에서 설명한 호광등과 분호등의 두가지이다. 그러나 분호등은 호광등처럼 등광의 색상이 바뀌는 것은 아니고 서로 다른 지역을 다른 색상으로 비추는 등화를 말한다.

7) 모스 부호등(Morse code light, Mo)

모스 부호를 빛으로 발하는 것으로, 어떤 부호를 발하느냐에 따라 그 등질이 달라진다.

4. 주기, 등색, 등고 및 점등 시간

1) 주기(Period)

정해진 등질이 반복되는 시간을 말하며 초(sec)단위로 표시한다. 즉, 섬광의 경우 1 섬광이 최초에 시작되는 시각으로부터 그 다음 섬광이 시작될 때까지의 시간을 말한다.

2) 등색(Colour of light)

등화에 이용되는 색은 백색(White, W), 적색(Red, R), 녹색(Green, G), 황색(Yellow, Y) 등이 있다.

3) 등고(Height of light)

해도 및 등대표에는 평균 수면에서 등화의 중심까지를 등대의 높이로 표시하고 있으며, 대부분의 경우 미터로 표시하고 있다.

4) 점등 시간

특정한 것을 제외하고는 일몰시부터 일출시까지이다. 그러나 무인등대의 경우에는 항시 점등되어 있는 것도 많다.

5) 광달거리

등광을 알아볼 수 있는 최대 거리를 광달거리(Visibility of light)라 하며 해도상에는 해리(M)로 표시된다. 광달거리에는 지리학적 광달거리와 광학적 광달거리가 있는데 이 둘 중 작은 값을 해도나 등대표에 기재한다.

$$D = 2.074(\sqrt{H} + \sqrt{h})$$

여기서, D : 광달거리(마일)
H : 수면위의 등대 높이(m)
h : 수면위의 관측자 눈의 높이(m)

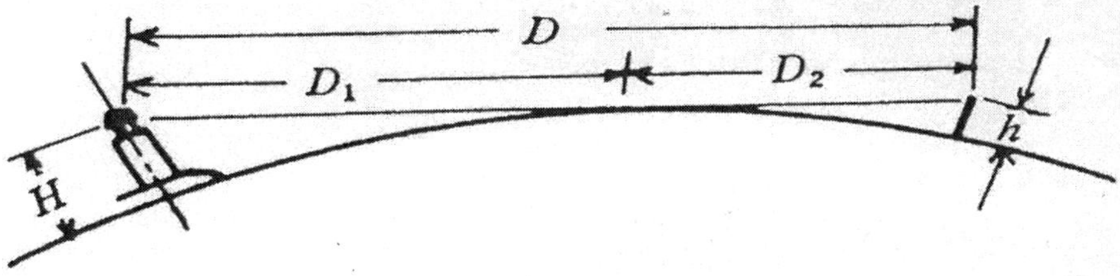

그림 2-20 • 지리학적 광달거리

5. 항로표지 도식의 이해

해도상에 표시되어 있는 각각의 항로표지의 도식은 다음과 같은 의미를 포함하고 있다.

1) 유인등대 : 오륙도 항로표지관리소 - Fl 10s 53m (19)M (HORN)

의미 : 이 등대의 등질은 10초(Sec.)의 주기내에 섬광등(Flashing light)을 1차례 점등하며, 등고(평균수면에서 광원까지의 높이)는 53m이고, 광달거리는 19마일이고, 무중신호는 Horn을 설치하고 있다.

2) 무인등대 : 목도등대 - Fl(2)W 6s 69m (16)M Racon

의미 : 이 등대의 등질은 6초(Sec.s)의 주기내에 백색(White) 섬광등(Flashing light)을 2차례 점등하며, 등고는 69m이고, 광달거리는 16마일이며, 레이콘이 설치되어 있다.

3) 등표 : 생도등표 - Fl(2)W 5s 57m (16)M Racon

의미 : 이 등대는 고립장애표지로서 등질은 5초의 주기내에 백색(White) 섬광등(Flashing light)을 2차례 점등하며, 등고는 57m이며, 광달거리는 16마일이다.

4) 등부표 : 부산항 제4호등부표 - Iso R 4s 7M

의미 : 이 등부표는 부산항 출 · 입항 항로에 있어서 우현쪽으로 설치되어 있는 2번째의 등부표로서 등질은 등명암광(燈明暗光, Iso : Isophase)의 의미로 일정한 광도의 빛이 일정한 간격으로 발하며, 불이 켜져 있는 시간과 꺼져 있는

시간이 동일하다는 의미이다. 그러므로 이 등부표의 경우에는 홍색등이 2초동안 켜져 있고, 2초동안 꺼져 있는 4초의 주기로 작동한다는 것을 나타내며, 광달거리는 7마일이다.

6. 국제 해상 부표 시스템

국제항로표지협회(IALA, International Association of Lighthouse Authorities)에서는 각국의 부표식의 형식과 적용 방법을 통일하여 적용하도록 하였으며, 우리나라도 이에 따라서 설치하여 운용하고 있다.

IALA 해상 부표식은 세계를 A와 B 지역으로 구분하여 측방표지가 다르게 표시하도록 하였으며, 우리나라는 그림에 표시한 것과 같이 B방식을 따르도록 되어 있다.

우리나라에서 적용하고 있는 B방식의 경우를 보면, 항구의 입·출항 항로에서는 입항자를 기준으로 우현쪽의 측방표지인 등부표는 짝수번호에 홍색(赤, Red)으로 하고, 좌현의 측방표지인 등부표는 홀수번호에 녹색(綠, Green)으로 배치하도록 하여, 항만에 입항하는 선박을 기준으로는 현등색깔과 반대색깔의 배치를 하고 있다.

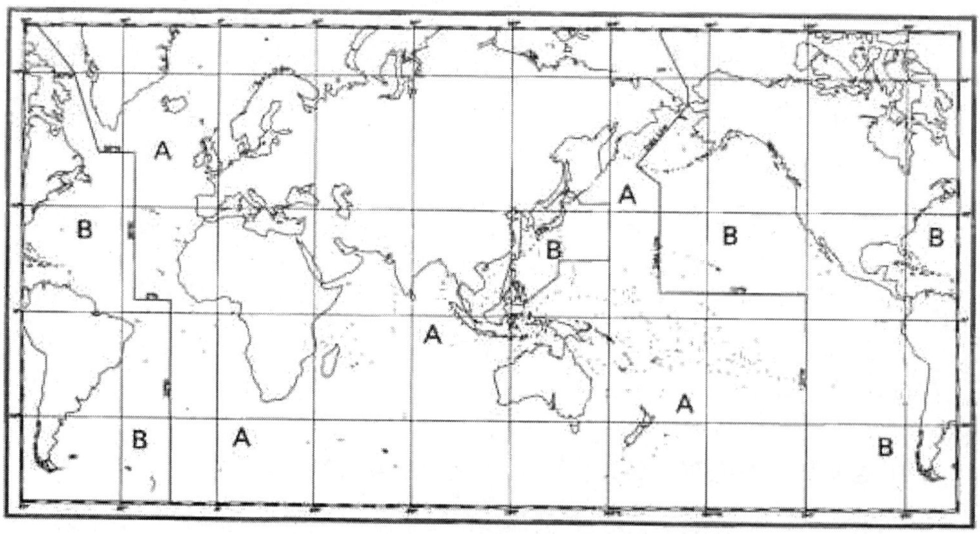

그림 2-21 ● 세계의 항로표지 A, B 방식 구역도

2.4 선위의 결정

선박의 위치, 즉 선위(船位)를 측정하는 일은 모든 항해술의 기본이다. 이러한 선위 결정법에는 지문, 천문, 전파에 의한 3가지 종류가 있다.

1. 지문항해에 의한 위치

1) 선위의 추측

최근에 실제로 관측하여 구한 실측위치를 기준으로 하여 그 후에 조타한 진침로와 선속계(Speed log) 또는 기관의 회전수로 구한 항정에 의하여 선위를 결정하는 것을 선위의 추측이라 하고, 이와 같이 하여 결정된 선위를 추측위치(DRP : Dead Reckoning Position)라 한다.

2) 선위의 추정

선박이 항행 중에 받은 바람, 해조류 및 파력 등 모든 외력의 영향을 추정한 다음, 이를 위의 추측위치에 수정하여 얻은 위치를 추정위치(EP : Estimated Position)라고 한다. 이러한 외력에 의한 선위의 변화는 선박의 크기, 흘수, 트림, 해역, 계절 등에 따라 다르기 때문에 정확한 추정을 하기 위해서는 수로지, 항로지, 조석표, 해류도, 조류도, 파일럿 차트 등을 참조하는 한편, 평소에 외력의 크기를 추정할 수 있는 능력을 길러 두어야 한다.

3) 실측위치

위치선이란 어떤 물표를 관측하여 얻은 방위, 거리, 협각, 고도 등을 만족시키는 점의 자취로써, 관측을 실시한 선박이 그 자취 위에 존재한다고 생각되는 특정한 선을 말한다. 선박의 위치는 이러한 위치선 들의 2개 또는 그 이상의 교점을 구하여 나타낼 수 있다.

4) 선위의 표시

: 추측위치

: 추정위치

: 레이더(RDR) 및 위성항법장치(GPS)로 얻은 위치

: 방위 혹은 천체 관측으로 얻은 위치

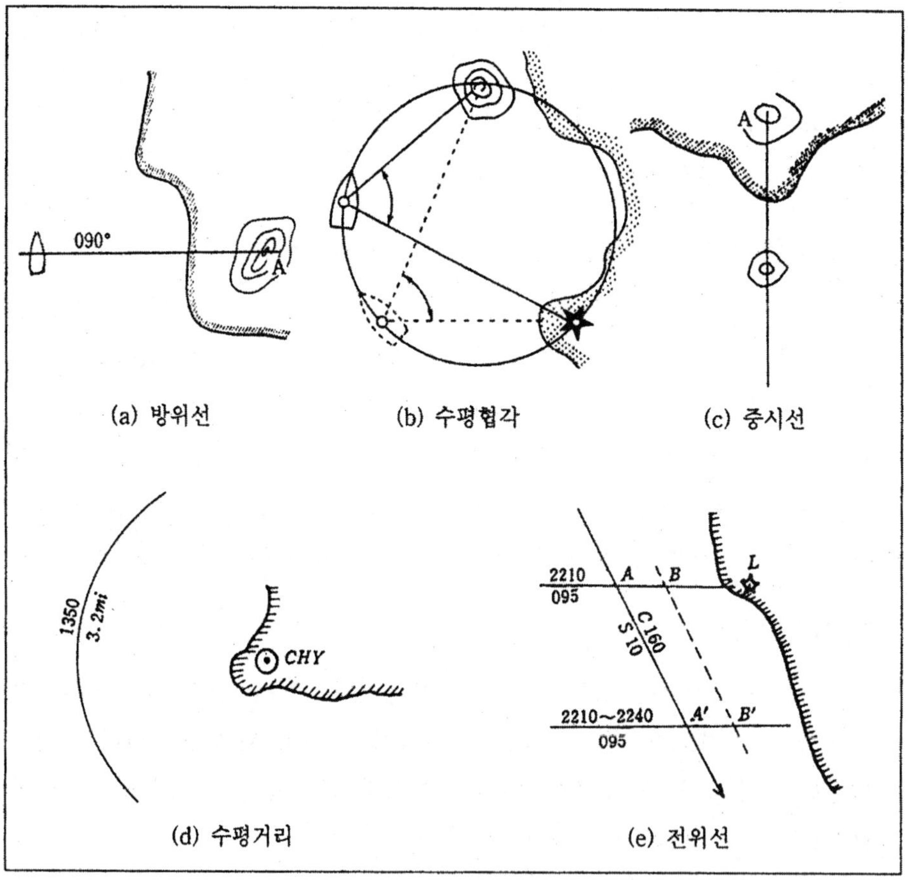

그림 2-22 • 위치선의 종류

5) 선위의 결정 방법

(1) 교차방위법(交叉方位法, Fix by cross bearing)

이 방법은 항행 중에 등대, 산봉우리, 섬 등 해도 상에 기재되어 있는 2개 이상의 뚜렷한 물표를 선정하여 거의 동시에 각각의 방위를 재어 해도상에서 각 물표를 지나는 방위선을 그어 이들의 교점을 선위로 정하는 방법이다. 이 방법은 연안 항행 중에 가장 많이 이용되는 방법으로, 측정법이 쉽고 또 위치의 정밀도가 높다. 관측한 3개의 방위선이 1점에서 만나지 않고 작은 삼각형을 이룰 때에는 일반적으로 그 삼각형의 중심(中心)을 선위로 정하며, 만일 너무 큰 삼각형이 생기면 방위를 다시 측정해야 한다. 이러한 삼각형을 오차 삼각형(誤差三角形, Cocked hat)이라 한다.

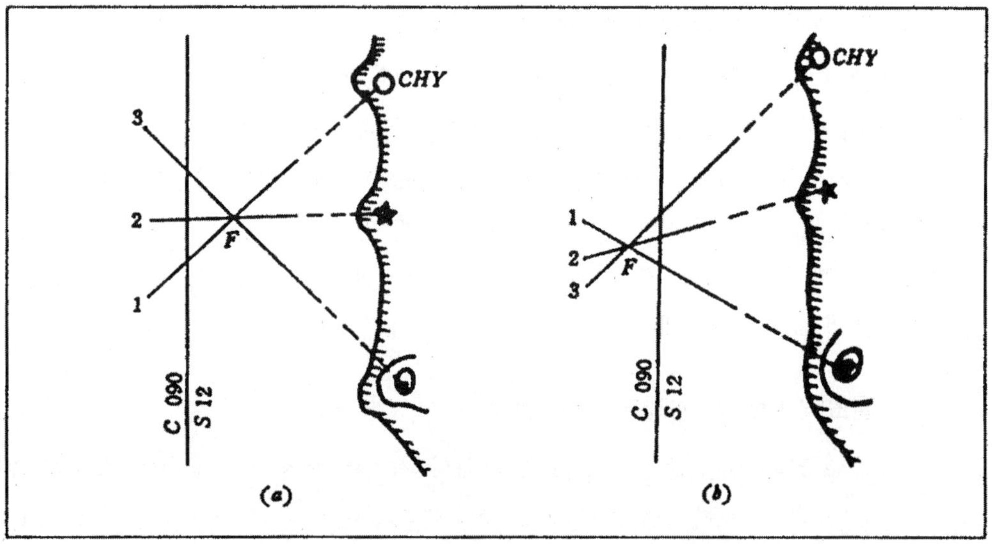

그림 2-23 ◦ 방위측정 방법에 따른 선위의 편위

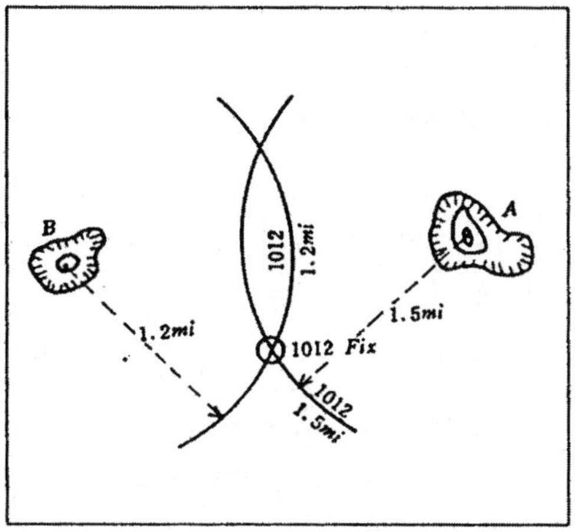

그림 2-24 ◦ 수평거리의 방법

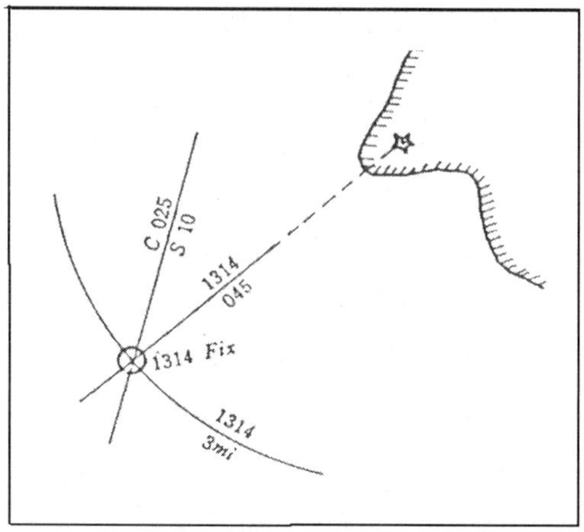

그림 2-25 ◦ 방위선과 수평거리의 방법

(2) 두 개 이상 물표의 수평거리에 의한 방법

그림 2-24와 같이 두 개 이상의 물표를 선정하여 동시에 수평거리를 측정하여 각각의 위치권의 교점을 선위로 결정하는 방법이다. 일반적으로 2개의 위치권은 항상 두 점에서 만나지만, 선박과 물표의 위치 관계에서 그 2개의 교점 가운데 어느 것을 선위로 정할 것인가는 쉽게 판단할 수 있다. 그러나 제 3 물표의 위치권을 이용하면 보다 확실한 선위를 얻을 수 있으며, 물표가 가깝고 위치권의 교각이 90°에 가까울수록 선위의 정밀도가 높다.

(3) 물표의 방위와 거리에 의한 방법

그림 2-25와 같이 동일한 물표의 방위와 거리를 동시에 측정하여 방위에 의한 위치선과, 목표를 중심으로 하고 측정한 거리를 반지름으로 하는 원을 그려서 그 위치권과의 교점을 선위로 정하는 방법이다.

(4) 중시선과 방위선 또는 수평 협각에 의한 방법

그림 2-26과 같이 해도상의 두 물표가 일직선상에 겹쳐 보일 때, 이 중시선(重視線)과 다른 물표의 방위 또는 그들 사이의 수평협각을 측정하면 선위를 구할 수 있다.

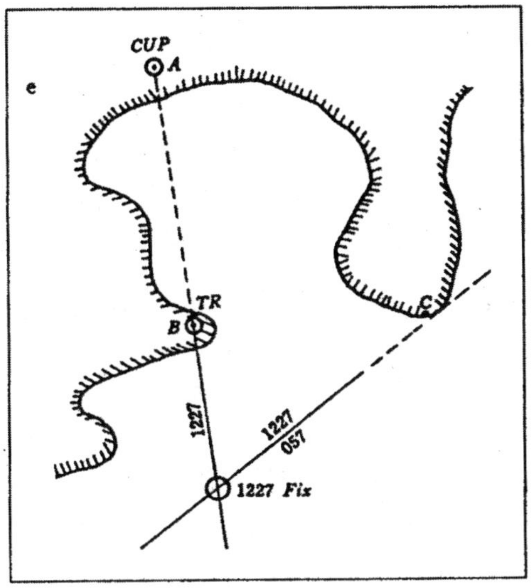

그림 2-26 ◦ 중시선과 방위선의 방법

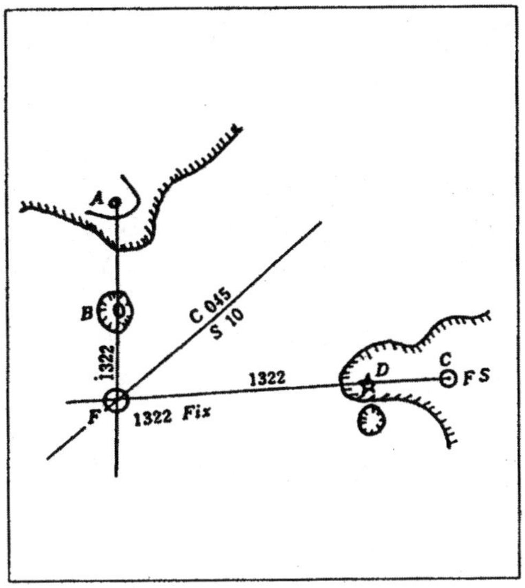

그림 2-27 ◦ 두 중시선의 방법

(5) 두 중시선에 의한 방법

그림 2-27과 같이 해도상에서 두 개씩의 물표 A, B와 C, D가 각각 겹쳐서 보일 때의 시각을 관측하면 그 선박은 그 때 두 중시선의 교점에 위치하게 된다.

2. 천문항해에 의한 위치

천체의 고도를 관측하여 선박의 위치를 결정하려면 천체와 관측자의 상대적인 위치관계에 의해 가정 위치, 고도차, 계산 방위 등의 위치선 요소들을 알아야 하며, 이러한 위치선 요소를 계산하는 과정을 천측 계산이라 한다.

1) 천측 위치선

그림 2-28에서 X를 천체, x를 천체의 지위, Z를 정점, O를 관측자, HH'를 수평, h를 천체의 고도라 하면, 지구 위에서 천체 X를 같은 고도로 관측할 수 있는 점들은 천체의 지위를 중심으로 하고 천체의 정거(90°-a)를 반지름으로 하는 원주(OO') 위에 있다.

따라서 천체의 고도를 측정하여 정거를 구하고, 또 관측시에 대한 천체의 지위를 구하여 등고도권을 작도하면 관측자는 원주상의 어느 한 점에 있게 된다. 이러한 등고도권을 위치권(Circle of position line)이라 한다.

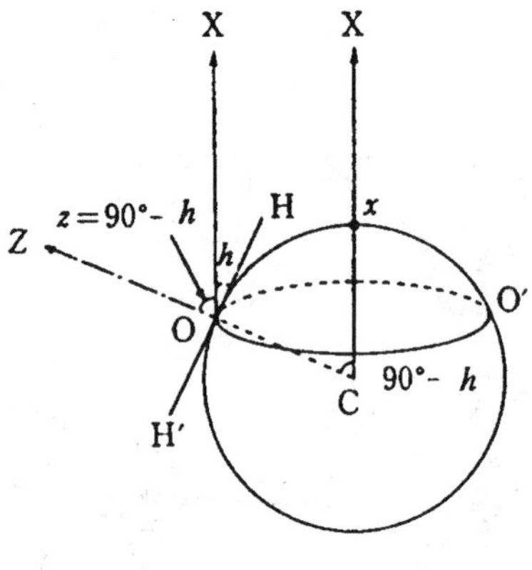

그림 2-28 ● 천측 위치선의 개념도

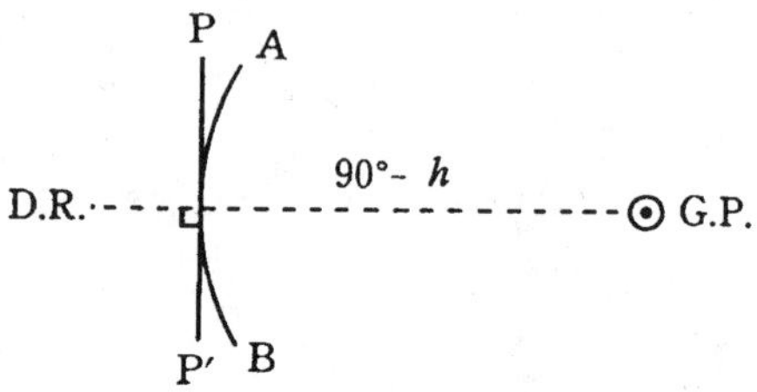

그림 2-29 ● 위치권과 위치선

천체의 지위란 천체 직하에 있는 지구 위의 점을 뜻한다.

어느 시점에 관측자가 고도 30°의 천체 X1과 고도 40°의 천체 X2를 동시에 관측한 경우, 전자는 지위 x1을 중심으로 반지름 3600'(90°-30°)의 위치권을, 후자는 지위 x2를 중심으로 반경 3000'(90°-40°)의 위치권을 지표면에 그리고, 이 두 위치권의 교점이 선위가 된다.

이러한 선위 결정을 위하여서는 추측 위치에 가까운 위치권의 일부를 해도 위에 작도하면 된다. 따라서 선위 결정을 위한 작도를 할 경우, 추측 위치에 가까운 위치권 위에 한 점을 구하고, 이 점을 지나는 천체의 방위선에 직교하는 직선을 위치선으로 하면 된다.

그림 2-29에서 원호 AB는 추측 위치(DR)에 가까운 위치권의 일부이고, 직선 PP'는 이렇게 해서 구한 위치선을 나타낸다.

3. 전파항해에 의한 위치

1) 레이더

레이더는 전파가 초속 30만km의 빛과 같은 속도로 직진하고, 물체에 부딪히면 반사하는 전파의 고유한 특성을 이용한 계기로 거리와 방향을 동시에 측정할 수 있다.

즉, 스캐너(Scanner)를 이용하여 전파를 발사하고, 그 전파가 어떤 물표에 부딪혀 반사파가 돌아올 때까지의 시간을 측정하여 거리를 알아내고, 또한 물표의 방위는 그 때의 스캐너의 방향에 의하여 알 수 있게 된다.

레이더의 지시기에는 형광 물질을 바른 스코프(Scope)가 있으며, 자선의 위치인 스코프의 중심에서부터 밖으로 뻗쳐 나온 밝은 소인선(Sweep)이 스캐너와 같은 속도로 회전하고 있다. 따라서, 스캐너가 1회전할 때마다 스코프의 소인선도 1회전하게 되고, 그 때마다 자선 주위에 있는 물체의 반사 영상이 스코프상에 밝게 나타난다.

일반적으로 레이더를 이용하여 선박의 위치를 구할 수 있는 방법은 크게 다음과 같이 2가지의 방법이 이용된다.

(1) 두 개 이상의 물표의 수평거리에 의한 방법

2개 이상의 물표를 레이더로 동시에 수평거리를 측정하여 각각의 위치권의 교점을 선위로 결정하는 방법이다. 일반적으로 2개의 위치권은 항상 두 점에서 만나지만 선박과 물표의 위치 관계에서 그 2개의 교점 가운데 어느 것을 선위로 정할 것인가는 쉽게 판단할 수 있다. 그러나 제 3 물표의 위치권을 이용하면 보다 확실한 선위를 얻을 수 있으며, 물표가 가깝고 위치권의 교각이 90°에 가까울수록 선위의 정밀도가 높다.

(2) 한 물표의 방위와 수평거리에 의한 방법

물표의 방위와 거리를 동시에 측정하여 그 방위에 의한 위치선과 수평거리에 의한 위치권과의 교점을 선위로 정하는 방법이다.

특히, 이 방법은 물표가 하나밖에 없을 때에 유용하게 사용할 수 있는 방법으로 이 방법을 사용하기 위해서는 거리를 정확히 측정하여야 한다. 거리 측정 방법에는 레이더에 의한 방법, 시달거리에 의한 방법, 앙각에 의한 방법 및 소리의 전파 속도에 의한 방법 등이 있다. 그러나 선박에서 실무적으로는 레이더의 작동에 의하여 정확한 거리를 측정하는 방법을 가장 많이 이용하고 있다.

2) GPS(Global Positioning System)

GPS는 지구 주위를 돌고 있는 24개의 인공위성을 이용하여 3개 이상의 위성으로부터 발사된 전파의 도달시간을 동시에 측정하여 사용자까지의 거리를 결정하고, 이로부터 위치를 구하게 되는 일종의 거리측정방식이다.

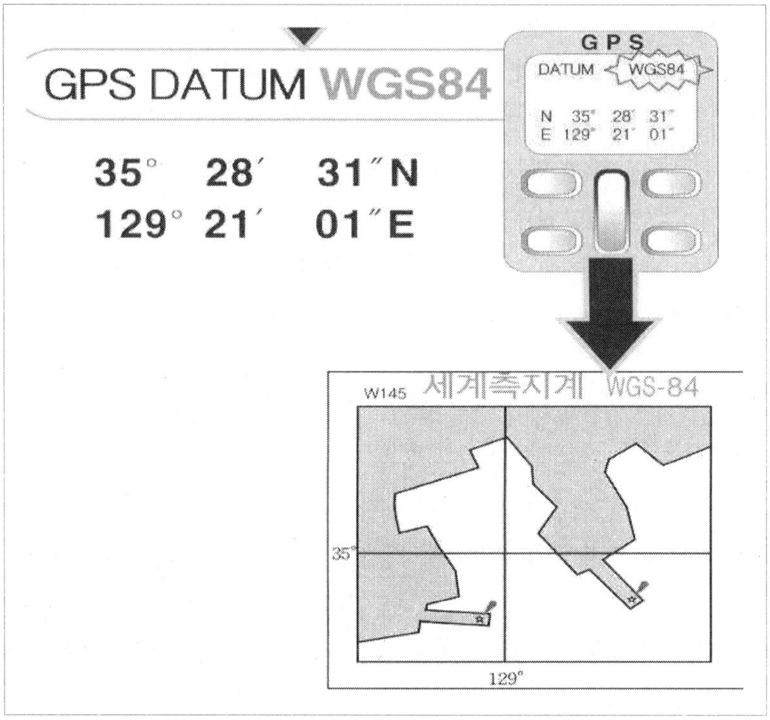

그림 2-30 • GPS의 위치

2.5 항해계기

1. 마그네틱 컴퍼스

지구상에는 전 표면에 걸쳐서 천연적으로 자장이 형성되어 있어서 마치 지구가 하나의 커다란 자석이라고 생각할 수 있는데, 자유롭게 움직일 수 있도록 한 자침(Magnet)의 중심을 공간에 매어 달면, 그 자침은 지구 자장과 일치하는 방향으로 멈추게 된다.

마그네틱 컴퍼스는 이러한 원리를 이용해 방위 눈금판(Compass card) 아래에 자침(Magnet)을 붙여 피벗(Pivot)으로 수평이 되게 지지하고, 수평면 내에서는 항상 자유롭게 회전할 수 있도록 하여 지구 자기의 방향을 지시하도록 한 장치이다. 따라서 마그네틱 컴퍼스를 이용하여 선박의 침로(Course)를 알거나 물표의 방위(Bearing)를 관측하여 선위를 확인할 수 있다.

국제해상인명안전협약(SOLAS)에서는 150톤 이상의 선박은 마그네틱 컴퍼스를 비치하여야 하고 각 마그네틱 컴퍼스의 자차는 적절히 수정되어야 하며, 자차 곡선도는 항상 유효한 것이어야 한다고 규정하고 있다.

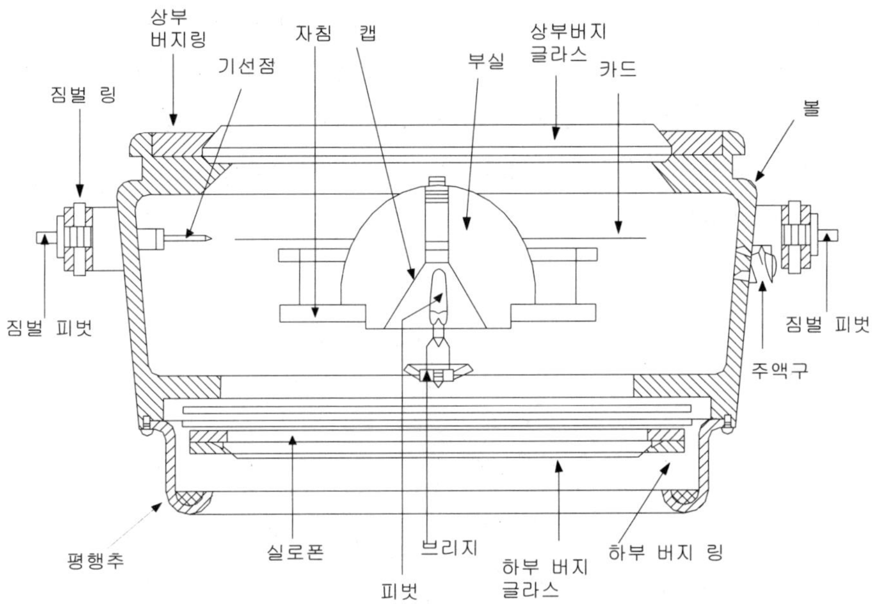

그림 2-31 ◉ 마그네틱 컴퍼스의 구조

2. 자이로컴퍼스(Gyrocompass)

자이로컴퍼스는 고속으로 돌고 있는 팽이를 이용하여 지구상의 북을 아는 장치로서 마그네틱 컴퍼스에서 나타나는 자차 및 편차가 없고 지북력도 강하다. 또 방위를 간단히 전기 신호로 바꿀 수 있으므로 여러 개의 리피터 컴퍼스(Repeater Compass)를 동작시킬 수 있다.

1) 자이로컴퍼스의 원리

자이로스코프는 그림 2-32와 같이 팽이의 축(자이로축, 스핀축)을 수평환으로 지지하고 이 수평환을 수직환으로 지지하도록 되어 있어, 팽이는 자이로축 주위로 돌고 자이로축은 수평축 주위로 경사되며 수직축 주위로 돌도록 되어 있다. 고속으로 회전하고 있는 팽이에서 수평축과 수직축 주위로 회전할 때 마찰이 거의 없는 자이로스코프를 프리 자이로스코프(free gyroscope)라 하며 자이로축은 공간의 어떤 방향이든지 가리킬 수 있다. 이 프리 자이로스코프는 다음과 같은 2가지의 특성이 있다.

(1) 방향 보존성

프리 자이로스코프는 그 받침대를 경사지게 하더라도 로터축은 처음에 지시했던 방향을 그대로 유지하려고 한다. 이것은 뉴턴의 관성의 법칙에 의하면 운동하는 물체는 그 운동 상태를 그대로 보존하려는 성질이 있기 때문이다. 이러한 프리 자이로스코프의 특성을 방향 보존성(Rigidity in space, Gyroscopic inertia)이라 한다.

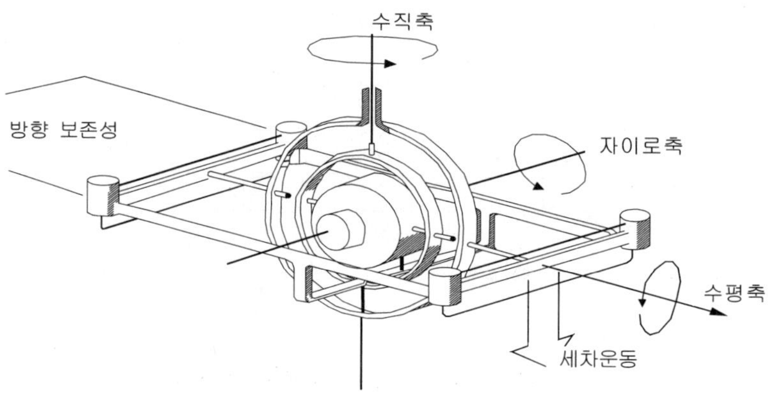

그림 2-32 ● 프리 자이로스코프의 구조

(2) 세차 운동(Precession)

고속으로 회전하고 있는 자이로스코프의 로터에 그 축과 일치하지 아니하는 토크를 작용하면 로터축은 로터 자신의 각운동량 벡터와 작용한 토크 벡터와의

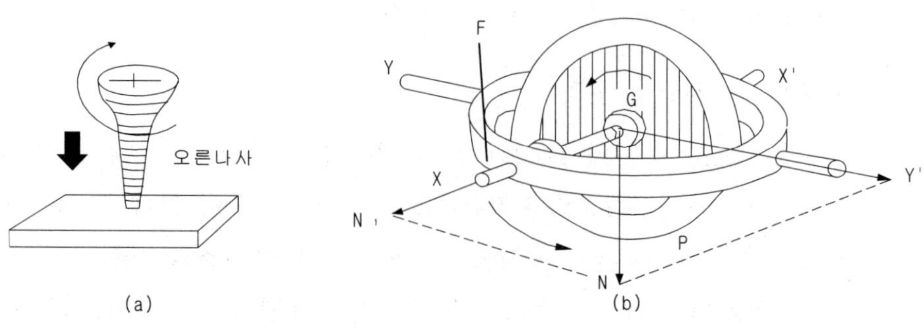

그림 2-33 ● 세차 운동

합성 벡터 방향으로 가장 가까운 길을 택하여 그 축 방향을 변화시킨다. 이 성질을 세차 운동(Precession)이라 한다. 세차 운동이 언뜻 보면 이해하기 어려운 운동이지만 오른 나사의 성질을 이용한 축성 벡터와 벡터의 합성을 생각하면 쉽게 이해할 수 있다. 축성 벡터를 오른 나사 법칙으로 설명한다(그림 2-33(a)). 우리가 판자에 오른 나사를 박을 때를 생각하여 보자. 오른쪽으로 돌려야만 들어가고 왼쪽으로 돌리면 빠져나온다. 그림 2-33의 (b)를 보면 로터의 회전으로 인한 벡터는 종이면에서 나오는 방향이고, 손으로 가한 힘에 의한 회전운동의 벡터는 오른쪽이 된다. 로터축은 이들 두 벡터의 합성방향을 유지하려고 하므로 그 방향이 변동되어 계속 힘을 가하는 한 P 방향으로 회전하게 된다.

(3) 자이로컴퍼스

자이로컴퍼스는 앞에서 말한 바와 같이 로터축의 수평 세차 운동과 제진 세차 운동이 합성되어 북을 가리킨다. 지북 운동인 수평 세차 운동을 얻기 위하여 토크를 가하는 방법에 따라 분류하면 위쪽이 무거운 톱 헤비(Top heavy)식과 아래쪽이 무거운 보텀 헤비(Bottom heavy)식이 있고, 제진 세차 운동 방향에 따라 분류하면 경사 제진식과 방위 제진식이 있다.

일반적으로 자이로컴퍼스 제작사는 수평 세차 운동을 톱헤비 방식으로 하는 경우에는 제진 세차 운동은 경사 제진식을 채택하고, 보텀 헤비식으로 하는 경우에는 방위 제진식을 채택하고 있다.

3. 방위 측정 기구

1) 방위환

목표물의 방위를 측정할 때에는 피프 베인을 통하여 목표물을 보면서 링 위에 있는 핑거 러그(Finger lug)를 잡고 링을 돌려서, 목표물이 수직 철사에 나타나게 한다. 파 베인 아래쪽에 수직 철사와 일치하는 중심선이 나타나 있는 거울이 있는데, 이 거울을 통하여 컴퍼스 카드를 읽을 수 있게 되어 있다.

그림 2-34는 방위환(Azimuth circle)의 구조를 나타낸 것이다.

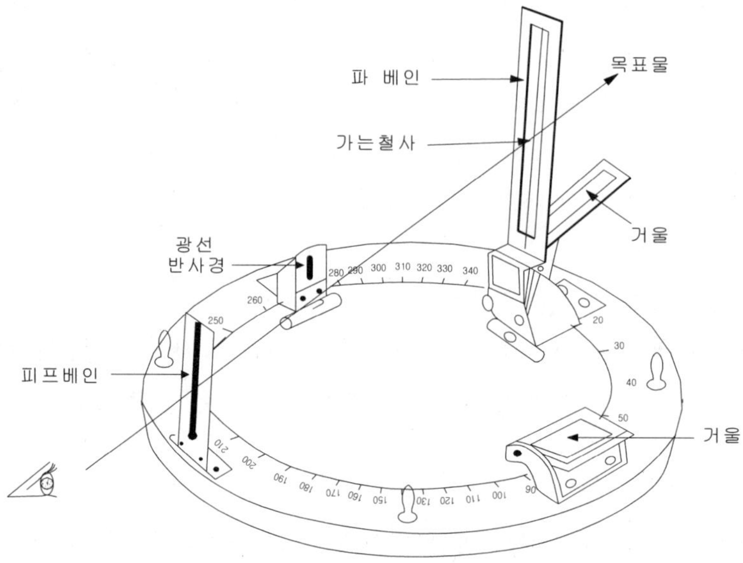

그림 2-34 ◦ 방위환의 구조

2) 섀도 핀

놋쇠로 된 가는 막대이다. 볼의 글라스 커버(Glass cover)의 중앙에는 이 핀을 세울 수 있는 섀도 핀 슈(Shadow pin shoe)가 있는 것이 있다. 사용시에는 한쪽 눈을 감고 목표물을 핀을 통하여 보고, 관측선의 아래쪽을 보아서 섀도 핀이 가리키는 카드의 눈금을 읽어 방위를 측정할 수 있게 되어 있다(그림 2-35).

그림 2-35 ◦ 섀도 핀

4. 자동 조타장치

선박은 설정된 침로를 유지하며 항해하여야 최단거리로 목적지에 이를 것이다. 그러나 바다에는 항상 바람, 파도가 있게 마련이며, 이들의 영향을 받아 선

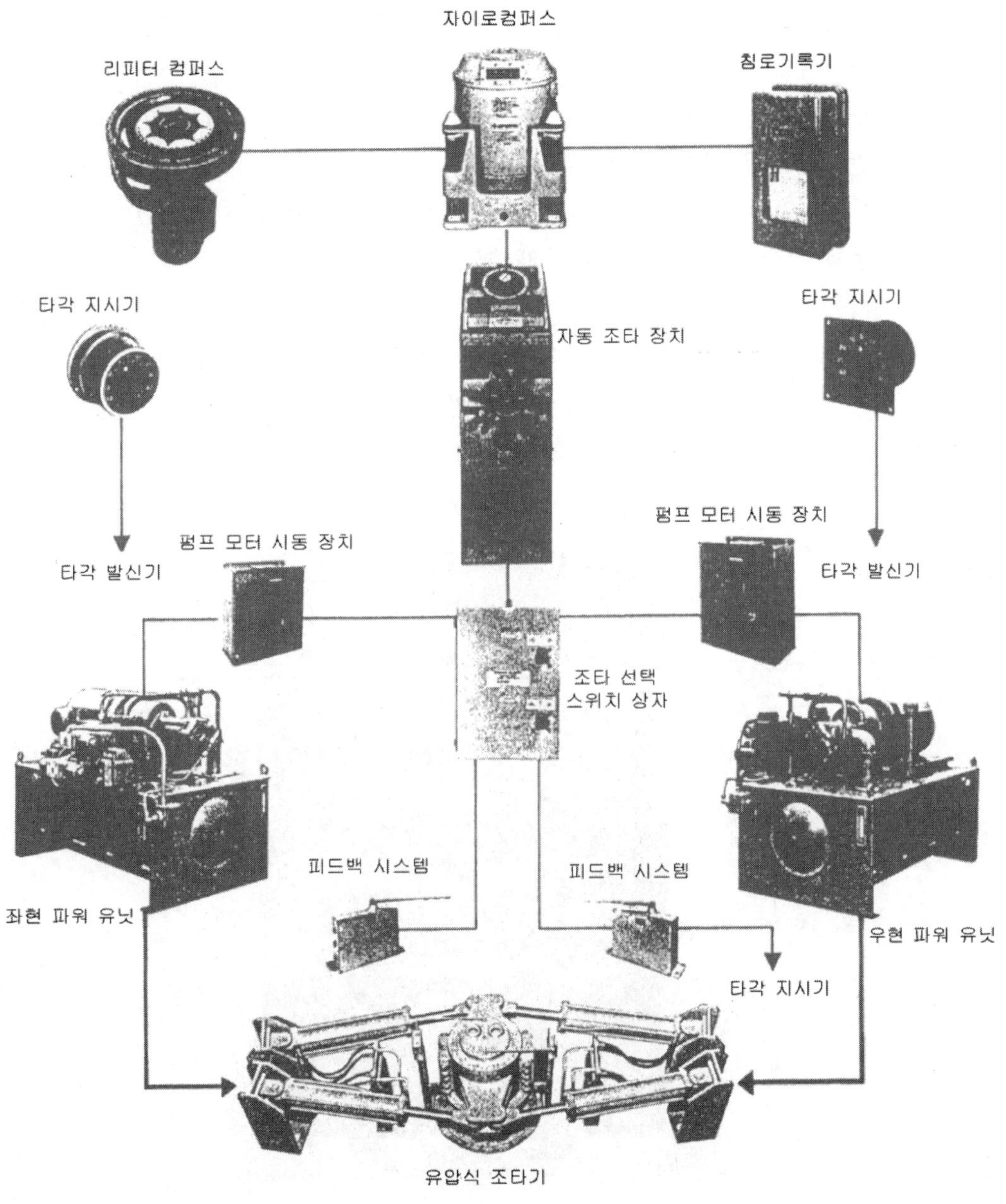

그림 2-36 ● 자동 조타장치의 구성도

박은 설정 침로에서 벗어나게 된다. 이 벗어난 각도를 편각이라 하는데 이 편각을 없애주기 위해 사용하는 타를 복원타라 한다. 이러한 복원타에 의해 선박은 원래의 침로로 돌아가게 된다. 그러나 그 상태로 놓아두면 선박은 계속 선회하여 원래의 침로를 넘어 반대쪽으로 넘어갈 것이다. 이번에는 이를 억제하기 위하여 반대쪽으로 넘어가기 전에 미리 키를 써야 할 것이다. 이를 우리는 제동타라고 한다.

수동조타를 할 때 복원타와 제동타의 값을 얼마로 해야 할 것인가 하는 것은 복원타의 경우 얼마만큼 벗어났느냐 하는 것이고 제동타의 경우 얼마만큼 빨리 돌아가느냐에 달려 있는 것이다. 여기에, 이들 값의 실제적인 크기는 선박의 특성과 날씨에 대한 경험에 의해 결정된다.

자동 조타로 구성한다고 하는 것은 사람 대신 컴퓨터가 복원타의 경우 편각에 비례하도록 하고 제동타의 경우 뱃머리가 돌아가는 속력에 비례하도록 타를 제어하는 것으로서 선박의 특성과 날씨에 대한 선체 움직임은 사람이 조정 노브를 통하여 상황에 따라 조정한다.

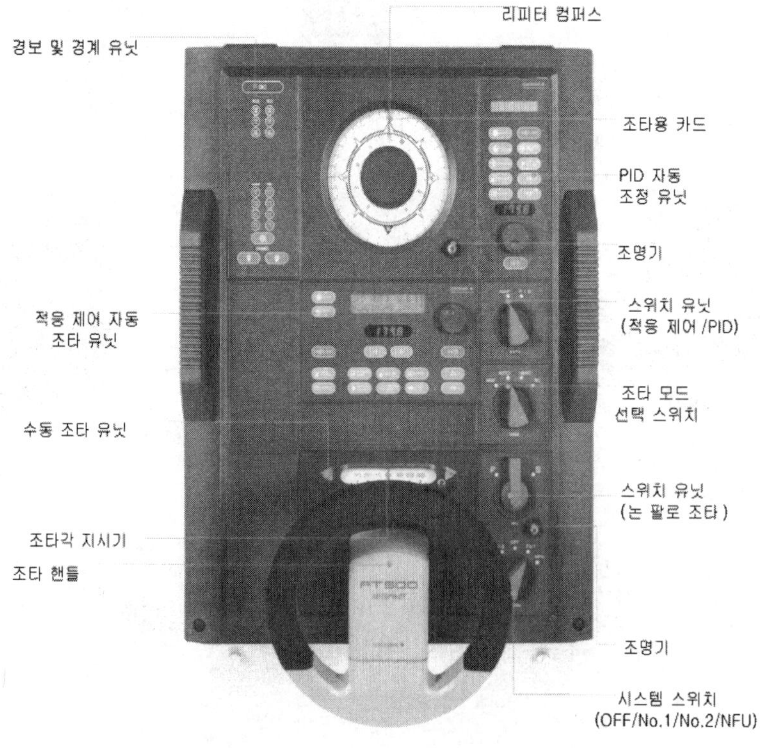

그림 2-37 • 조타장치의 조타 스탠드

5. 전자해도지시장치(ECDIS)

전자해도가 종이 해도를 대신할 경우 여러 가지 문제점이 발생할 수 있으며, 이를 해결하기 위하여, 전자해도 시스템의 성능 기준을 정할 필요가 있었다. 이를 위해 국제수로기구(IHO : International Hydrographic Organization)와 국제해사기구(IMO : International Maritime Organization)가 공동으로 전자해도시스템에 관한 성능 기준을 검토하기 시작하여 1989년 5월 ECDIS 잠정 성능 기준안을 초안하였으며, 이 초안은 개정된 후 최종적으로 1995년 11월 IMO 총회에서 ECDIS를 위한 성능 기준(performance standards for electronic chart display and information system)으로 채택되었다. 이는 총 15개 항목과 5개의 부록으로 구성되어 있다.

전자해도장치는 IMO 표준하에 국제 해상 인명 안전 협약(SOLAS) V/20의 해도 요건을 만족하기 위하여 하드웨어적으로나 소프트웨어적으로 일정 요건을 충족할 수 있어야 한다. 전자해도지시장치의 기능은 그림과 같다.

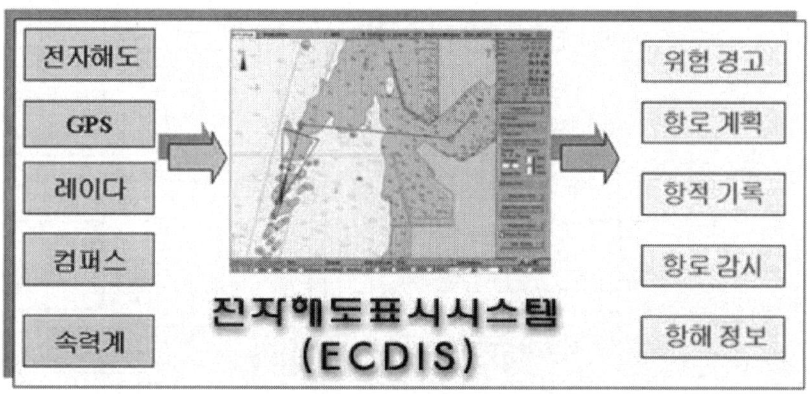

그림 2-38 • 전자해도의 구성 및 기능

6. 종합항법장치

종합항법장치란 선박에 설치된 각종 항해 계기 및 감지기들로부터 모든 정보를 종합적으로 수집 · 분석하고, 이들을 보다 효율적이고 편리한 방법으로 표현하여, 항해사로 하여금 신속, 정확하게 이들 항해 정보를 이용할 수 있도록 함으로써 보다 안전하고 경제적인 항해를 할 수 있도록 하는 장치이다.

따라서, 종합항법장치는 지피에스, 레이더 등의 전파 계기나 수심 측정용의 측심계, 또는 바람의 방향과 속력을 나타내기 위한 풍향 · 풍속계 등과 같이 특정한 목적만을 위하여 사용되는 계기와는 달리, 이들 계기들을 구성 요소로 하여 하나의 시스템을 구성하고, 각각의 구성 요소들을 제어하면서 이들로부터 항해 정보를 추출하여 제공하고 분석 · 처리한다. 이러한 이유 때문에 종합항법장치는 통합항법장치(TNS : Total Navigation System), 집적항법장치(INS : Integrated Navigation System), 브리지 통합 시스템(IBS : Integrated Bridge System), 자동항법장치(ANS : Automated Navigation System) 등으로도 불리우고 있다.

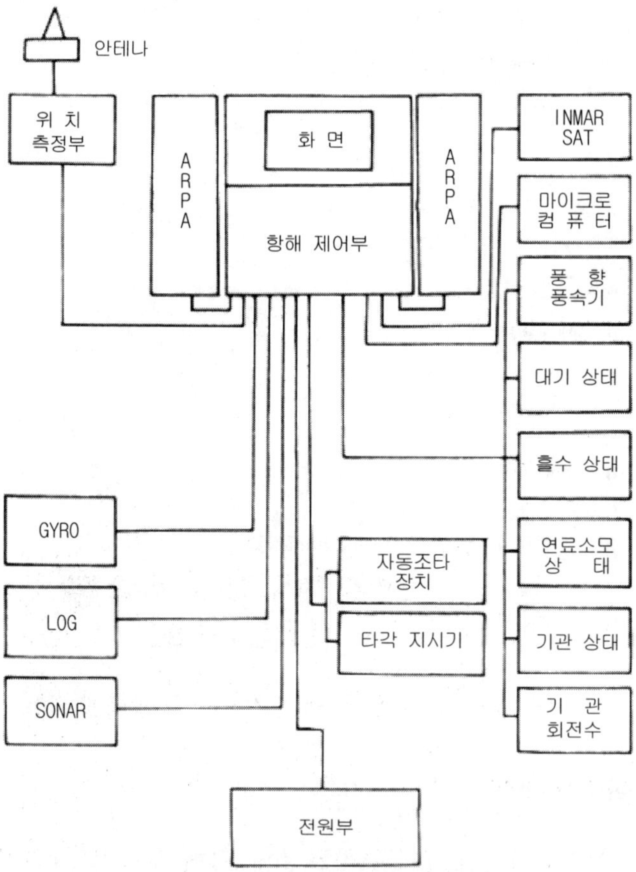

그림 2-39 ◦ 종합항법장치의 계통도

7. 레이더(Radar)

레이더는 전파가 초속 30만km의 빛과 같은 속도로 직진하고, 물체에 부딪히면 반사하는 전파의 고유한 특성을 이용한 계기로 거리와 방향을 동시에 측정할 수 있다.

즉, 스캐너(Scanner)를 이용하여 전파를 발사하고, 그 전파가 어떤 물표에 부딪혀 반사파가 돌아올 때까지의 시간을 측정하여 거리를 알아내고, 또한 물표의 방위는 그 때의 스캐너의 방향에 의하여 알 수 있게 된다.

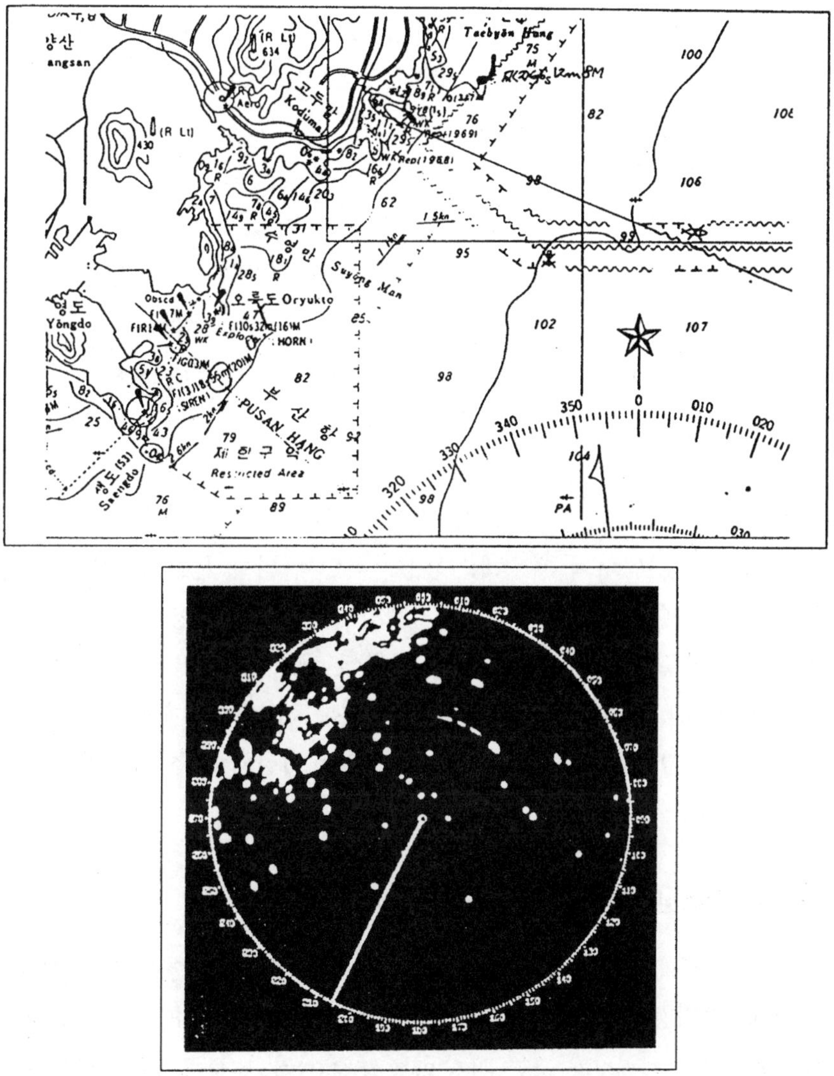

그림 2-40 ● 레이더의 영상

레이더의 지시기에는 형광 물질을 바른 스코프(Scope)가 있으며, 자선의 위치인 스코프의 중심에서부터 밖으로 뻗쳐 나온 밝은 소인선(Sweep)이 스캐너와 같은 속도로 회전하고 있다. 따라서, 스캐너가 1회전할 때마다 스코프의 소인선도 1회전하게 되고, 그 때마다 자선 주위에 있는 물체의 반사 영상이 스코프상에 밝게 나타난다.

1) 자동 레이더 플로팅 장치(ARPA)

자동 레이더 플로팅 장치(ARPA : Automatic Radar Plotting Aids)란 종래의 레이더 기능에, 현대 기술의 여러 가지 첨단 전자장치에 의한 많은 기능들을 추가하여 항해자로 하여금 각종 물표의 영상 정보들을 내장된 CPU의 계산기능에 의하여 보다 쉽고 효과적으로 사용할 수 있도록 하며, 특히 모든 물표에 대한 자동 플로팅 정보를 화면상에 숫자 및 그래픽으로 보여줌으로써 곧바로 상대선박들의 정확한 움직임을 파악할 수 있게 한 장치이다.

이 장치는 다수의 물표들을 동시에 추적하면서 각각의 물표의 움직임을 정확하게 분석하여, 그 정보 자료들을 화면상에 알기 쉬운 형태로 자동으로 표시해 줌으로써, 장치를 사용하는 항해자로 하여금 자선의 주변 상황에 대하여 쉽고도 신속한 판단을 가능케 한다. 또한 ARPA가 주변의 물표들에 대해 자동으로 플로팅을 행함으로써, 협수로 등의 교통량이 많은 해역에서는 충돌예방에 더욱 효과적일 수가 있다. 그리고 고정 물표인 섬과 이동 물표인 선박 등이 화면상에서 구별되어 나타나기 때문에, 레이더 화면에 의한 물표의 식별이 용이하다.

ARPA는 1974년 국제해상인명안전협약(SOLAS)의 내용중에 포함되어 있는 선박 항해설비로서, 1984년 9월 1일 이후에 건조되는 총톤수 10,000톤 이상의 모든 선박은 건조시에 이 장치를 설치하도록 하고, 그 이전에 건조된 선박에 대해서는 10,000톤 이상의 유조선과 15,000톤 이상의 유조선 이외의 선박에 대해 설치하도록 규정하고 있다.

8. GPS(Global Positioning System)

GPS는 '전세계적인 위치결정방식'이라는 의미로 쓰인 명칭이며, 시간과 거리를 사용한 항법방식이라는 뜻에서 일명 내브스타(NAVSTAR : Navigation system with time and ranging 또는 Navigation star)라고 부르기도 한다.

GPS 인공위성은 고도 약 10,900마일의 중고도 위성으로, 적도면에 대하여

약 55°의 기울기를 갖는 6개의 궤도면으로 구성되며, 공전 주기가 약 12시간인 원 궤도를 돌고 있다. 그리고 각 궤도마다 4개씩의 위성이 배치되고, 현재는 이 중 21개의 위성을 사용하고 3개의 위성은 예비로 하고 있다. 그러므로 이들 위성은 지구상의 어느 곳에서나 항상 3개 이상의 동시 관측이 가능하다. 또, 전리층에서의 전파 굴절로 인한 지체를 보정해줄 수 있도록 2개의 반송파 L_1(1,575MHz) 및 L_2(1,227MHz)의 2주파수로 신호를 발사하고 있다.

이 방식의 정확도를 높이기 위해서는 어떤 시각에 있어서 위성들의 위치를 같은 수준의 정확도로 계속 알고 있어야만 하며, 이러한 문제는 육상 제어시설에 의해 해결된다. 즉, 미국의 하와이, 알래스카, 괌섬 및 캘리포니아에 위치한 4곳의 육상 감시국에서는 GPS위성이 그 상공을 통과하는 동안에 이들을 정확히 추적하여 그 정보를 주제어국으로 보낸다. 주제어국에서는 각 위성에 대한 궤도 정보 요소 및 기준 발진기 오차를 계산하여 준다. 이들 정보는 송신국에서 위성으로 송신 녹음되며, 위성에서는 다시 반송파 변조에 의하여 사용자에게 정확히 수정된 궤도정보를 제공하게 된다.

GPS의 오차를 최소화하기 위하여 육상에 GPS 오차보정용 국을 따로 설치하여 운영하는 것으로 위성항법보정시스템(DGPS : Differential Global Positioning System)라고도 말하며, 이 장치는 다음과 같이 육상의 정확한 위치에 GPS 수신기를 설치하여 위성신호를 미리 수신하여 그 오차를 측정하여 가까운 주위의 선박에게 그 오차신호를 보내서 자동으로 수정하도록 한다.

그림 2-41 ● GPS의 개념도

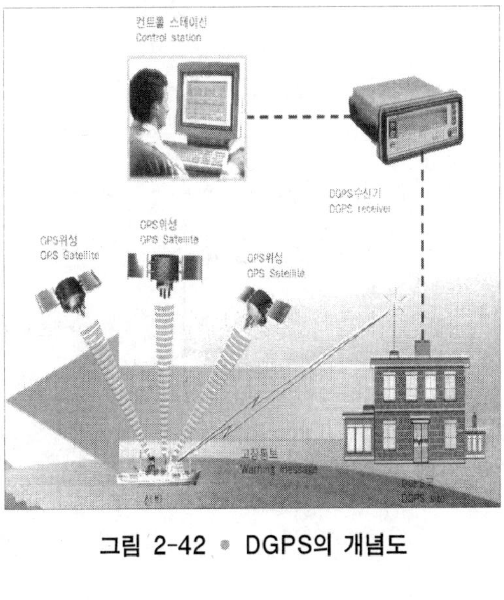

그림 2-42 ● DGPS의 개념도

9. 선박자동식별장치(AIS)

선박의 교통관리 영역을 연안항로뿐만 아니라 대양에서부터 통항을 관리하여 선박의 안전 항행을 확보하고자 개발된 선박자동식별장치(AIS : Automatic Identification System)는 무선 전파 송수신기를 이용하여 선박의 위치 정보 등을 자동으로 송수신하는 시스템으로, 선박용 전파 송수신기는 선박에 설치되어 자선의 위치, 속도, 항로 및 기타의 정보를 VHF채널을 이용하여 다른 선박 및 해안의 기지국에 자동으로 송신한다. 이 장치에 의한 위치 정확도는 DGPS를 기술을 이용하여 3m 이내로 할 수 있다. 또한 이 장치는 미리 할당되어 있는 하나의 무선 주파수 채널을 통해 선박 상호간 및 선박과 해안기지국 사이의 무선 데이터를 송신할 수 있다.

SOLAS 제5장 제19규칙의 AIS 탑재요건은 다음과 같다.

즉, 모든 여객선, 국제항해에 종사하는 300톤 이상의 모든 선박, 국제항해에 종사하지 않는 500톤 이상의 화물선은 다음의 일정에 맞추어 AIS를 탑재하여야 한다.

① 2002년 7월 1일 이후 건조되는 선박

② 2002년 7월 1일 이전에 건조된 국제항해에 종사하는 선박

- 모든 여객선 : 2003년 7월 1일
- 모든 유조선 : 2003년 7월 1일 이후 첫 SE 검사시

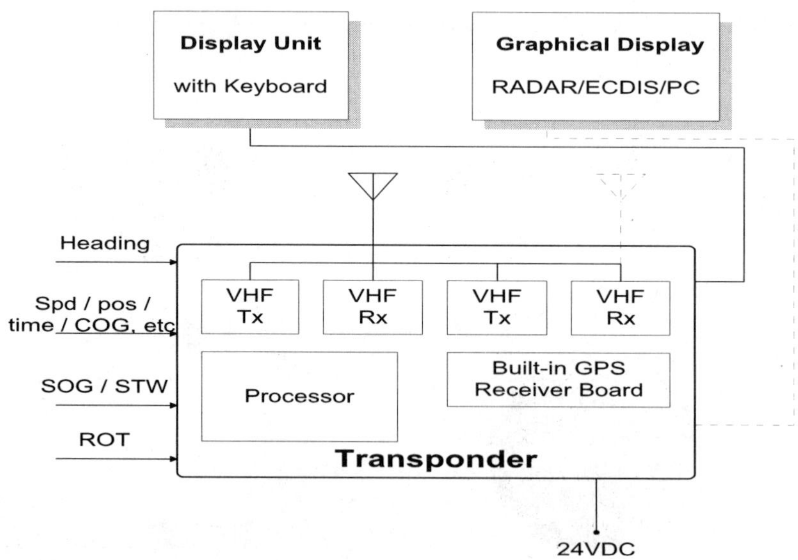

그림 2-43 ● 선박용 AIS 단말기 구성도

- 50,000톤 이상 화물선 : 2004년 7월 1일
- 10,000~50,000톤 화물선 : 2005년 7월 1일
- 3,000~10,000톤 화물선 : 2006년 7월 1일
- 300~3,000톤 화물선 : 2007년 7월 1일

③ 2002년 7월 1일 이전에 건조된 국내항해에 종사하는 선박 : 2008년 7월 1일

10. 항해자료기록장치(VDR)

항해자료기록장치(VDR : Voyage Data Recorder)[1]라 함은 선박의 운항 중 발생하는 각종의 항해정보를 실시간으로 기록하고 이를 유지 및 관리하기 위한 장치이다. 이 기록장치의 용도는 선박의 운항 정보를 자동으로 기록함으로써 수 작업에 의한 Log Book 작성의 수고를 덜 수 있어 효율적으로 운항 관리를 실행할 수 있다. 또한 해양사고 발생시에는 항공기의 "Black Box"와 같이 사고 전·후의 선위, 선박의 움직임, 물리적 상태, 지령 및 제어에 관한 정보를 분석하여 해양사고의 원인을 밝힐 수 있는 용도로 사용될 수 있다.

VDR의 탑재대상선박 및 시기는 다음과 같다.

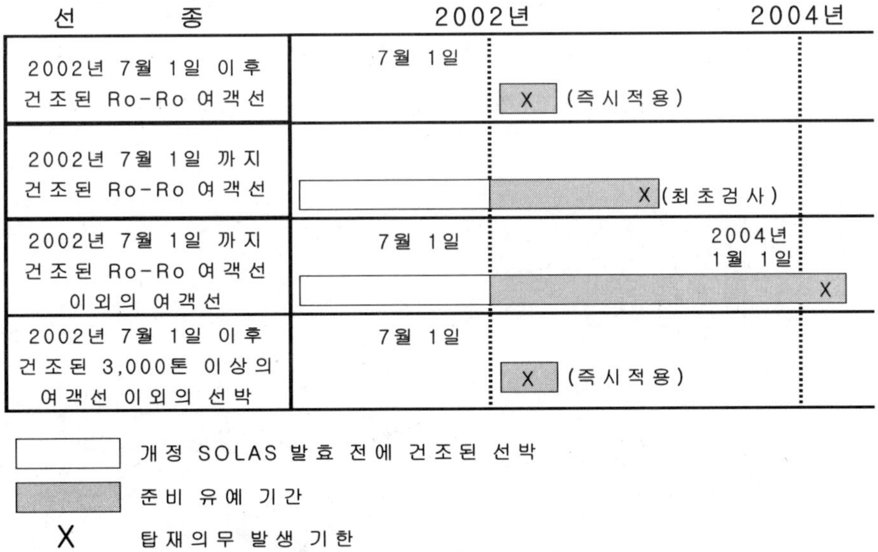

그림 2-44 ● VDR의 탑재 요건

1) 정식명칭은 VDR이나 VER(Voyage Event Recorder) 또는 MER(Marine Event Recorder)로 불리기도 한다.

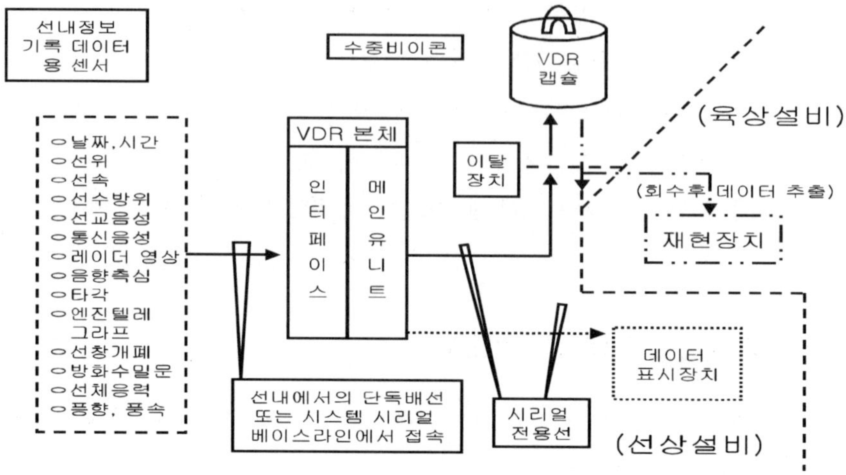

그림 2-45 ● VDR의 기본 구성도

11. 선속계

1) 전자식 선속계

전자식 선속계(Electromagnetic log, EM log)는 "도체와 자장이 상대적인 운동상태에 있을 때 도체에는 기전력이 유기된다."라는 패러데이(Faraday)의 전자유도 법칙을 응용한 것이다. 자장의 방향, 도체의 운동 방향, 기전력의 방향은 서로 직각을 이룬다. 만일 자장이 일정하면 기전력의 세기는 운동의 속도에 비례한다. 이 기전력은 도체나 자장이 움직이면 발생된다.

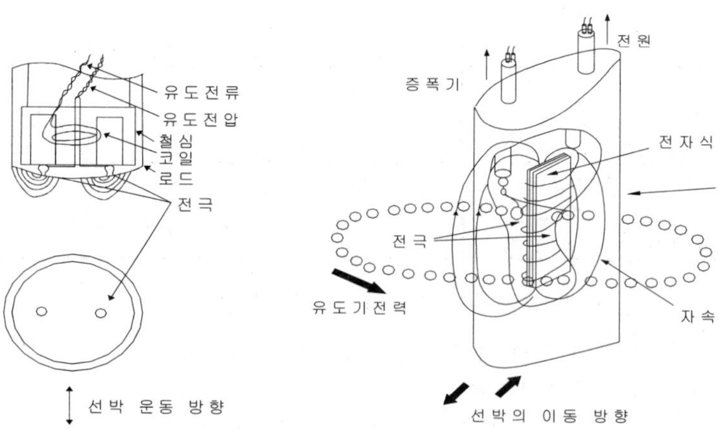

(a) 플러쉬형 (b) 돌출형

그림 2-46 ● 전자식 선속계의 원리

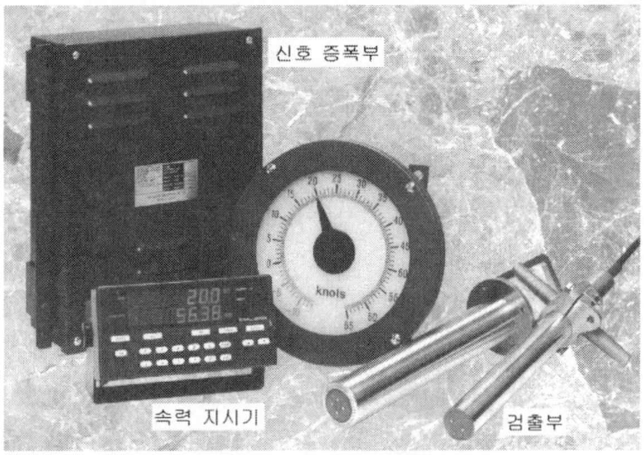

그림 2-47 ◦ 전자식 로그 구조

2) 도플러 선속계

도플러 선속계는 도플러 효과를 기초로 한 선속계이다. 항해중인 선박의 밑바닥에서 해저를 향하여 발사한 음파와 이것이 해저에서 반사되어 수신된 음파에는 주파수차가 생기는데 이를 도플러 주파수라고 하며, 이것은 선박 속도에 비례한다는 원리를 이용한 것이 도플러 선속계(Doppler log, Doppler speed log)이다(그림 2-48).

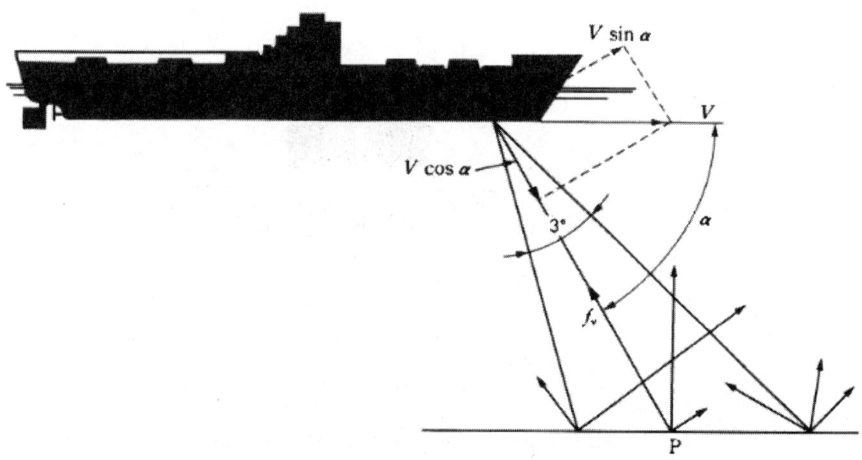

그림 2-48 ◦ 도플러 선속계의 원리

도플러 로그는 전기 에너지를 음파로 바꾸고 음파를 전기적 신호로 바꾸는 트랜스듀서, 트랜스듀서에 송신파를 보내거나 수신파를 받아 증폭하는 증폭부, 속력 및 항정을 표시하는 지시부가 있다.

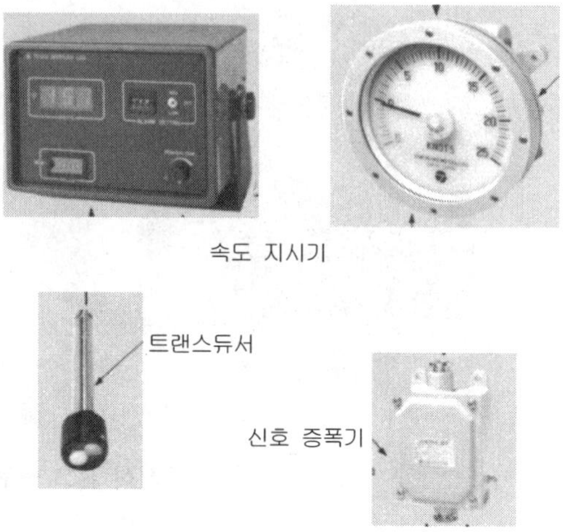

그림 2-49 ◦ 도플러 로그의 구조

12. 음향 측심기(Echo sounder)

측심기(Sounding machine)는 수심을 측정하고 해저의 질, 어군의 존재를 파악하기 위한 장치로서 출·입항할 때, 연안 항해할 때, 또는 수로 측량이 부정확한 곳을 항해할 때 안전 항해를 위하여 많이 사용하고 있다.

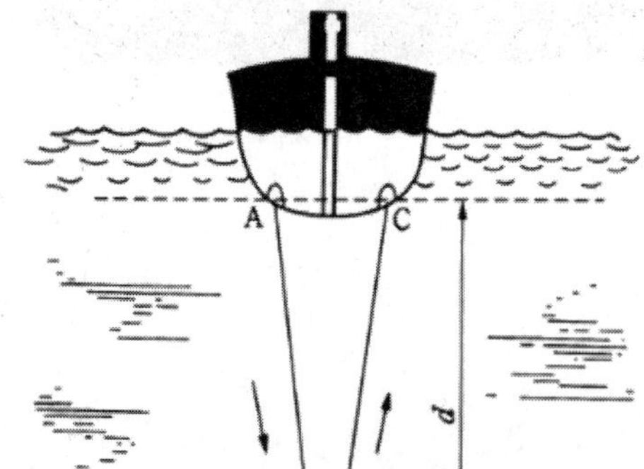

그림 2-50 ◦ 음향 측심기의 원리

짧은 펄스의 초음파를 예를 들면 1분당 100의 비율로 만들어 수직하게 해저로 보낸다. 이 해저는 이 펄스를 반사한다. 수심에 따라 다르지만 얼마의 시간이 지난 후 이 반사 펄스는 선박으로 되돌아온다. 이 시간에 펄스는 그림 2-50과 같이 선박의 용골과 해저 사이의 거리의 2배에 같은 거리를 지난다. 수심이 너무 얕지 않은 한 AB 보다 작은 거리 d로 인한 피타고라스 오차는 무시할 수 있다. 해수에서의 음파의 전달 속도가 실제적으로는 1500m/s로 일정하다. 따라서 d는 다음과 같이 계산할 수 있다. 즉, $2d = vt$ 이므로 $d = \frac{1}{2}vt$이다. 여기서 v는 해수속에서의 음파의 속도, t는 음파가 진행한 시간이다. 예를 들어 펄스의 송신 시간과 반사 펄스의 수신 시간이 0.1초라면 펄스는 150 미터를 진행하므로 수심은 75미터가 된다. 초로 표시하는 대신에 해당 수심을 미터, 패덤, 피트로 표시한다.

13. 육분의(Sextant)

육분의는 천문 항법에서 위치선을 구하기 위해 천체의 고도를 측정하거나, 또는 지문 항법에서 두 물표의 수평협각을 측정하여 선위를 결정하는데 사용하는 계기이다. 육분의(sextant)라는 말은 육분의의 호(arc)가 원주의 1/6과 거의 같기 때문에 6분의 1이라는 라틴어 sextans에서 유래된 것이다.

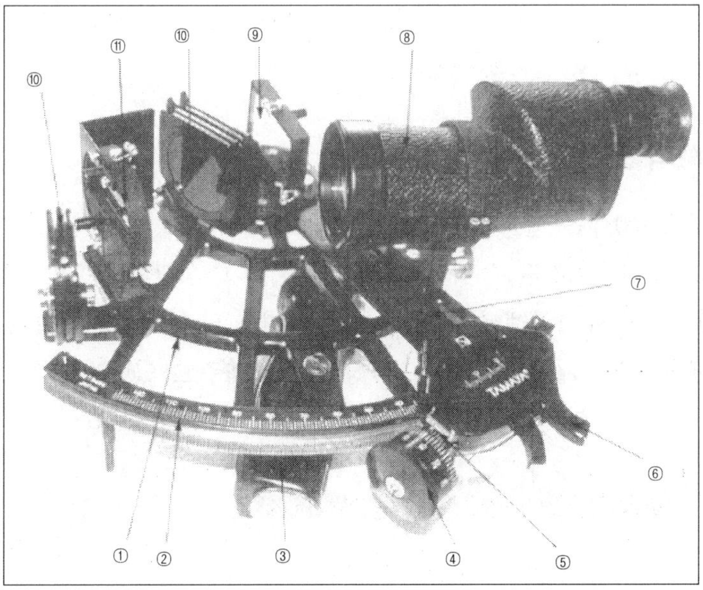

① 기면(frame)
② 호(arc)
③ 손잡이(handle)
④ 마이크로미터 드럼 (micrometer drum)
⑤ 버니어(vernier)
⑥ 고정기(release clutch)
⑦ 인덱스 바(index bar)
⑧ 망원경(telescope)
⑨ 동경(index glass, index mirror)
⑩ 차광 유리(shade glass)
⑪ 수평 경(horizon glass)

그림 2-51 • 육분의 구조

14. 선내시계

선내 시계는 하나의 주시계(Master clock)와 이 주시계에 의하여 제어되는 몇 개의 종시계로 구성된다. 여러 종시계 중 하나를 주시계와 같이 설치하여 시각을 수정하기 좋도록 되어 있다. 이 종시계와 주시계가 함께 주시계부를 이룬다.

주시계는 수정 발진기에 의한 동기 전동기로 구동되며, 세계시(GMT)를 나타낸다. 종시계는 주시계에 있는 펄스 신호 발생기에서 나오는 매 30초의 극성 펄스로 작동되며, 지방시(local time)를 나타낸다. 이 종시계는 조타실, 기관실, 휴게실, 식당, 사무실 등 선내의 필요한 장소에 설치되어 있다.

선박의 이동에 따라 변하는 대시(zone time)에 선박 사용시를 맞추는 것은 주시계부에서 일괄 조정하게 되어 있다. 또한 선내시계의 오차 수정은 무선 시보 신호, 라디오, GPS 시각을 통해야 한다.

2.6 해상기상

일반적으로 기상이라 함은 대기 중에서 일어나는 구름, 강수, 안개, 바람 등의 지구를 둘러싸고 있는 대기상태의 각종 자연현상을 물리적인 방법으로 다루는 학문으로, 이것은 태양, 지구, 대기의 상호작용에 의한 많은 요소의 영향을 받아서 발생한다.

1. 지상일기도의 해석법

지상일기도(地上日氣圖)에는 관측한 지역의 기상요소를 기호, 숫자 및 영문 약어로 표시하고 있으므로, 이것을 통하여 그 지역에서의 기상상황 및 변화를 알 수 있다. 평소에는 하루에 4차례에 걸쳐서 지상 일기도를 송신하고 있으나, 태풍이 접근할 때에는 태풍 기상도를 따로 작성하여 보내주고 있다.

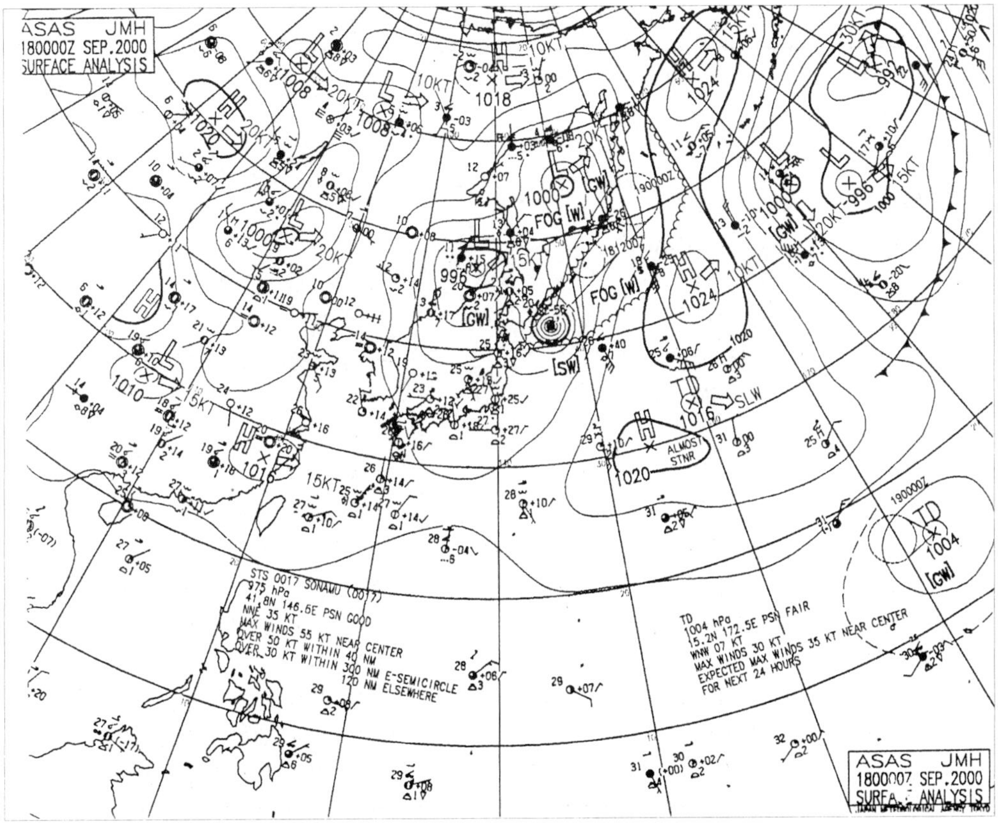
ASAS JMH
180000Z SEP.2000
SURFACE ANALYSIS
STS 0017 SONAMU (0017)
975 hPa
41.8N 146.6E PSN GOOD
NNE 35 KT
MAX WINDS 55 KT NEAR CENTER
OVER 50 KT WITHIN 40 NM
OVER 30 KT WITHIN 300 NM E-SEMICIRCLE
120 NM ELSEWHERE
TD
1004 hPa
15.2N 172.5E PSN FAIR
WNW 07 KT
MAX WINDS 30 KT
EXPECTED MAX WINDS 35 KT NEAR CENTER
FOR NEXT 24 HOURS
ALMOST STNR
FOG [W]
[GW]
[SW]
SLW

그림 2-52 ◦ 지상일기도

표 2-1 ● 일기도상의 전문 용어

약 어	원 어	의 미
L	LOW	저기압
H	HIGH	고기압
SLW	SLOWLY	천천히
STNR	STATIONARY	정체
UKN	UNKNOWN	자세히 알 수 없음
KT	KNOTS	노트(해상 속력)
NM	NAUTICAL MILE	마일(해상거리 단위)
MAX	MAXIMUM	최대
PSN	POSITION	위치
TD	TROPICAL DEPRESSION	열대성 저기압(풍속 33노트이하)
TS	TROPICAL STORM	열대성 폭풍(풍속 34~47노트)
STS	SEVERE TROPICAL STORM	열대성 폭풍(풍속 48~63노트)
T	TYPHOON	태풍(풍속 64노트이상)
[W]	WARNING OF WIND	강풍 경보(풍력계급 7)
FOG[W]	WARNING OF FOG	농무 경보
[GW]	GALE WARNING	폭풍 주의보(풍력계급 8~9)
[SW]	STORM WARNING	폭풍 경보(풍력계급 10이상)
[TW]	TYPHOON WARNING	태풍 경보(풍력계급 12이상)

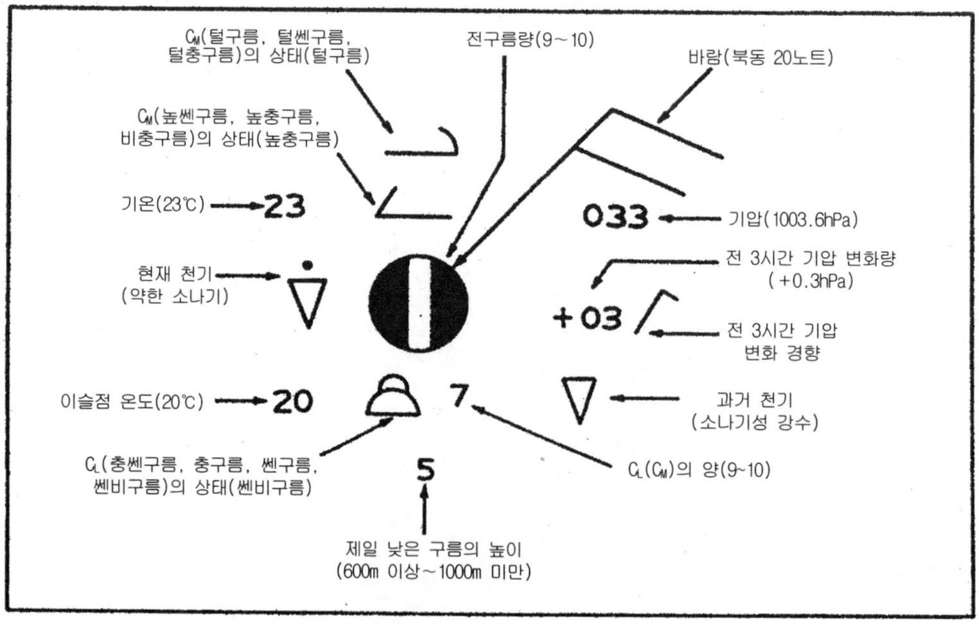

그림 2-53 ● 일기도상의 기호

2. 태 풍

태풍은 북태평양 서부에서 발생하는 열대저기압 중에서 중심 부근의 최대풍속이 34노트(17m/s)이상의 강한 폭풍우를 동반하고 있는 것을 말하는데, 폭풍우는 반드시 태풍에만 동반되는 것이 아니고 온대저기압에서도 발생하는 경우가 많다.

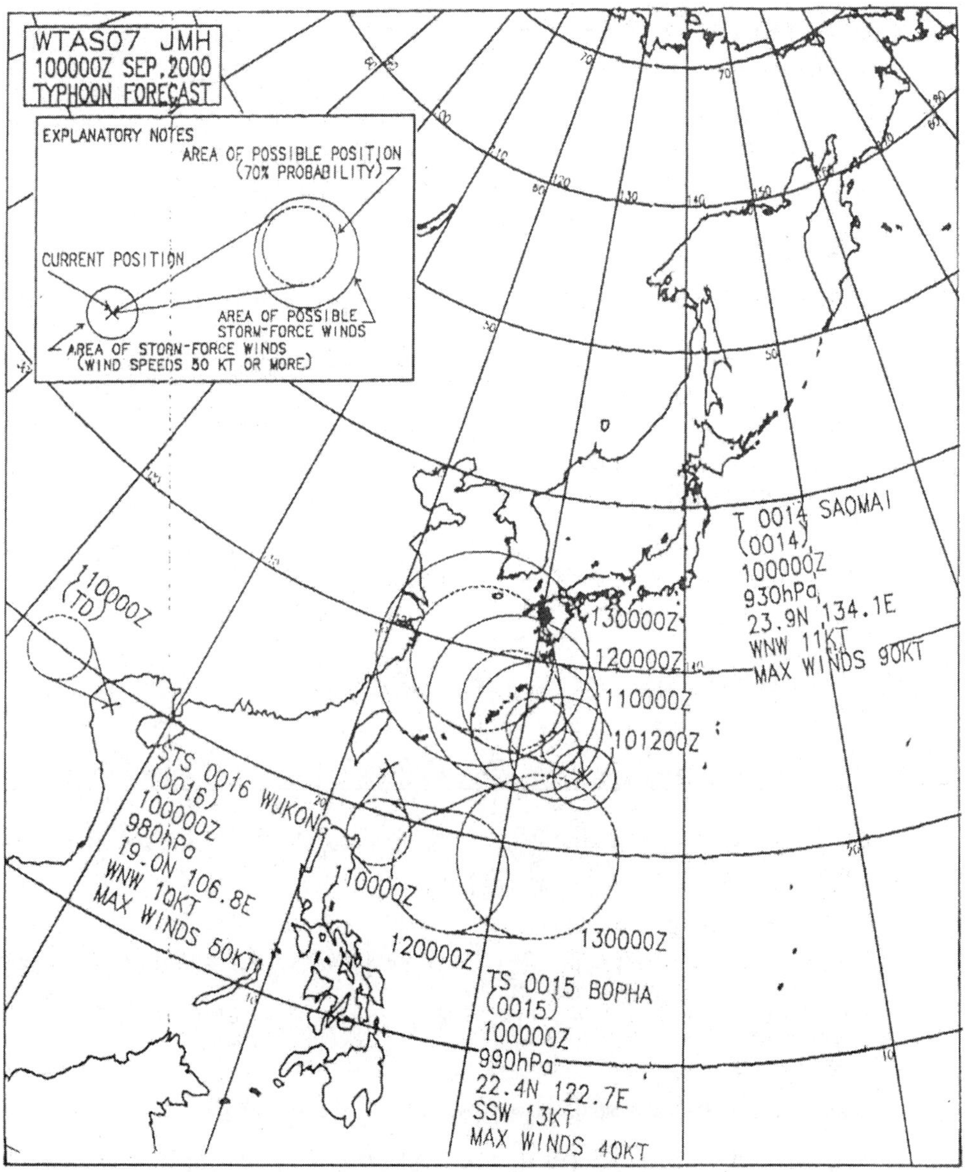

그림 2-54 ● 태풍 일기도

세계기상기구(WMO : World meteorological organization)에서는 중심 부근의 최대풍속에 따라 표와 같이 4계급으로 분류하며, 열대폭풍(TS)부터 태풍의 이름을 붙인다. 우리나라와 일본은 열대폭풍(TS) 이상을 태풍이라고 부른다.

표 2-2 ◉ 태풍의 구분

<table>
<tr><td colspan="2">중심부근
최대풍속</td><td>17m/s(34Kts)
미만</td><td>17～24m/s
(34～47Kts)</td><td>25～32m/s
(48～63Kts)</td><td>33m/s(64Kts)
이상</td></tr>
<tr><td rowspan="4">구분</td><td rowspan="3">세계기상
기구</td><td>약한 열대
저 기 압</td><td>열 대
폭 풍</td><td>강한 열대
폭 풍</td><td>태 풍</td></tr>
<tr><td>Tropical
Depression</td><td>Tropical
Storm</td><td>Severe Tropical
Storm</td><td>Typhoon</td></tr>
<tr><td>(TD)</td><td>(TS)</td><td>(STS)</td><td>(T or TY)</td></tr>
<tr><td>한국
일본</td><td>약한 열대저기압</td><td colspan="3">태 풍</td></tr>
</table>

종 류	중심최대풍속	표시방법(예)
열대저기압 (Tropical depression)	34 knots 미만 (17.2m/s 미만)	⊗ TD
열대 폭풍우 (Tropical storm)	34～47 knots (17.2～24.4m/s)	TS VERA (8613) 이름 번호
심한 열대 폭풍우 (Severe tropical storm)	48～64 knots (24.5～32.6 m/s)	STS VERA (8613)
태풍 (Typhoon)	64 knots 이상 (32.7 m/s 이상)	TY VERA (8613)

태풍은 열대성 저기압의 일종으로서 전 세계해역의 지역에 따라서 대개 다음과 같이 4종류의 다른 명칭으로 불러지고 있다.

① Typhoon : 마리아나, 캐로라인, 마샬군도를 포함하는 북태평양 남서부해상
② Hurricane : 북대서양의 카리비안해역, 서인도제도, 멕시코만, 멕시코서측 해역
③ Cyclone : 벵갈만 해역, 아라비아 해, 북인도양 해역
④ Willy willy : 호주 북서방의 티모르해, 북동방의 남태평양 - 뉴카레도니아, 피지, 사모아 제도 부근

2.7 해사영어

해상에서 선박과 선박 사이, 선박과 육상간의 항해 및 안전 통신은 정확하고 간단 명료한 영어를 사용하여 선박의 안전이 저해되지 않도록 해야 한다. 따라서 표준화된 언어의 사용이 필요하게 됨에 따라 국제해사기구(IMO, International Maritime Organization)에서는 IMO 표준 해사영어를 제정하여 항해에 종사하고 있는 사람들이 사용하도록 권장하고 있다.

1. 구문 통화표

표 2-3 ● 구문 통화표

문 자	사용어	발 음	
A	ALFA	AL FAH	(ǽlfə)
B	BRAVO	BRAH VOH	(b'ra:v'ou)
C	CHARLIE	CHARLEE...SHARLEE	(ʧa:li)
D	DELTA	DELL TAH	(d'elta)
E	ECHO	ECK OH	(e'kou)
F	FOXTROT	FORKS TROT	(fɔkstrot)
G	GOLF	GOLF	(gɔlf)
H	HOTEL	HOH TELL	(houte'l)
I	INDIA	IN DEEAH	(i'ndiə)
J	JULIETT	JEW LEE ETT	(d'ʒu:lijet)
K	KILO	KEY LOH	(k'i:lou)
L	LIMA	LEE MAH	(i'i:mə)
M	MIKE	MIKE	(maik)
N	NOVEMBER	NO VEM BER	(nov'embə)
O	OSCAR	OSS CAH	(ɔ'skə)
P	PAPA	PAH PAH	(pa' pa)
Q	QUEBEC	KEH BECK	(ke'bek)
R	ROMEO	ROW ME OH	(r'oumio)
S	SIERRA	SEE AIR RAH	(siə'rə)
T	TANGO	TANG GO	(t æ ŋ go)
U	UNIFORM	YOU NEE FORM... or OO NEE FORM	(j'u:nifɔ:m)
V	VICTOR	VIK TAH	(viktə)
W	WHISKY	WISS KEY	(w'øski)
X	X-RAY	ECKS RAY	(e'ksrei)
Y	YANKEE	YANG KEY	(j' æ ŋ ki)
Z	ZULU	ZOO LOO	(z'u:lu:)

2. Number

표 2-4 • Number

숫자 또는 송신하는 신호	식별어	발 음	
		영어식 표기	불어식 표기
0	NADAZERO	NAH-DAH-ZAY-ROH	NA-DA-ZE-RO
1	UNAONE	OO-NAH-WUN	OUNA-OUANN
2	BISSOTWO	BEES-SOH-TOO	BIS-SO-TOU
3	TERRATHREE	TAY-RAH-TREE	TẺ-RA-TRI
4	KARTEFOUR	KAR-TAY-FOWER	KAR-TẺ-FO-EUR
5	PANTAFIVE	PAN-TAH-FIVE	PANN-TA-FAIF
6	SOXISIX	SOK-SEE-SIX	SO-XI-SICKS
7	SETTESEVEN	SAY-TAY-SEVEN	SẺT-TẺ-SEVN
8	OKTOEIGHT	OK-THO-AIT	OK-TO-EIT
9	NOVENINE	NO-VAY-NINER	NO-VE-NAI-NEU
소수점	DECIMAL	DAY-SEE-MAL	DẺ-SI-MAL
종지부	STOP	STOP	STOP

3. 로그북(Log Book) 작성법

1) 로그북의 중요성

항해일지는 선박의 행동이나 상태 및 그에 관련되는 모든 사항을 기록하는 것으로 다음과 같은 중요한 의의를 가지고 있다.

① 선박의 운항상 중요한 참고 자료가 된다.

② 항해 기술이나 적부(積付)의 양부(良否)를 판정하는 자료가 된다.

③ 해난이 발생한 경우 원인 탐구의 자료가 되며, 해난심판 때 중요한 증거 서류가 된다.

④ 선장이 직무를 수행함에 있어서 상당한 주의(Due regard)를 태만히 하지 않았다는 것을 증명하는 자료가 되어 선주 및 선장의 이익을 보호할 수 있다.

⑤ 관용항해일지의 기재 사항은 법률상 중요한 증거 서류가 된다.

이상에서 설명한 바와 같이 항해일지는 중요한 것이므로 이의 취급에 있어서는 신중을 기하여야 하며, 확실하고 정확하게 기재하여야 한다.

2) 로그북 기재상의 일반적인 주의사항

① 로그북은 본선 선장 및 해원이 직무를 수행함에 있어서, 주의를 태만히 하지 않았다는 것을 증명하는 중요한 자료라는 것을 명심해야 한다.

② 볼펜이나 잉크로 기재할 것이며, 절대로 지워서는 안된다. 만약 틀린 기재를 하였을 경우에는 틀린 부분에 두 줄을 긋고 그 위에 또는 그 옆에 성씨 서명(Initial)을 기재한 후 올바른 기재를 하여야 한다. 항해일지를 법원에 제출할 경우, 틀린 부분을 지운 흔적은 항시 의심을 받기 때문이다.

③ 항해일지에는 한 가지도 빠짐없이 완전한 기록을 하여야 하며, 이를 위해서는 당직중에 필요한 사항들에 대해서는 수시로 메모를 해두어야 한다. 또한 당직 사관은 하역이 없을 때라 할지라도 기상, 해상, 묘쇄나 계류색의 상태, 선내 작업, 선내 정비, 흘수, 트림, 복원성, 타선 또는 육상으로부터의 신호, 급수, 급유 등 어떠한 일에도 주의를 기울여야 한다.

④ 기사는 간단하고 명료하며 정확한 표현을 사용하여야 한다. 오자(誤字)가 없도록 하여야 하고 자신이 없는 단어는 반드시 사전을 찾아 확실한 단어를 사용하여야 한다.

⑤ 일이 일어난 후에 기재하는 것이므로 원칙으로 과거형으로 기재하여야 한다.

⑥ 중요한 사항 특히 해난 사고에 대해서는 기재 전에 1등항해사 또는 선장과 상의를 하여 기재하여야 한다.

⑦ 항해일지의 주요란 및 기사란에는 어떠한 것을 기재할 것인가를 항시 염두에 두어야 한다. 기재 사항 중 한 가지를 잊어버리고 기재하지 않으면, 나중에 아무리 주의를 기울여도 소용이 없는 경우가 있다.

3) 항해일지 영문의 특징

(1) 주어의 생략

① Left Busan for San Fransisco. (주어인 We 또는 Our ship이 생략)

② Mustered all hands on deck. (주어인 I 생략)

③ Fine Weather. (It was a 생략)

(2) be 동사의 생략

① Vessel easy in slight sea and low aveg. Nw'ly swell. (Be 동사 was 생략)

② Visibility reduced A/C fog. (was 생략)

③ All precautions observed. (were의 생략)

(3) 정관사 the의 생략

① Pacific Ocean → the Pacific Ocean (태평양)

② Panama Canal → the Panama Canal (파나마 운하)

(4) 문장의 point가 되는 단어 이외는 생략하는 수가 있다.

① S.B.E. (Rung 생략)

② First line (We sent out 생략)

(5) 시제(時制)는 과거로 한다.

① Inspected all cargo holds and deck lashings.

(6) 약자나 기호를 사용한다.

① STB'D → Starboard

② P/S → port side

(7) 항해 용어(sea term)를 사용한다.

make out(초인하다) / batten down(물이 새지 않도록 쇄기를 박다) / set course(정침하다) / turned to(작업에 임하다)

4) 기사란 기재 사항(Entries in the remark column)

(1) 출입항(Leaving & Entering)

① Preparations for leaving & entering port

② Leaving port

③ Entering port

(2) 항해중(At sea)

① Clearing objects & Setting course

② Beam distance & Altering course

③ Sounding

④ Log.

⑤ Low visibility & lookout

⑥ Narrow channel

⑦ Weather & Sea condition

⑧ Ship's clock

⑨ Observation

- Ship's position
- Error

⑩ Navigation warning & Danger message

⑪ Current & Tides

⑫ Passing vessels, etc.

⑬ Deviation

⑭ Trouble

⑮ Tests & Inspections

⑯ Landfall

⑰ Crossing Date Line, etc.

⑱ Drills

⑲ Signals & Communications

⑳ Others

(3) In port

① Rounds of inspections, etc.

② Shifting of berth

③ Supply

④ Personal affairs, etc.

⑤ Holidays, etc.

⑥ Disease & Death

⑦ Fumigation

⑧ Inspections by surveyors

⑨ Cargo work

⑩ Dry docking

- Dry docking & undocking
- Repair

(4) Work of Deck dept.

① Deck washing

② Cleaning

③ Chipping & Scraping

④ Painting

⑤ Sailor's work

⑥ Carpenter's work

⑦ Quartermaster's work

(5) Accidents of marine casualties

① Fire

② Stranding or grounding

③ Collision, contact & flooding

④ Other accidents

4. SMCP의 개요

1) SMCP의 제정과 그 배경

선박의 운항과 관련하는 표준 언어의 제정은 1978년 3월 8일에 처음으로 IMO에서 결의문으로 채택하여 이를 각 회원국들에게 사용하도록 권고한 이후 1985년에 1차 수정 보완이 되었고, 그 후 1996년에 기존의 표준해사항해용어(Standard Marine Navigational Vocabulary)에 현실적으로 적합하지 않는 표현 또는 부족한 표현들을 대폭적으로 수정보완하였다. 새로이 개정 보완된 내용은 전체를 4개의 장으로 구분한 것은 기존의 것과 다르지 않으나 화물관련 내용의 보완 및 1999년 2월 1일부터 강제화된 GMDSS 통신 영어의 내용, 여객선의 여객 관리에 필요한 영어 등을 보완하여 전체적으로 그 분량이 2배 이상 늘어나게 되었다. 아울러 SMCP는 95년 개정 STCW협약에서 총톤수 500톤 이상의 모든 당직 항해상의 자격 부여에 있어서 최소한의 강제 요건으로 되어 있다.

2) SMCP 주요 내용

SMCP의 주요 내용으로는

① Procedure(절차)
② Spelling
③ Message Markers
④ Responses
⑤ Distress / urgency / safety signals
⑥ Standard organizational phrases
⑦ Corrections
⑧ Readiness
⑨ Repetition
⑩ Numbers
⑪ Positions
⑫ Bearings
⑬ Courses
⑭ Distances
⑮ Speed
⑯ Time
⑰ Geographical names
⑱ Ambiguous words

3) 표준 조타 명령

모든 조타 명령은 조타수에 의해 복창되어져야 하고 당직 사관은 조타 명령이 정확하고 즉시 행해지는지 확인해야 한다. 모든 조타 명령은 다음 조타 명령이 있을 때까지 유지되어야 하며 조타수는 만약 타효가 없으면 즉시 보고해야 한다.

만약 조타수의 조타에 대해 의문이 있다면 당직 사관은 즉시 "지금 heading이 몇 도입니까?"라는 식으로 조타수의 환기를 집중토록 해야 한다.

당직 사관이 선박을 자신이 원하고자 하는 방향으로 조선을 하고자 할 때에는 조타 명령은 숫자 "0"을 포함하여 각각의 숫자를 분리해서 불러주어야 한다.

예를 들면 조타 명령이 "Port, steer one eight two" 라고 한다면 182°로 조타하라는 뜻이다.

조타수는 182°로 조타하라는 구령을 듣자마자 복창하고 선박을 즉시 명령되어진 각도로 돌리고 선박이 명령되어진 각도로 정침하면 조타수는 "Steady on one eight two"라고 보고한다. 조타 구령을 내린 당직 사관은 조타수의 보고를 인지했다는 것을 나타내어야 한다.

표 2-5 • 표준 조타명령

조타 구령	의미
1. Midships	1. 타를 타 중앙으로 하라.
2. Port/starboard five	2. 타각을 좌현(우현) 5°로 하라.
3. Port/starboard ten	3. 타각을 좌현(우현) 10°로 하라.
4. Port/starboard fifteen	4. 타각을 좌현(우현) 15°로 하라.
5. Port/starboard twenty	5. 타각을 좌현(우현) 20°로 하라.
6. Port/starboard twenty-five	6. 타각을 좌현(우현) 25°로 하라.
7. Hard-a-port/starboard	7. 타각을 우현(좌현)으로 최대 전타하라.
8. Nothing to port/starboard	8. 현재 침로에서 좌현(우현)으로 가까이 마라.
9. Steady	9. 선박의 회전을 가능한 한 빨리 줄여라.
10. Ease to five/ten/twenty	10. 타각을 5°, 10°, 20°로 줄이고 유지하라.
11. Steady as she goes	11. 명령이 떨어질 당시 compass heading이 가르키는 각도로 정침하라는 뜻이다. 조타수는 명령을 복창하고 명령이 떨어질 때의 compass heading을 읽는다. 선박이 그 heading으로 정침하면 조타수는 Steady on …으로 보고한다.
12. Keep the buoy/mark/beacon/ … on port side/starboard side.	12. Buoy/mark/beacon을 좌현(또는 우현) …로 유지하라.
13. Report if she does not answer the wheel	13. 만약 타효가 없으면 보고하라.
14. Finished with wheel, no more steering	14. 조타는 더 이상 하지 않는다.

4) 표준 Engine 명령

주어지는 모든 엔진 명령에 대해서는 Telegraph를 조작하는 사람에 의해 복창되어져야 하며 당직 사관은 명령이 제대로 수행되는지 확인해야 한다.

① Full, Half, Slow, Dead slow ahead / astern

② Stop engines

③ Emergency full ahead / astern

④ Stand by engine

⑤ Finished with engines-no more manoeuvring

5) Bow thruster 명령

① Bow thruster full / half / slow to port / starboard

② Bow thruster stop

5. VHF 통화 요약

1) Warning

① 귀선은 위험 구역으로 항해하고 있다.
You are running into dangerous area.

② 귀선 전방에는 짙은 안개가 있다.
You are running into fog bank ahead of you.

③ 거대선이 출항하고 있다. 항로에서 모두 비켜 달라.
Large vessel leaving. Keep clear of approach channel.

④ 귀선의 항해등은 보이지 않는다.
Your navigation lights are not visible.

⑤ 접근하지 말라. 본선은 위험 화물을 투기하고 있다.
Keep clear. I am jettisoning dangerous cargo.

2) Assistance

① 본선은 침몰하고 있고 도움이 필요하다.
I am sinking now, I need help.

② 조난 선박의 위치는 어디인가?

What is the position of vessel in distress?

③ 본선에 화재가 났으며, 위험 화물을 적재하고 있다.

I am on fire and have dangerous cargo on board.

④ 어떠한 구원이 필요한가?

What assistance is required?

⑤ 본선은 수색과 구조를 지휘하고 있음.

I am in command of search and rescue.

3) Anchoring

① 본선은 양묘중이다.

I am heaving up anchor.

② 본선묘는 해저에서 양묘되었다.

My anchor is clear of the bottom.

③ 항로상에 투묘하지 마시오.

Do not anchor on the fairway.

④ 귀선은 앵커 케이블을 2 샤클까지 줄이시오.

You must shorten your anchor cable to 2 shackles.

⑤ 귀선은 주묘중인가?

Are you dragging anchor?

⑥ 현재의 위치에서 투묘를 하는 것은 위험하다.

It is dangerous to anchor in your present position.

4) Arrival, Berthing and Departure

① 귀선의 전 항구는 어디인가?

What was your last port of call?

② 귀선의 도선 지점 도착 예정 시간은 언제인가?

What is your ETA at pilot station?

③ 도선사다리가 STB'D쪽 수면상 1.5미터 위치에 놓여졌다.

Pilot ladder is rigged on STB'D side 1.5 Mtrs above the water.

④ 타선이 통항하고 있는가?

Is there any other traffic?

⑤ 귀선은 어느 방향에서 접근중인가?

From what direction are you approaching?

⑥ 도선사를 승선시켜야 하나?

Must I take pilot?

⑦ 그렇다. 도선사는 강제적이다.

Yes, you must take a pilot-pilotage is compulsory.

5) Course

① 귀선의 침로는?, 본선의 침로는 000°임.

What is your course? My course is 000°.

② 본선은 침로를 우현으로 바꾸고 있음.

I am altering my course to STB'D.

③ 어떤 침로를 택할 것인지?

What course do you advise?

④ 침로를 변경하였는가?

Have you altered course?

⑤ 현재의 침로를 유지하시오.

Keep your present course.

⑥ 당신 선박에 접근하기 위한 침로는 얼마인가?

What is the course to reach you?

6) Draft and Air Draft

① 귀선의 담수에서의 최대 흘수는 얼마인가?

What is your maximum draft in fresh water?

② 본선은 PORT쪽으로 2도의 경사를 가지고 있다.

I have a list to port of 2 degrees.

7) Manoeuvring

① 귀선의 의도는 무엇인가?

What are your intentions?

② 귀선의 선미에 있는 M/T ACE호는 귀선의 PORT쪽으로 추월하고자 한다.
Ship astern M/T ACE wishes to overtake on your port side.

③ 본선은 조선이 곤란함. 본선을 비켜 가시오.
I am manoeuvring with difficulty. Keep clear of me.

8) Position

① 귀선의 현재 위치, 침로, 속력을 알리시오.
What is your present position, course and speed?

② 식별하기 쉽도록 귀선의 위치를 다시 송신하시오.
Say again your position to assist identification.

③ 당신은 항로상의 중앙에 있습니다.
You are in the center of the fairway.

9) Radar-ship to ship / shore to ship / ship to shore

① 귀선을 본선의 레이더로 확인할 수 없음.
I cannot locate you on my radar.

② 귀선은 전방의 선박에 접근중임.
You are getting closer to the vessel ahead.

10) Others

① 어느 정도의 속력이 좋은가?
What speed do you advise?

② 수심은 충분한가?
Is there sufficient depth of water?

③ 열대성 폭풍 경보에 관한 그 쪽 편의 최신 정보를 알려주시오.
What is your latest tropical storm warning information?

④ 몇 대의 tug가 필요한가?
How many tugs do you require?

⑤ 어느 위치에서 pilot를 승선시킬 수 있습니까?
In what position can I take the pilot?

⑥ 조류가 순조/역조이다.

The tide is with you/against you.

11) 통항분리제도(TSS) 통과중 교신 내용

① 귀선의 Call sign과 선명은 무엇인가?

What is the name of your vessel and call sign?

본선의 선명은 한나라이고 call sign은 D9GV이다.

The name of my vessel is HANNARA and call sign D9GV.

② 귀선은 어느 방향에서 접근하고 있는가?

From what direction are you approaching?

본선은 W entrance로부터 접근하고 있다.

I am approaching from W entrance.

③ 귀선의 목적항과 전 출항지는 어디인가?

What is your port of destination and what was your last port of call?

본선의 목적항은 대만, 기륭이고 전 출항지는 하이퐁, 베트남이다.

My port of destination is keelung in taiwan and My last port of call was haiphong in vietnam.

④ 귀선은 위험화물을 적재하고 있는가?

Do you carry any dangerous goods?

그렇다, 본선은 IMO Class 1.2를 50ton 적재하고 있다.

Yes, I carry the following dangerous goods: 50ton IMO Class 1.2

12) 당직과 선박조종에 관한 위임 및 인계

① 선장이나 officer가 당직을 인계할 때

You have the watch now.

② 당직을 인수받을 때

I have watch now.

13) 화물 및 화물 취급

① 20'/40' 컨테이너를 몇 개 실을 수 있습니까?

How many 20'/40' containers will the vessel load?

② Cargo pump의 pumping 용량은 얼마인가?
What is the pumping capacity of the cargo pumps?

③ 현지 시간으로 12:00에 하역 준비완료 통지를 달라.
Give notice of readiness to load by 12:00 LT.

6. 표준 GMDSS 메시지

1) 표준 조난 메시지

① MAYDAY

② THIS IS

③ 조난선박의 명칭 또는 다른 식별표시

④ 위치에 관한 사항(위도 · 경도로 표시하거나, 잘 알려진 목표물로부터의 방위와 거리로 표시)

⑤ 조난의 종류와 상황, 구조에 필요한 정보 및 기타 구조를 용이하게 하는 사항

2) 표준 조난 메시지의 예문

MAYDAY

- THIS IS TWO-ONE-ONE-TWO-THREE-NINE-SIX-EIGHT-ZERO MOTOR VESSEL "LIBERTY" CALL SIGN DELTA ALPHA MIKE KILO
- POSITION SIX TWO DEGREES ONE ONE DECIMAL EIGHT MINUTES NORTH
- ZERO ZERO SEVEN DEGREES FOUR FOUR MINUTES EAST
- I AM ON FIRE AFTER EXPLOSION
- I REQUIRE FIRE FIGHTING ASSISTANCE
- SMOKE NOT TOXIC OVER

3) 표준 긴급 메시지

① PAN-PAN PAN-PAN PAN-PAN

② ALL STATIONS(3번 반복)

③ THIS IS

④ 조난선박의 명칭 또는 다른 식별표시

⑤ 긴급 메시지

4) 표준 긴급 메시지의 예문

PAN-PAN PAN-PAN PAN-PAN

ALL STATIONS ALL STATIONS ALL STATIONS

- THIS IS TWO-ONE-ONE-TWO-THREE-NINE-SIX-EIGHT-ZERO MOTOR VESSEL "LIBERTY" CALL SIGN DELTA ALPHA MIKE KILO
- POSITION SIX TWO DEGREES ONE ONE DECIMAL EIGHT MINUTES NORTH
- ZERO ZERO SEVEN DEGREES FOUR FOUR MINUTES EAST
- I HAVE PROBLEMS WITH ENGINES
- I REQUIRE TUG ASSISTANCE OVER

5) 표준 안전 메시지

① SECURITE SECURITE SECURITE

② ALL STATIONS 또는 특정 지역의 모든 선박(3번 반복)

③ THIS IS

④ 조난선박의 명칭 또는 다른 식별표시

⑤ 안전 메시지

6) 표준 안전 메시지의 예문

SECURITE SECURITE SECURITE

ALL SHIPS ALL SHIPS ALL SHIPS IN AREA PETER REEF

- THIS IS TWO-ONE-ONE-TWO-THREE-NINE-SIX-EIGHT-ZERO MOTOR VESSEL "LIBERTY" CALL SIGN DELTA ALPHA MIKE KILO
- DANGEROUS WRECK LOCATED IN POSITION TWO NAUTICAL MILES SOUTH OF PETER REEF OVER

제 3 장

선박조종 및 운항

제3장 선박조종 및 운항

3.1 선박조종

선박조종(Ship Maneuvering)이라 함은 선박에 주어진 조종수단을 이용하여 당해 선박을 조종자가 원하는 속력과 방향으로 유지하거나 변화시키는 행위를 의미한다. 선박에 주어진 조종수단의 종류를 열거하면 우선 선박내부에 가지고 있는 요소로서 러더(Rudder, 舵), 앵커(Anchor, 錨), 메인 엔진(Main engine, 主機關) 및 쓰러스터(Bow & stern thruster)가 있고, 외부의 요소로 바람(Wind, 風), 조류(Current, 潮), 천수(Shallow water, 淺水), 제한수로(안벽, 측벽 및 해저경사) 및 선박 상호간의 흡입 반발에 의한 영향 등이 있다. 보통 선박조종성능(Ship maneuverability)을 평가하는 요소로서 침로안정성(Course keeping Quality), 침로변경능력(Turning Ability), 변침성(Yaw Check Ability), 긴급정지성능(Crash Astern Ability, Stopping Ability) 등이 있다.

1. 침로안전성(Course keeping qualities, 保針性)

선박이 갖추어야 할 기본적인 조종성능 중 대표적인 것이 바로 침로안정성(보침성)이다. 선박의 타를 중립위치에 놓고 있으면 선박이 직진하지 않는다. 그 이유는 1축선의 경우 프로펠러가 한 방향으로 회전하므로 그 반력으로 선박은 약간 비스듬히 항진하게 된다. 따라서 선박을 직진시키려면 처음부터 타를 일정한 각도(δ)만큼 틀어놓아야 하는데 이 타각을 Off-set Rudder Angle이라 한다. 이런 상태에서 일시적으로 외부의 충격(External Force- 조류, 바람, 파랑 등)이 작용할 경우 선박은 원래 침로를 유지할 수 있어야 한다. 다음 그림과 같이 외부의 충격 후에 ① 혹은 ②와 같이 움직이면 침로안정성(Course Stable)이 있다 하고 ③과 같이 발산하면 침로가 불안정(Course Unstable)이라 한다. 그리고 선박의 침로안정성을 실험적으로 조사하는 방법으로는 Spiral Test가 있다.

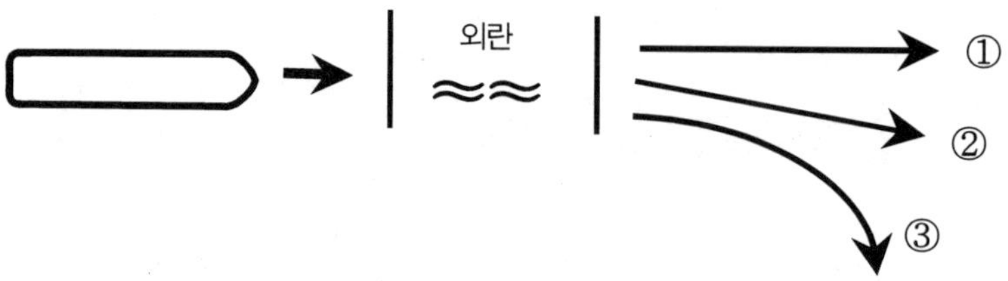

그림 3-1 ● 침로안전성

2. 선회성(Turning Ability)

선박이 갖추어야 할 기본적 조종성능 중 선회성능이란 가능한 작은 선회반경으로 배가 선회할 수 있는 능력이다. 이는 원래 전함의 해전에 관계된 전술 개념에서 시작되었다. 즉, 18세기 이전의 해전은 주로 적함을 발견하면 급히 선회하여, 적함의 옆구리를 들이 받는 것이 주된 전술이었고, 따라서 최소한의 선회반경으로 180° 선회할 수 있는 능력이 요구되었다.

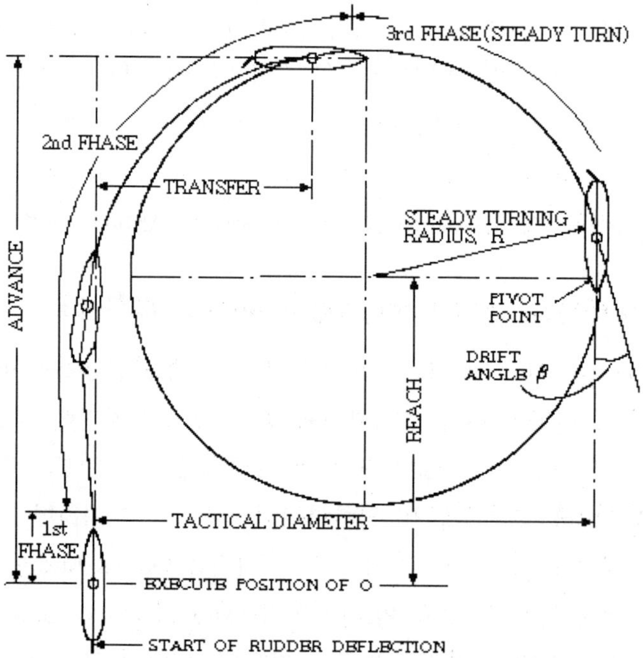

그림 3-2 ● Turning Circle

따라서 직진상태에서 타각을 주면 선박은 선회하면서 그림과 같이 원운동을 하며 이렇게 360° 회전하면서 선박의 무게 중심이 그리는 궤적을 Turning Circle이라 하며, 직진하는 선박에 최대 타각을 발령하여 방위각이 180° 변할 때까지 횡으로 움직인 경우를 전술직경(Tactical Diameter)이라 하고 있다. 그림과 같이 타각 발령 후 90° 앞으로 나간 거리를 Advance, 횡방향으로 이동한 거리를 Transfer라고 한다.

항해중 선박에 타각(δ)을 주면 선박은 선회가 이루어진다. 이 선회운동은 다음과 같이 네 가지 단계로 구분할 수 있다.

1) 진입단계

직선운동 하는 단계로 가속도 및 속도가 없는 시작단계이다.

2) 선회 1단계

이 단계는 타를 돌리기 시작하는 순간으로부터 타각이 최대가 될 때까지의 단계이다. 이 단계에서는 타압(舵壓)에 의한 선회모멘트가 형성되기 시작하는 초기 단계로 편각(Drifting angle, β)이나 선회각속도 r이 발생하지 못한다.

3) 선회 2단계

편각(Drifting angle) β와 선회각속도 r이 발생하는 단계로 또한 배의 속도와 가속도가 존재하여 모든 요소가 외력과 더불어 완전한 효력을 발생하는 단계이다.

4) 선회 3단계

정상 선회가 이루어지는 마지막 단계로 선속과 선회각속도만 존재하는 기간이다.

3. 변침성(Yaw Checking Ability)

조종성능 중 변침성이란 타를 움직였을 때 얼마나 신속하게 새로운 항로로 방향으로 변침할 수 있는 능력으로, 보통 Zig-Zag 시험을 행하여 첫 번째 Overshoot 각과 두 번째 Overshoot 각의 크기로서 판단한다. 다음 그림은 10° −10° Zig-Zag Test를 보여주고 있다. 즉, 직진중인 선박에 우현 10°의 타각을 주어 원침로상에서 방위각이 +10° 변할 때까지 기다린 후 이번에는 좌현 10°로

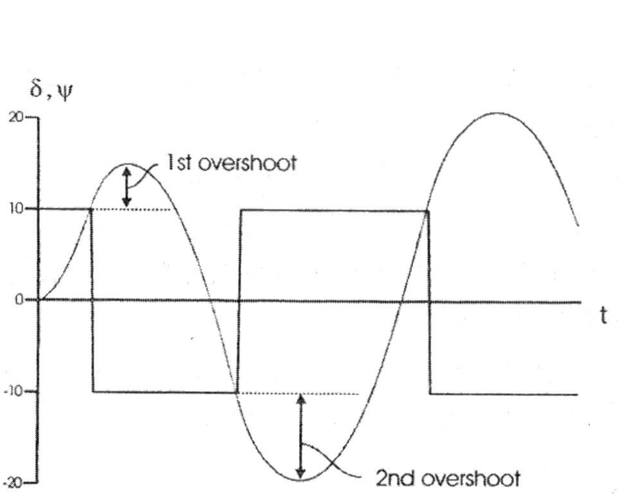

그림 3-3 ● Zig-Zag Test

타각을 준 후 원침로상에서 방위각이 −10°가 될 때까지 기다린다. 그 후 다시 우현 10°로 타를 쓰면 선박은 마치 Zig-Zag로 움직이는 듯한 궤적을 그리고 선수 방위(δ) 변화를 표시한다. 이때 1st Overshoot와 2nd Overshoot를 계측하는데 이들 값이 작을수록 선박의 변침성능이 좋다는 뜻이 된다.

4. 긴급 정지성능(Crash Astern Ability, Stopping Ability)

선박은 운항 중 긴급 상황이 발생하면 정지해야 할 경우가 있다. 보통 선박은 자동차와 같은 강력한 제동장치를 갖지 않으므로, 정지시에는 엔진회전수(RPM)를 0으로 만든 후 프로펠러를 반대방향으로 회전시켜 진행방향의 반대쪽으로 추력을 발생시킴으로써 이 힘으로 선박을 멈추도록 한다. 이때 프로펠러 배출류가 선미부에 부딪히므로 선박이 멈출 때까지 상당거리(Track Reach)를 제멋대로 움직이게 된다. 이 정지성능은 엔진특성 및 정지명령 방법과 관계되어 있으므로 선박 운항자는 본선의 정확한 정지성능을 파악하여 선박조종에 활용할 수 있어야 한다.

3.2 타와 선회운동

1. 타(Rudder)

타는 Propeller의 후부에 장비되어 있으며 Propeller의 후류를 받아 생기는 압력에 의하여 항주중인 선박을 일정한 방향으로 계속 전진하게 하는 기능(Course keeping qualities, 保針能力)과 원하는 방향으로 선박을 선회할 수 있는 능력(Turning circles, 旋回性)을 가지고 있다. 자동차로 비유하면 핸들과 같은 기능을 하는 장치이다.

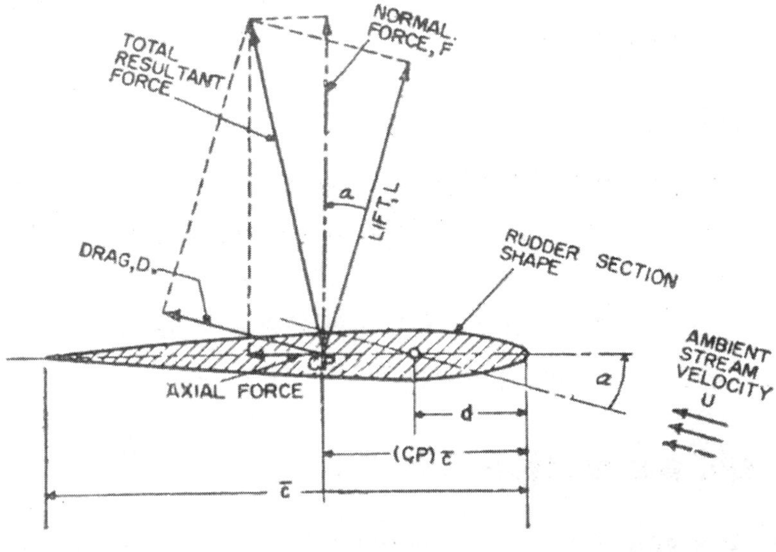

그림 3-4 • 타에 작용하는 압력 성분

그림 3-4와 같이 타판이 수중에서 경사각 α를 가지고 속도 U로 전진할 때에는 물이 부딪히는 면은 정수압보다 높은 압력이 작용하고 그 배면에는 정수압보다 낮은 압력이 작용한다. 이들 압력의 합을 타압(P)이라 하며, 이 타압은 그림과 같이 타판에 직각인 직압력(Normal Pressure : Pn)과 마찰력(Frictional Pressure : Pf)의 분력으로 나눌 수 있고, 또 직압력(Pn)은 수류에 직각인 양력(PL)과 항력(PD)의 성분으로 나눌 수 있다. 그리고 타압의 작용중심 C가 압력중심점이며, 타면 AB가 그 진행방향과 이루는 각 α를 입사각(Attack Angle)이라 한다.

1) 직압력(Normal Pressure)

타판에 작용하는 여러 힘의 기본력이 되며 통상 마찰력은 생략되므로 일반적으로 타압(P)은 직압력(Pn)을 말한다.

2) 마찰력(Frictional Pressure)

물의 점성에 의하여 타판의 표면에 작용하는 힘이나 다른 힘에 비하여 적으므로 일반적으로 생략한다.

3) 항력(Drag)

타의 저항력으로 타각이 커지면 증가하고 조타 중 선체저항 증가의 원인이 된다. 따라서 이 힘이 될 수 있는 한 적어지도록 타판의 외형 및 두께를 정하고 단면을 유선형으로 만든다.

4) 양력(Lift)

선체에 작용하는 횡추력으로서 선체를 회두시키는 우력의 성분이 된다. 따라서 될 수 있는 한 적은 조타각에 대하여 큰 양력이 얻어질 수 있는 타판형상이 요구된다.

이상형의 타로서는 항력이 없고 양력만 있는 것이라 할 것이나 실제로 유체 중에서는 반드시 항력이 발생한다.

2. 타의 형상 및 타면적

1) 타의 형상

타 주위의 유선이 타 후면에서 와류를 만들지 않도록 일반적인 단면형상은 유선형상을 하고 있다. 타의 최대두께(t)/타폭(b)에 대한 실험 결과(0.06~0.25), 항력은 두께가 가늘어질수록 크고, 양력은 최대두께(t)/타폭(b)비가 0.12~0.18일 때 최대인 것으로 조사되었다. 따라서 적합한 최대두께(t)/타폭(b)비는 0.18 정도이다.

2) 타면적

타면적이 크면 타효가 클 것이지만 저항 등의 이유로 일정한 면적을 유지하는 것이 유리하다. 일반적인 선박의 타면적 비율은 대형여객선 : 1/50~1/60, 일반상선 1/60~1/70, 군함 1/30~1/50 정도이다.

$$\text{타면적 비율} = \frac{A}{L \cdot d}$$

여기서, A : 타면적, L : 수선간장(L, B, P), d : 만재시의 평균흘수(m)

3. 타압에 의한 선체운동

1) 선회운동

선박에 타각을 주면 선체는 선회운동을 시작하는데, 이 선회운동은 타압에 의한 회전우력에서 발생한다. 일반 상선에서는 실제 최대유효타각이 35°정도가 되도록 Rudder Post를 설치하는 것이 일반적이나 최근에는 타각 35°를 초과하는 특수한 타가 보편화되고 있는 추세이다.

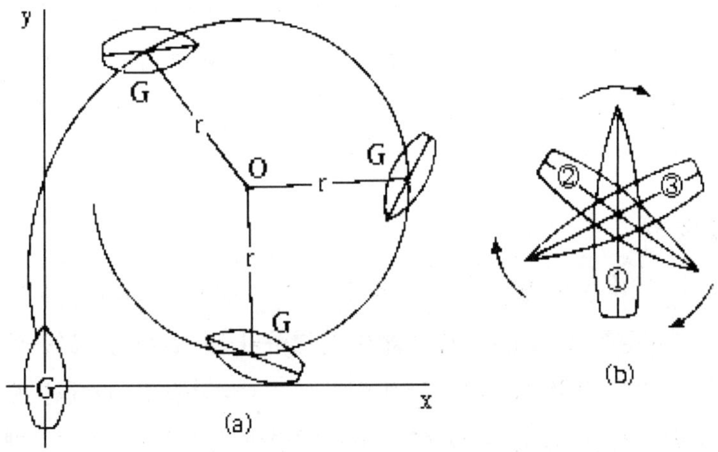

그림 3-5 ◉ 타압에 의한 선체운동

2) 감속현상

선박이 선회하기 시작하면 타의 직압력, 선회원심력, 선체 저항 등의 선수미 선상의 분력이 모두 직진저항으로 작용하므로, 추력이 일정할 경우 속력은 감소되고 정상선회가 되면 일정하게 된다. 일반 상선의 최대타각에서의 속력감소는 30~40%, VLCC의 경우에는 70~80%에 이른다. 천수구역에서 선회반경은 커지고 감속률은 적어진다. 무한수심에서 타각 35°시 속력감소 50%인 선박이 H/D(수심/흘수비)=1.3에서 20%감소, H/D=2.0에서 30% 감소한다.

3) 횡이동

직진 중 전타하면 타압의 횡방향분력이 선체 중심 G점에 작용하여 우력을 형성함과 동시에 횡방향의 선체 가속도를 일으킨다. 이 횡이동에 대하여 물의 저항도 커지고 이것이 횡방향분력과 같아지면 가속도는 영이 되고 측방향 이동은 최대가 되어 일정하여진다. 이 때문에 항주 중 선박이 전타하면 그 무게중심이 원침로로부터 회두 방향과 반대방향으로 일단 이탈하는데 이 현상을 Kick 라 한다.

선박 운항 중에 Kick 현상을 이용하는 경우는 다음과 같다.

① 항해중 선외로 사람이 빠졌을 시 프로펠러에 빨려 들어가는 것을 방지하기 위하여 물에 빠진 현측으로 전타하여 선미를 Kick-out시킨다.

② 항해중 돌연 선수전방 가까운 거리에 장애물을 발견하여 이를 급히 피하여야 할 경우 우선 어느 한쪽으로 급전타시켜 선수를 비켜나가게 하고 장애물이 선수를 통과할 즈음 다시 반대현으로 전타하여 선미를 Kick-out시켜 선미접촉을 피하도록 한다.

4) 횡경사

전타선회하면서 항주하는 선체가 그 전타선회로 인하여 일으키는 횡경사는 서로 반대방향으로 일어나는 초기 횡경사와 말기 횡경사로 구분된다. 이러한 초기 및 말기 횡경사는 대형선에 있어서는 GM값이 클 때에는 주의하지 아니하면 똑똑히 볼 수 없다. GM값이 적은 대형선이 선회운동을 할 때에는 횡경사는 명백하고 크게 나타나는데, 특히 원목수송선 등에서는 이 현상 때문에 위험을 느끼게 된다.

5) 추진기의 회전수 감소

속력이 감소되면 프로펠러의 슬립은 증가하고 또 타가 프로펠러의 바로 뒤에 있을 경우 전타에 의해 프로펠러의 후류가 교란되는 등의 원인으로 프로펠러 자체의 추력이 일정한 경우 와류의 부하를 받아 회전수가 감소된다.

4. 선회권의 용어

1) 전심(轉心, Pivoting point)

선체가 선회할 경우 순수하게 원운동만 하지 않고 횡이동(橫移動)도 하면서 하게 되는데 이때 역학적 회전중심과 외관상 회전중심의 위치가 상이한데 여기서 우리는 외관상 회전중심의 위치를 전심이라고 한다. 통상 선박에서의 전심 위치는 선체중심(G)에서 선수방향으로 $\frac{1}{3}$L지점에 위치한다.

2) 편각(偏角, Drifting angle)

선체가 선회시 선체중심(G)의 이동방향과 선수미선이 만드는 협각을 말한다. 통상 편각(β)의 크기는 5°~15°정도로 나타난다.

3) 선회종거(旋回縱距, Advance)

전타 점에서 선수방위가 90° 증가되었을 때까지 선체가 진행한 거리를 말한다. 즉 전타 점에서 좌표를 만들면 종거는 y축상에서의 이동거리가 됨을 알 수 있다.

4) 선회횡거(旋回橫距, Transfer)

전타 점에서 x축상으로 이동한 거리를 의미한다.

5) 선회경(旋回徑, Tactical diameter)

전타 점에서 선수방위가 180° 증가되었을 때까지 선체가 x축상으로 진행한 거리를 말한다.

6) 정상선회경 (正常旋回徑, Final diameter)

선회각속도(旋回角速度)가 일정할 때 선박이 만드는 선회궤적의 직경을 말하며 통상 정상선회경은 선회경의 80~85% 내외이다.

7) 킥(Kick)

타압으로 인한 횡압력 및 원심력의 합과 전진 속도의 내향성분과의 차에 의해서 발생하는 현상으로 선회전 선회중심(G)이 선회축 바깥으로 밀리는 거리를 의미한다. 이 현상을 이용하여 사람이 물에 빠졌을 때 혹은 선수부근에 갑작스런 장애물과 조우시 킥을 이용하여 피항 조선한다. VLCC의 경우 대각도 변침시 킥량은 상당히 커서(선미킥의 경우 80미터 이상) 부이(buoy) 부근에서의 대각도 변침할 경우 특히 주의를 해야 한다(일례로 East bound로 Malacca strait의 Phillip channel 통항시 buoy를 보며 대각도 변침을 실시하는데 VLCC나 LNGC 경우 굉장히 주의하여 조선해야 한다. 특히 강풍 및 강조류시에는 더욱더 주의를 요함은 물론이다).

8) 리치(Reach)

전타 시작위치에서 정상선회권 중심까지 원침로에서 y축상으로 전진한 거리를 말하고 타효의 추종성 척도가 된다. 즉 타효(舵效)가 좋은 선박이 리치가 짧다.

3.3 앵커의 종류 및 운용

앵커(Anchor)는 정박지에 정박할 때뿐만 아니라 좁은 수역에서 선박을 회전시키거나 접·이안의 수단이며 또한 선박의 전진 속력을 긴급히 감속하고자 할 때 보조수단으로 사용된다.

1. 앵커의 종류와 명칭

1) 스톡 앵커(Stock anchor) 및 스톡리스 앵커(Stockless anchor)

스톡의 부착 유무에 따라 스톡 및 스톡리스 앵커로 구분되며, 스톡리스 앵커는 스톡 앵커에 비해 파주력은 떨어지나 투·양묘시 취급이 간편하고 앵커가 해저에 있을 때 앵커와 앵커 체인이 엉키지 않으며, 얕은 수심에서 앵커 암(Arm)이 선저를 손상시키는 일이 없으므로 대형선에서 많이 쓰인다. 그리고 스톡리스 앵커는 형상에 따라 ASS(Admiralty Standard Stockless) Type과 AC(Admiralty Cast) Type으로 분류된다.

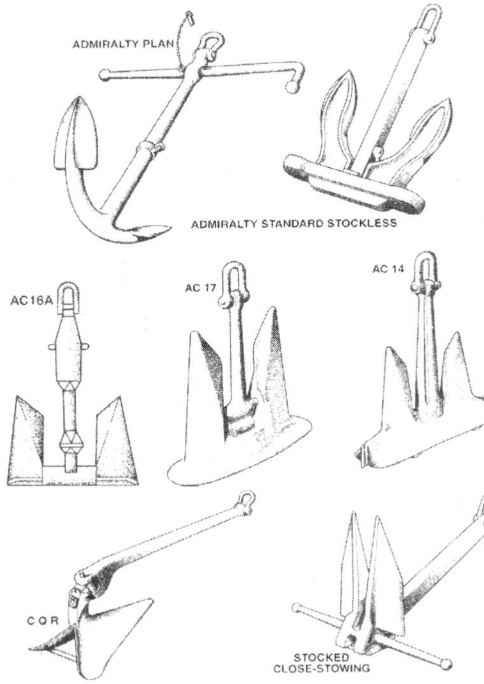

그림 3-6 ◦ 앵커의 종류

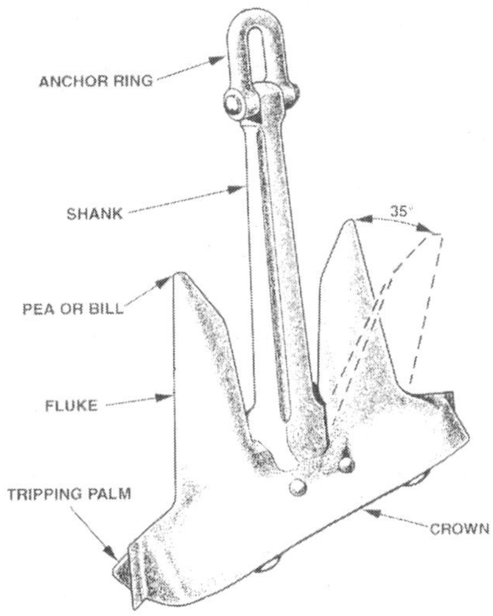

그림 3-7 ◦ 앵커의 각 부 명칭

2) 앵커 체인(Anchor chain)과 구성

앵커 체인에는 그 체인을 구성하는 각 링크(Link)의 중앙에 스터드가 있는 것(Stud link)과 스터드가 없는 것(Studless link)이 있다. 스터드는 링크의 강도를 약 15% 증대시키고, 또 체인이 엉키는 것을 방지한다.

1 샤클의 길이는 종래에는 25m로 구성되어 왔지만 현재는 거의 27.5m로 구성되어져 있다. 대부분의 선박에서의 각 현의 앵커는 앵커 체인과 앵커 샤클에 의하여 앵커링에 연결되고 각 샤클은 연결용 샤클에 의해 연결된다. 체인의 최종단은 센하우스 슬립(Senhouse slip)으로 체인 로커의 측벽 또는 바닥에 견고히 접속된다.

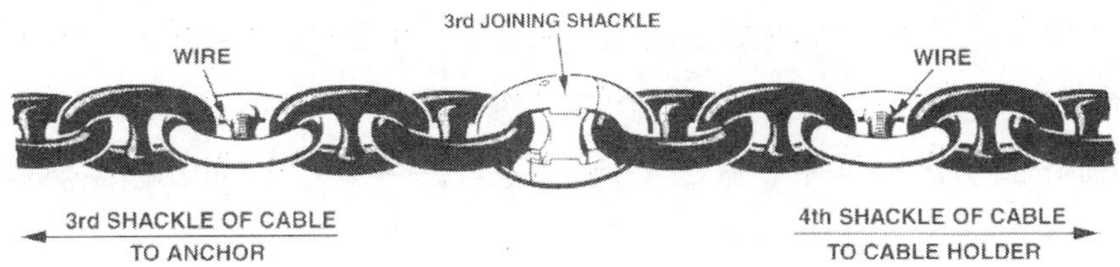

그림 3-8 ◦ Chain cable marking 방법

2. 앵커의 용도(用途)

선박조종의 관점에서 본선을 조종할 수단 가운데 중요한 것을 언급하면 앵커(Anchor, 錨), 프로펠러(Propeller) 및 타(Rudder, 舵) 등을 들 수 있는데, 특히 앵커는 특별한 경우를 제외하고 항상 사용이 가능하고 Propeller, rudder와는 달리 고장 확률이 거의 없어 신뢰할 수 있는 가장 중요한 조종수단이라고 하겠다.

접안 작업 중 선장은 항상 앵커를 염두에 두고 비상시 사용할 마지막 수단으로 간주한다. 항해사는 항상 앵커의 관리 및 사용법에 관하여 관심을 갖고 있어야 하며 이에 대한 중요성 또한 잊지 말아야 할 것이다.

1) 전/후진타력 억제

선박의 접/이안 작업 중 부두 및 타선과 충돌의 위험성이 있을 때, 전/후진타력을 억제하여 사고를 방지할 목적으로 사용한다.

2) Dragging

접/이안 작업시 타력을 억제하고 선속을 감소시킬 목적으로 앵커(묘)를 해저에서 끌면서 사용한다.(입·출항시 회두억제)

3) 대각도 회두

좁은 수역에서 대각도 회두하여 출항하거나 혹은 협소한 선회장(旋回場, Turning basin)에서 대각도로 회두할 시 회두하려는 현의 묘를 투하하여 사용한다.

4) 선체의 고박

투묘지 혹은 수심이 허락하는 해역에서 본선을 정지할 목적으로 사용하며, 황천 혹은 태풍 피항시에도 사용한다.(정박 및 황천)

3. 묘박 형태에 따른 분류

선박은 특수한 경우(군함, oil rig, 해저작업선 등)를 제외하고 선수부 양현(좌.우현)에 한 개씩, 갑판상에 예비로 1개 도합 3개의 묘를 보유하고 있다. 여기에서는 일반 상선에서 일반적으로 사용되는 투묘법에 대하여 설명한다.

1) 단묘박(Anchoring with single anchor)

가장 일반적인 방법이며 양현 묘 가운데 하나를 사용하여 묘박하며 바람과 조류에 의하여 Swinging이 있어 넓은 수역을 필요로 하는 단점이 있으나 작업이 단순하고, 신속하게 양묘가 가능하며, 비상대응능력이 수월한 장점을 가진다. 선장들은 투묘시 대체로 좌현묘를 사용하는데 그 이유는 후진투묘시 선체가 우회두하는 배수류의 측압작용(lateral wash of discharging current)을 이용 손쉽게 투묘작업을 마칠 수 있기 때문이다.

2) 쌍묘박(Mooring)

선수 양현 묘를 상당한 거리(각도)를 두고 투하하는 묘박법으로 협소한 구역에서 좁은 공간을 효과적으로 이용할 경우에 사용된다. 이 방법은 풍조(風潮)에 의해 선수방향이 바뀌지 않아 묘박 중 하역작업이나 항내의 협소구역을 이용할 수 있는 장점이 있으나 투묘작업이 복잡하고, 장기간 정박하면 Foul anchor가 되기 쉽고, 황천시 응급조치에 시간이 걸리는 단점이 있다.

3) 2묘박(Riding at two anchors)

황천(태풍)시 혹은 많은 파주력이 요구될 때 사용하는 묘박법으로 양현 앵커를 같은 길이로 신출하여 장력을 최대로 발생할 수 있도록 한다.

4) 굴레법(Bridle)

황천(태풍)시 혹은 강 풍조에서 사용하는 묘박법으로 선체의 Swing을 감소시켜 주묘(走錨)를 효과적으로 방지하기 위한 방법이다. 양현 묘 가운데 한쪽 앵커를 투묘한 후 다른 쪽 앵커는 수심의 1.5배 정도 신출하여 앵커가 선체의 Yawing에 따라서 계속 해저를 끌도록 함으로써 저항을 만들어 Swing각도를 줄여 주묘를 방지한다.

4. 투묘법(投錨法)

1) 전진 투묘법

선박이 전진타력이 있는 상태에서 투묘하는 방법이며 정확한 위치에 투묘할 수 있는 장점이 있으나, 전진타력에 의한 힘으로 묘 또는 묘쇄의 손상우려가 있어 대형선박에서는 사용하지 않고 소형 상선에서 일반적으로 사용한다. 이 투묘법은 투묘지점에 정확히 투묘할 수 있는 장점이 있다.

2) 후진 투묘법

가장 일반적인 투묘법이며 대부분의 상선에서 사용되고 있는 방법으로 선박에 후진타력을 주어 선체를 후진시키면서 장력이 미칠 때마다 체인을 내어주는 투묘법이며 위에서 설명하였듯이 선체가 후진하면(Astern engine) 배수류의 측압작용에 의해 선수가 우회두하는 현상을 이용하기 위하여 좌현묘를 사용하는 경우가 많다. 이 경우 후진속력은 선박의 크기 종류에 따라 다르며 대략 1knot 내외면 크게 무리가 없을 것이다. (소형선의 경우에는 조금 더 클 수 있겠고, 대형선은 이보다는 적어야 할 것이다.)

3) 심해 투묘법

수심이 50미터 이상의 해저에 투묘할 경우 일반적으로 심해투묘라고 하며 투묘작업에 상당한 주의가 요구되는 투묘법이다. 일례로 심해투묘법이 가장 많이 실시되는 항구로는 중동 입구의 Fujayrah항이 있는데 그 항구는 대형 VLCC 등이 장기 대기(Waiting), 벙커링(Bunkering), 기부속(Spare parts) 및 소모품 등의 수급을 많이 하는 항구로 항 부근의 수심이 100미터 내외인데 그곳에서 투묘 작업 중 부주의로 묘를 잃어버리는 경우가 종종 발생하기도 한다.

투묘 형태를 보면 전진투묘든 후진투묘든 앵커를 Cock bill상태 혹은 묘를 수면에 잠긴 상태에서 선장의 명령으로 Let go anchor하는 것이 일반적인 방법이나 우리가 알고 있듯이 묘의 파주력(Holding power)은 해저의 저질, 묘 및 해저에 박힌 묘쇄의 수중무게에 의해 좌우되며 앵커를 Let go하든 Walk-back 하는 것과 큰 차이를 보이지 않는다. 그러므로 대형 상선의 경우에는 특별한 경우를 제외하고는 Walk-back let go anchor하는 것이 좋을 것으로 사료된다.

4) 투묘용어(投錨用語) 및 명령 응답

① Cock bill

② Hold on anchor

③ Brought-up anchor

④ Up & down anchor

⑤ Anchor aweigh (aweigh anchor)

Order	Answer back
Stand by starboard(port) anchor!	Stand by starboard(port) anchor! Stand by starboard(port) anchor, sir!
Let go starboard(port) anchor!	Let go starboard(port) anchor!
	Two shackles in water, chain direction 3 o'clock & tension moderate, sir!
Hold on, five shackles in water!	Hold on, five shackles in water! Hold on, five shackles in water, sir! Brought-up anchor, sir
Clear f'cle(forecastle)!	Clear f'cle(forecastle)!
Stand by heave in port anchor1	Stand by heave in port anchor! Stand by heave in port anchor, sir! Hive shackles in water, chain direction 3 o'clock & tension moderate, sir!
Heave in anchor!	Heave in anchor! Heave in anchor, sir! Up & down anchor, sir!
Clear f'cle(forecastle)!	Clear f'cle(forecastle)!

3.4 선체 저항

선박이 일정 속력으로 항행할 경우에 발생하는 저항을 이겨낼 수 있는 추진력을 갖는 것이 선박 설계의 중요한 과제라 할 수 있다. 그러므로 일정 속력으로 항행 중인 선박의 전체 저항을 분석하는 것은 매우 중요한 사항이며, 일반적으로 저항은 수면 하부의 물의 저항과 수면 상부의 공기 저항으로 분류할 수 있다. 특히 수면하부의 물로부터 받는 저항은 배의 전체 저항의 대부분을 차지하며, 선박의 저항을 분류하는 방법은 다음과 같이 종래의 방식과 현대식 방법으로 분리할 수 있다.

① 종래의 방식(William. Froude)

전체 저항 = 마찰저항 + 잉여저항(조파저항 및 조와저항) + 공기저항

② 현대식 방식(G. Hughes)

전체 저항 = 점성저항(마찰저항 및 형상저항) + 조파저항 + 공기저항

선박의 저항은 선박의 형상에 기인하는 마찰저항, 수면에 생성되는 파도로 인한 조파저항, 선체표면의 급격한 형상 변화로 발생하는 소용돌이로 인한 조와저항, 유체의 점성 때문에 발생하는 점성저항 및 공기의 저항으로 인한 공기저항으로 분리되며, 각각의 저항 성분을 간략하게 정리하면 다음과 같다.

1. 마찰저항(Friction Resistance)

선체의 침수면에 닿는 물의 부착력이 선체의 진행을 방해하여 나타나는 점성 때문에 생기는 저항으로 침수면의 매끄러움에 반비례해서 증가한다. 저속일 때에는 전체저항의 대부분이 이 마찰저항으로 이루어지나 고속이 되면 조파저항이 커지기 때문에 전체저항에 대한 비율은 감소한다. 마찰저항은 선체 형상, 수면 하 선체 표면적, 선저 및 침수면의 상태(침수면의 거칠음이나 매끄러움에 따라 저항의 차이가 심하며 근래 도료의 개량에 따라 해조류 등에 의한 선저오손 등)에 따라 영향을 받는다.

2. 조와저항(Eddy-making Resistance)

선체가 수중을 진행할 때에는 선체와 수분자와의 부착력에 의하여 선체에 접근하여 있는 수분자와 떨어져 있는 수분자간에는 속도의 차이가 생기고 선미에 이르게 되면 멀리 떨어져 있는 수분자는 와동(渦動)을 하게 된다. 이 부분의 압력은 유선의 압력보다 낮고 이 압력 감소로 인하여 선체는 전방으로부터 후방으로 힘을 받게 되는데 이를 조와저항이라 한다.

3. 조파저항(Wave-making Resistance)

선박이 수면을 항주할 때에는 수면부근의 물분자는 착란되고 정지상태의 물분자와의 사이에 압력의 불균형이 생겨 물 분자는 운동 상태가 되어 파를 생기게 한다. 선박의 선수와 선미부에서는 이로 인하여 八字형으로 퍼져나가는 발산파를 만든다. 또한 이와 별개로 선측의 유선운동에 의하여 생기는 압력변화로 인해 수표면에 승강이 일어나서 수립자의 관성과 중력의 작용으로 부수적인 파가 생기는데 선수미 방향에 직각방향으로 전파하며 이를 횡파라 하며, 진행

속도는 선속과 같아서 선체에 대한 상대위치가 일정하므로 정지파라고도 한다.

4. 공기저항(Air Resistance)

수면상에 노출된 선체의 부위, 즉 Superstructure, Freeboard, 기타 갑판상 여러 구조물은 선박이 진행하면서 공기저항을 받는데, 바람이 없을 때는 전체 저항에 대한 비율이 약 1% 정도이나 바람이 강할 때에는 전체저항 중 상당한 비율을 차지한다. 특히 공선상태에서는 영향이 커져서 공선시 풍력 3~4에서 받는 저항은 반재시의 풍력 5~6, 만재시 풍력 7~8의 저항과 같다고 한다.

$$Ra = 1/2\ \rho aCaVa^2(A\cos^2\theta + B\sin^2\theta)$$

단, Ra : 공기저항(kg), ρa : 공기밀도(0.125kg · sec^2/m^4),
Ca : 저항계수(θ에 따라 변함), Va : 상대풍속(m/sec),
A : 선체정면풍압면적(m^2), B : 선체측면풍압면적(m^2),
θ : 선수미선에 대한 상대풍향

이상의 각종 저항이 항행 중인 선체에 미치는 영향을 백분율로 표시하면 다음과 같다.

① 마찰저항 : 저속화물선 80%, 고속화물선 40~50%
② 조파저항 : 저속화물선 10~15%, 고속화물선 50~40%
③ 와저항 : 2~10%
④ 공기저항 : 1%

3.5 계류줄과 예인선의 활용

1. 계선줄의 종류와 역할

선박을 부두에 고정하고 유지하기 위해서는 계선줄(Mooring line)이 사용된다. 계선줄은 선박의 법적 비품으로서 선박의 크기에 따라서 일정한 장력을 가져야 하며, 일반 선박에서는 와이어 로프보다는 합성 섬유 종류의 로프를 많이 사용한다. 계선줄의 종류와 잡는 위치 및 역할은 다음과 같다.

1) Head line(선수줄)

선수로부터 전방 부두에 묶는 계선줄을 헤드라인 또는 바우라인(bow line)이라고 부르며 선수 부분을 우선 부두에 접하여 붙어 있게 함과 동시에 선체가 뒤쪽으로 움직이는 것을 막아준다.

2) Stern line(선미줄)

선미에서 내어 후방 부두에 묶는 계선줄을 스턴라인이라고 하며, 선미 부분을 우선 부두에 접하여 붙어 있게 함과 동시에 선미가 앞으로 움직이는 것을 막아준다.

3) Fore spring line(선수뒷줄), After spring line(선미앞줄)

선수에서 내어 후방 부두에 묶는 계선줄을 포어 스프링라인이라고 하며 마찬가지로 선미에서 내어 전방 부두에 묶는 계선줄을 애프터스프링라인이라고 한다. Fore 스프링라인은 Stern 라인과 마찬가지로 선체가 전방으로 움직이는 것을 막는 역할을 하며, 애프터스프링라인은 헤드라인과 같이 선체가 후방으로 움직이는 것을 막는 역할을 한다.

4) Breast line(옆줄)

선수 및 선미에서 부두에 거의 직각 방향으로 잡는 계선줄을 말하며, 선수 부근에서 잡는 줄을 포워드 브레스트 라인(Forward breast line)이라고 하고, 선미에서 잡는 줄을 애프터 브레스트 라인(After breast line)이라고 하며 횡풍을 부두쪽으로부터 받고 안벽에 접안이 잘 이루어지지 않을 때 Breast line을 잡고 끌어당기게 된다.

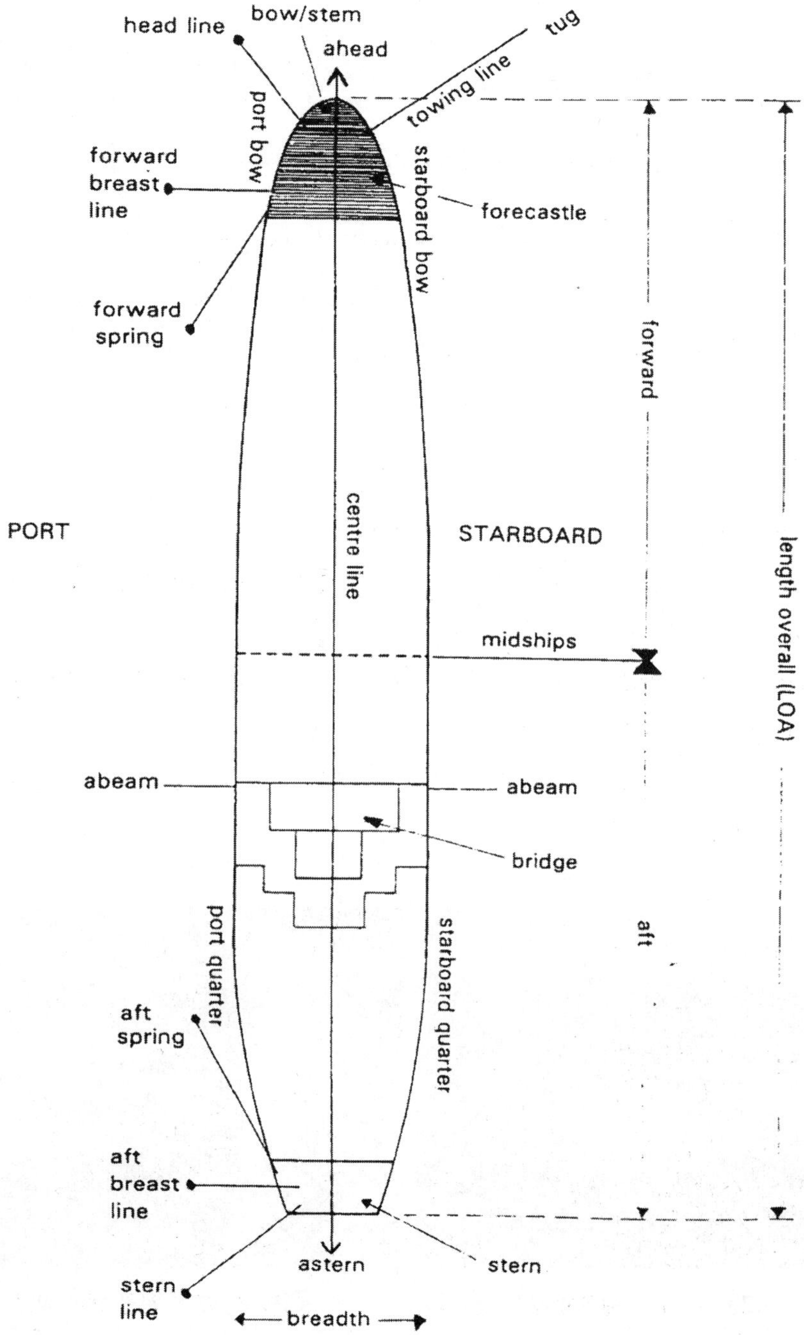

그림 3-9 ● 계선줄(Mooring line)의 명칭

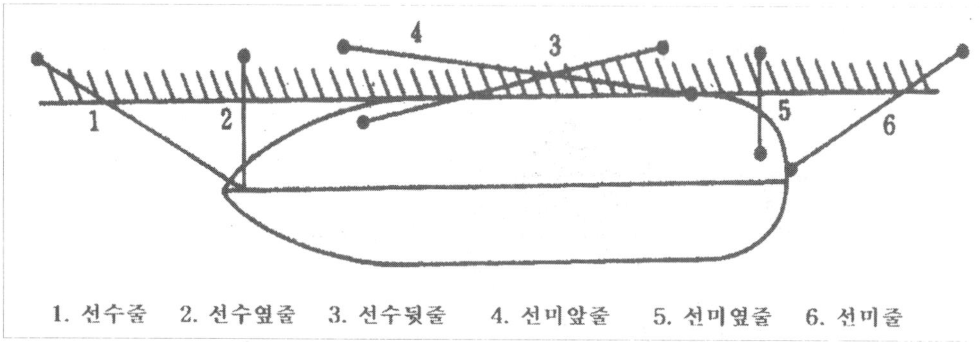

그림 3-10 ● 계선줄의 종류

2. 예인선

일반적으로 우 선회 단 스크루 프로펠러(Right handed single screw propeller)의 추진기만 갖고 있는 선박은 이 추진기와 키(Rudder)만으로 좁은 항내 수역에서 외력을 받으며 안전하게 접안, 이안 조종을 하기는 매우 힘들다. 그러므로 이때에는 예인선의 보조를 받아서 선박의 안전한 조종을 하며, 특히 대형선은 예인선의 보조가 필수적이다.

예인선은 타의 보조, 타력의 제어 및 횡방향으로 선체를 이동시키는 역할을 할 수 있다.

그림 3-11 ● 예인선

그림 3-12 ● 접안 예선 작업

3. 계류설비(繫留設備, 埠頭)의 종류

선박의 계류설비는 크게 계류부표(繫留浮標)와 계안시설(繫岸施設)인 부두(埠頭)로 나눌 수 있다.

1) 계류부표(繫留浮標, Mooring buoy)

접안시설이 부족한 항내에 설치하는 설비로 최근에는 특수한 경우를 제외하고는 설치되지 않으며 부산항 북방파제 안쪽에 설치되어 운용되고 있다. 하역을 하기 위해서는 바지가 본선에 접안해야 하고 작업이 복잡하나 다음과 같은 이점이 있다.

① 항내의 수역을 능률적으로 사용할 수 있다.
② 항내를 정리하고 항로를 보호하여 통항의 안전을 확보한다.
③ 항의 관리를 용이하게 한다.
④ 화물의 종류에 따라 박지(泊地)를 편리한 곳에 만들 수 있다.
⑤ 해저의 저질이 불량한 곳, 또는 조석차가 강한 곳이라도 강력한 부표를 설치하고 계류지로서 편리하게 이용할 수 있다.

2) 계안시설(繫岸施設)

(1) 부두(Wharf)

안벽이나 잔교(棧橋) 등의 접안시설과 육상창고 및 하역시설을 포함하여 통칭할 때 부두라고 한다. 협의(狹義)로는 안벽(岸壁)과 동의어로 사용된다.

(2) 안벽(Quay or wall)

해안선에 평행 또는 직각방향으로 만들어지고 해저로부터 수직하게 콘크리트벽을 쌓아 올린 것이다. 특히 해안선에 직각으로 된 것을 돌제안벽(突堤岸壁)이라고 한다.

(3) 잔교(棧橋, Pier)

수중에 목조나 콘크리트기둥을 세우고 그 위에 Beam 또는 Girder를 놓고 시멘트나 판자로 덮어서 만든 구조로 잔교 밑에는 물이 통하는 점이 안벽과의 차이점이다.

(4) 돌핀(Dolphin)

해저에 파일(piles)을 세워 만든 계류시설로 주로 Tanker, LPG, LNG & Chemical Tanker의 접안설비로 이용된다.

(5) 제티(Jetty)

해안선에 돌출한 방파제를 겸한 소규모 계류설비(物揚場)로 소형선 및 Barge의 접안 및 양하장으로 사용한다.

(6) SBM(Single Buoy Mooring, SPM)

항내의 수심이 낮아 심 흘수(통상 20미터 내외)를 가진 대형 VLCC 탱커용 부두(주로 돌핀)를 건설할 수 없을 때 이/접안설비로 사용된다.

(7) STS Berth(ship to ship transfer)

수심이 낮아 대형선 입/출항이 불가능한 강 하구에 대형선박을 정박시켜 부두 대용으로 사용하는 경우가 있는데 접안선박의 입장으로 볼 때 피접안선박은 부두설비로 간주될 수 있다.

4. 선박의 계류설비

1) 윈치(Winch)

본선 계류삭(繫留索)을 감아놓은 설비로 이를 이용하여 육상으로 계류삭을 내어주거나 장력을 주어 감을 수 있으며, 유압(油壓)이나 전기로 구동하며 통상 윈치 한 대에 좌우 계류삭 2본을 감아놓는다.

2) 캡스턴(Capstan)

대형선박을 제외하고 통상 선박에는 선수에 윈드라스(windlass)를 겸한 윈치가 2대 설치되며 선미도 2대의 윈치를 설치한다. 이 때 윈치에 감아놓은 계류삭(Hawser)보다 많은 줄을 잡아야 할 때 필요한 설비이다. 통상 캡스턴은 독립된 구동력을 가지고 있다.

그림 3-13 ● 선박 윈치(Winch)

그림 3-14 ● 캡스턴(Capstan)

3) 페어리드(Fair-leader)

윈치에서 육상으로 계류삭을 내어 줄 때 계류삭을 보호하고 원활한 작업을 위하여 본선 현측 끝단부에 설치하는 일종의 굴레이다.

4) 비트(Bitt)

접/이안 작업시 Tugboat line을 본선에 걸거나 캡스턴으로 잡은 계류삭을 고정시킬 때 사용한다.

그림 3-15 ● 비트(Bitt)

그림 3-16 ● 페어리드(Fair-leader)

5) 볼라드(Bollard)

부두에 설치되며 본선에서 내어준 계류삭을 고정시키는데 사용한다.

그림 3-17 ● 볼라드(Bollard)

그림 3-18 ● 파나마초크(Panama chock)

6) 파나마초크(Panama chock)

원래는 파나마 운하 통과시 안벽에 설치된 전동기차의 와이어(wire)를 잡기 위해 강제적으로 설치한 것으로 그 외의 용도로는 본선에 Tug line을 잡을 때 주로 사용한다.

3.6 외력 및 환경의 영향

선박이라는 유체에 떠 있는 물체를 조종하기란 참으로 어렵다. 하물며 본선 자체로도 조종이 안되는데 외력(外力)의 영향(影響)을 받으면 그것은 더욱더 복잡해지고 어려움이 가중된다 하겠다. 그러나 어쨌든 선장이나 도선사 혹은 항해사들은 선박을 안전하게 조종하여 소기의 목적을 달성해야 한다. 그런 면에서 선체가 받는 외력을 잘 분석하여 이러한 본선에 미치는 외력이 부담만 주는 것이 아니고, 이것을 선박조종에 이용할 수 있도록 해야 진정한 항해사가 되는 것이 아닌가 한다. 선체가 받는 외력을 대별하면 바람의 영향(風), 조류의 영향(潮), 천수의 영향(淺水), 안벽의 영향(岸壁) 및 타선에 의한 영향(他船)으로 나눌 수 있다.

1. 바람의 영향

선박이 항주 중 바람을 받으면 풍향/풍속에 따라 선체에 나타나는 현상은 달라진다. 일반적으로 선박이 저속력으로 진행하는 경우 약간의 바람만 받아도 선체는 주로 풍하쪽으로 회두하여 조선이 곤란하게 된다. 바람을 받으면서 항주중인 선박은 풍압, 유압 및 타압(舵壓) 등이 균형을 이루고 항해를 하게 된다. 이러한 풍압 및 유압을 모멘트를 상쇄하기 위하여 적절히 타를 사용하면 정침이 가능하지만 대응타각을 신속하고 적절하게 주지 아니하면 선수는 풍상 또는 풍하로 회두하게 된다. 따라서 조선자(操船者)는 바람에 의한 선체의 회두작용을 충분히 인지하여 당시의 상황에 적합하게 적의(適宜) 조치하여야 한다. 조선시 고려해야 할 바람의 회두작용은 다음과 같다.

① 선박이 일정한 전진속도로 진행할 때에는 물 저항의 작용점이 풍압 중심보다 선수 전방에 위치하므로 선수는 풍상측으로 회두한다. 또한 풍향이 횡방향에서 정횡에 가까워질수록 풍상측 회두현상은 더 강해진다(이 경우 선수가 풍상측을 향한다기보다 선미가 풍하쪽으로 떨어진다고 생각하는 것이 옳다. 즉 전진타력이 있을 경우 선수부의 압력이 선미부의 압력보다 훨씬 크기 때문에 저압인 선미부가 풍하쪽으로 쉽게 향한다).

② 선속이 풍속에 비해 상대적으로 작은 경우에는 수저항의 작용점이 선체중심에 가까워지므로 선수가 풍하로 떠밀린다.
(이 경우 선미부의 압력이 선수부의 압력보다 크기 때문이다).

③ 정지중에는 정횡 후방 10~20° 방향에서 바람을 받으면서 표류한다.

④ 후진중은 선미가 풍상측을 향한다. 이 현상은 풍력 3~4 정도에서 현저하다.

⑤ 앞바람을 받을 때에는 뒤바람을 받을 때보다 타효가 좋다.

2. 조류의 영향

해류(海流, Ocean current)는 대부분 연안에서 다소 떨어져 흐르고, 유속도 크지 않기 때문에 선박조종에 크게 영향을 미치지 않는다. 그러나 주로 조석간만의 차(潮汐差, tide)에 의하여 만들어지는 조류(潮流)는 연안지역에서 현저하며 특히 협수로, 조차가 큰 수역 등에서 강하게 나타난다. 또한 항내 혹은 항계부근을 항해중인 선박의 속력은 적기 때문에 조류의 영향을 크게 받으므로 다음 사항을 고려하여 조선한다.

① 조류는 선체를 조류의 흐름방향으로 이동시킨다(압류).

② 선수방향에서 조류를 받을 때에는 대응 타효가 적절하게 발생하나 선미방향에서 조류를 받을 때에는 타효가 저하되므로 큰 대응타각을 주어야 한다.

3. 천수(淺水)의 영향

수심이 얕은 천수(Shallow water) 해역에서 선박이 항주할 때에는 다음과 같은 몇 가지 조선상 불리한 현상이 나타난다. 즉 선박이 수심이 깊지 않은 해역을 항주할 때에는 선저의 유속이 증가하고 그로 인해 마찰저항이 커지며 선저압력이 낮아진다. 또한 선저하의 유속증가로 인해 와류(渦流)와 난류(亂流)가 발생하여 와(渦)저항이 증가한다. 그 결과 흘수가 증가하고 속력이 감소되며 타효가 저하되고 선체가 진동하게 된다.

1) 선체침하(船體沈下, 吃水增加)

선저를 흐르는 유속이 증가되어 압력이 감소(저압)하여 선체가 침하되고 흘수가 증가되어 물에 의한 마찰력이 증가한다.

2) 선속(船速)의 감소(減少)

물에 의한 마찰력이 증가하여 저항으로 작용함으로써 결과적으로 선속의 감소를 초래한다.

3) 타효불량(舵效不良)

선미부근의 교란류(攪亂流, Turbulence stream) 증가에 의한 타압의 증가로 침로안정성(保針性)은 증가하나 선회성(旋回性)은 저하된다.

4) 천수영향이 나타나는 수심

일반적으로 H/d(수심/흘수비)가 2.0 이하에서 현저하게 나타난다.

5) 천수영향에 대한 대책

① 저속항행(2~3knots 내외)

② 여유수심의 확보(흘수의 10%)

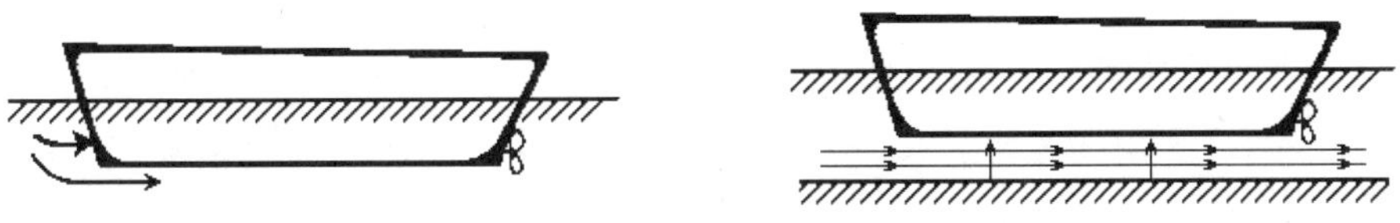

그림 3-19 ◦ 천수의 영향

③ 가능하면 Tide 고려하여 통과 혹은 입항

④ Swell, Heeling 및 Trim을 고려

⑤ 대각도 변침 지양

4. 제한수로(制限水路)의 영향

1) 안벽의 영향

부두 접근시 선수부의 압력이 선미부보다 크기 때문에 선미가 안벽에 접근한다.

2) 운하 등에서 측벽영향(Bank effect)

선체가 가까운 측벽으로부터 받는 반발 및 흡인작용을 총칭하여 측벽영향이라고 한다. 즉 수로의 폭이 제약될 때는 선체주위의 유선변화(流線變化)가 심하고 불안정 Moment가 커져 선박의 침로 안정성이 매우 저하된다.

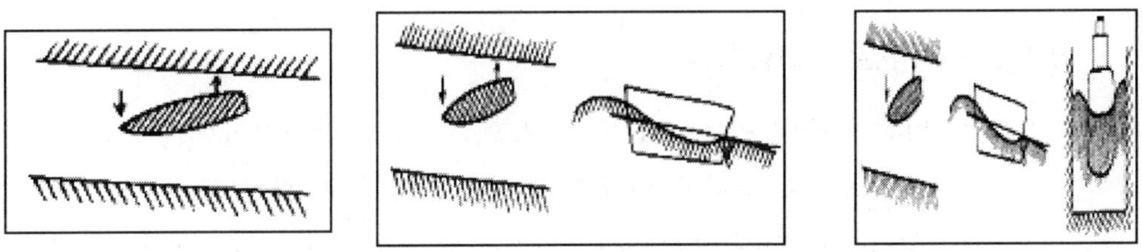

그림 3-20 ◦ Bank Cushion

3) 해저경사의 영향

선박이 해저경사가 있는 수역을 항해하게 되면 수심이 낮은 수역에서의 수류의 움직임이 원활하지 못해 흐름이 반대 현보다 늦어 압력이 높아져 결국 선수는 수심이 깊은 쪽(압력이 낮은 쪽)으로 편향하게 된다.

5. 선박 상호간(相互間)의 영향

선박이 대수속력을 가지면 선박의 형태에 의하여 선체주위에 흐르는 물의 속도가 달라 베르누이의 정리에 따라 압력차가 생기는데 선수부의 압력이 가장 높고, 선미, 선체중앙 순이다.

1) 타 선박과 교행의 경우

① 양 선박의 선수부 고압부가 상호 간섭하여 반발력이 작용 선수는 바깥으로 벗어나려는 힘이 작용한다.

② 선수 고압부와 선체중앙의 저압부가 상호작용하여 고압부에서 저압부로 흡입, 양 선박은 접근한다.

③ 양 선박의 중앙 저압부가 작용하여 흡입력이 작용하나 횡압력이 작용하여 선체는 갑자기 접근하지는 않는다.

④ 선미 고압부와 선체중앙 저압부가 작용 흡입력이 발생한다.

⑤ 양 선박의 선미 고압부가 상호작용하여 두 선박은 반발한다.

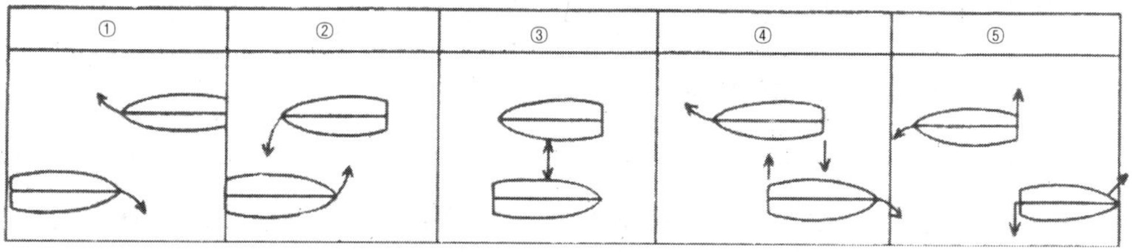

그림 3-21 ◦ 선박상호작용(교행)

2) 타 선박 추월시(병렬항해)

① 양 선박의 선수/선미부 고압부가 상호 간섭하여 반발력이 작용 위 선박의 선수는 안쪽으로 향하고 아래쪽 선박은 바깥으로 향한다.

② 선수 고압부와 선체중앙의 저압부가 상호작용하여 고압부에서 저압부로 흡입, 양 선박은 접근한다.

③ 양 선박의 중앙 저압부가 작용하여 흡입력이 작용하여 충돌위험이 존재한다. 특히 대형선박이 소형선박을 추월할 경우 상당히 위험하다.

④ 선미 고압부와 선체중앙 저압부가 작용 흡입력이 발생한다.

⑤ 양 선박의 선미 고압부가 상호작용하여 두 선박은 반발한다.

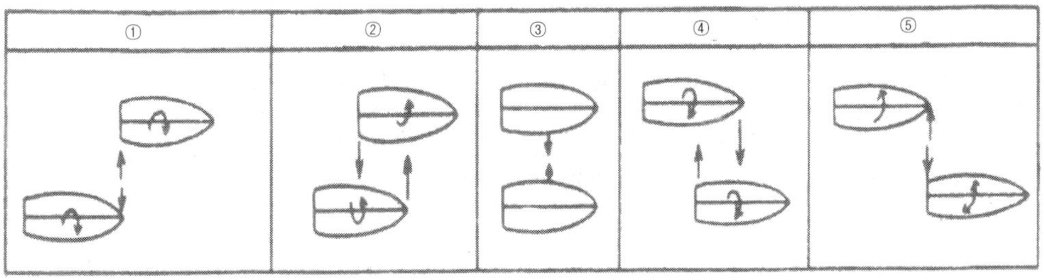

그림 3-22 ● 선박상호작용(추월)

3.7 특수 상황에서의 조종

1. 황천 조종

1) 파랑 중에서의 선체운동

물 위에 떠 있는 배가 파도를 받으면 선체는 동요하게 된다. 그림 3-23과 같이 선체의 무게 중심점(G)을 통하고, 선 · 수미 방향을 향하는 직선을 x축, 좌우 방향을 향하는 직선을 y축, 상하 방향을 향하는 직선을 z축으로 잡으면, 선체의 운동은 이 3축 상의 이동 및 회전 운동으로 나눌 수 있으며, 이러한 6자유도 운동 중에서 선박의 안전에 주요한 영향을 미치는 것은 3가지의 회전운동이다.

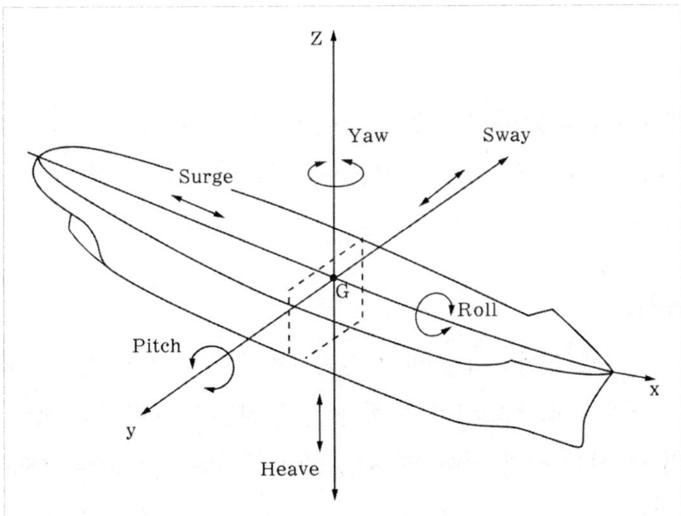

그림 3-23 ● 선체의 6자유도 운동

(1) 횡동요(Rolling) 운동

X축 방향을 축으로 하여 좌우 교대로 회전하려는 횡경사 운동이며, 선박의 복원력과 밀접한 관계가 있으며, 이 운동으로 인하여 적재된 화물이 무너지고 최악의 경우에는 선박이 전복되기도 한다.

(2) 종동요(Pitching) 운동

Y축 방향을 축으로 하여 선수 및 선미가 상하로 교대로 회전하려는 종경사 운동으로, 선속을 감소시키고 선체와 화물을 손상시키며, 심하면 선체 중앙 부분이 부러지는 사고가 일어날 수도 있다.

(3) 선수동요(Yawing) 운동

Z축 방향을 축으로 하여 선수가 좌우 교대로 선회하려는 왕복 운동을 말하며, 이 운동은 선박의 보침성과 깊은 관계가 있으며, 보침성이 나쁜 선박은 협수로 통과나 다른 선박과의 근접 통과시의 조종 등에 있어서 어려움이 있다.

2) 파랑중의 위험 현상

(1) 동조 횡동요

선체의 횡동요 주기가 파도의 주기와 일치하여 횡동요각이 점점 커지는 현상을 동조 횡동요(Synchronized rolling)라고 한다.

(2) 러칭

선체가 횡동요중에 옆에서 돌풍을 받든가 또는 파랑중에서 대각도 조타를 하면 선체는 갑자기 대각도로 경사하게 되는데 이러한 현상을 러칭(Lurching)이라고 한다.

(3) 슬래밍

황천중 선체가 선수파를 받고 고속으로 항주할 때 종동요중에 선수 선저부에 강한 선수파의 충격을 받아 급격한 선체 진동을 수반하며 이로 인한 과도한 응력을 받아 선수 선저 등에 손상을 초래하는 현상을 슬래밍(Slamming) 현상이라고 한다.

(4) 브로칭

선박이 파도를 선미로부터 받으며 항주할 때에 선체 중앙이 파도의 마루나 파도의 오르막 파면에 위치하면, 급격한 선수 동요에 의해 선체는 파도와 평행하게 놓이는 수가 있으며 이러한 현상을 브로칭(Broaching)이라 한다.

(5) 스크루 프로펠러의 공회전

선박이 파도를 선수나 선미에서 받아서 선미부가 공기 중에 노출되어 스크루 프로펠러에 부하가 급격히 감소하면 스크루 프로펠러는 진동을 일으키면서 급회전을 하게 된다. 이러한 현상을 레이싱(Racing)이라 한다.

2. 황천시의 피항조선

1) 항해중 황천이 예상될 때 선장의 판단

① 저기압 또는 황천의 종류와 정도
② 예보 및 계절을 참작한 예상진로
③ 자선의 감항성 정도
④ 부근의 지리적 조건 및 피난지 유무

2) 황천 항해중 파랑 속에서의 조선법

(1) 선수에서 받을 때

Longitudinal Strength가 가장 큰 문제가 되고, 선수부에 작용하는 파괴적인 충격과 Screw Propeller의 Racing이 문제가 된다.

① 풍랑을 정선수로부터 2~3점 방향에서 받도록 한다.
② 속력을 떨어뜨린다.
③ 타는 서서히 사용하고 급격한 대각도 타 사용은 피한다.
④ 충격작용이 심하면 침로를 바꾸어 추종파를 받도록 조선한다.

(2) 선미쪽에서 받을 때

Longitudinal Strength 역시 문제가 되고 Racing이 훨씬 심하여지면 타를 손상시킬 염려가 있다. Pooping down(파가 선미부를 덮어씌우는 현상)도 Slamming에 못지않게 위험을 줄 수 있다.

① Racing을 줄이기 위해 풍랑을 Quarter에서 받도록 한다.
② Racing이 심하지 않으면 Speed를 최대로 유지한다.

3) 황천시 회두조선(Turning in heavy seas)

폭풍권내에서 파의 운동은 예측하지 못하고 방향도 상이하다. 또한 파장속력 및 파고도 전부 상이하다. 만약 이런 부분파들의 방향이 일치하면 큰 파를 형성하는데 어떤 부분은 일치하여 대형파를 형성하고 어떤 부분은 파정(Crest)과 파곡(Trough)이 일치하여 상쇄 감소하는 결합효과를 나타내는데 이런 현상을 파의 Grouping이라 한다.

실무 조선에서는 파도의 Grouping 현상을 파악하고 회두조선을 하면 용이하다. 폭풍권내에서 본선을 회두할 때 선회권을 감소, 신속한 선회를 위해서는 "Full rudder 및 Burst or Kicks of propeller"로 행한다. 그러나 무엇보다 중요한 것은 선회시기의 판단이다(The time of the turn). 특히 Grain carrier는 Grain의 Heeling moment로 인하여 대각도 횡경사 우려가 더 크므로 선회 조선시 한층 더 주의를 하여야 한다.

3. 황천돌파시의 조선법

거센 풍랑에 대하여 충분한 복원력을 확보하고서 파를 선수로 받으면, 파의 충격으로 선체나 타, 추진기 등에 손상을 초래한다. 또한 속력을 떨어뜨려 파의 작용을 완화시키면 보침성이 저하되어 파곡에 가로눕는 Broaching 현상을 초래하기 쉬워 위험하게 된다.

따라서 충분한 복원력을 확보하는 동시에 파에 의한 충격을 완화시킬 수 있는 조치를 취하여 해면이 조용해질 때를 기다리거나 또는 적극적으로 황천을 조금이라도 빨리 탈출할 수 있는 수단을 강구하여야 한다.

이와 같은 조치로서 종래부터 사용되어온 기본적인 방식으로 Heave-to, Scudding(順走) 및 Lie-to가 있다.

1) Heave-to

선수를 풍랑에 향하게 하여 타효를 가질 수 있는 최소의 속력을 가지고 전진하는 방법이다. 풍랑을 정선수로부터 2~3점 정도의 사방향으로 받는 자세가 좋다. 황천 조치로서 Heave-to의 방식은 다음과 같다.

① 파랑에 대한 자세를 취하기 쉬운 것
② 풍하측으로 표류가 적고, 풍하측에 충분한 수역이 없을 때에 편리하다.
③ 파를 향하여 항주하므로 선수의 파에 의한 충격작용을 완전히 피할 수 없고 해수의 갑판상 침입을 막을 수 없다. Heave-to는 선체의 길이가 길고 선수류가 높은 선박에서 유리한 방식이다.
④ 너무 감속하면 보침이 곤란하고 Beam sea(선체가 대각도 횡경사하여 Beam이 거의 수직으로 되는 상태를 말하고 이러한 상태는 전복되기 쉬운 상태다)가 될 위험이 있다.

2) Scudding

Scudding은 풍랑을 Quarter에서 받으며 파에 쫓기는 자세로 항주하는 항법이다.

① 선체가 받는 파의 충격작용이 현저히 줄어든다. 따라서 충격작용 때문에 Heave-to가 곤란하면 이 방법을 취한다.
② 상당한 속력을 유지하여도 좋으므로 태풍권 탈출에 유리하다.
③ 반면 Pooping down에 의한 위험을 초래할 수 있다.
④ 보침성의 저하와 Broaching to가 유발될 수 있다. 추종파를 받을 때는 보침성이 저하되고 Yawing이 심하여져서 broaching to로 되어 Beam sea가 되기 쉬우므로 조심하여야 한다.

3) Lie-to

Lie-to라 함은 황천 속에서 기관을 정지하고, 선체를 풍랑하로 그대로 표류시키며 풍랑에 저항하지 않는 방법이다. 그러나 이러한 방법을 채용하는 선박은 거의 없다.

4) RRR 법칙

북반구에서 풍향이 우전(R, 순전)하면 본선은 우반원(R, 위험 반원)에 위치해 있다. 이때는 바람을 우현 선수(R)로 받으면서 조선하여 태풍 중심에서 멀어지도록 하는 태풍 피항법이다.

5) LLS 법칙

풍향이 좌전(반전) (Left)하면 본선은 좌측 반원(Left)에 위치, 풍랑을 우현 선미(Stem)에 받고 피항한다. LLRs 법칙(Lift, Left, Right stem)으로도 표시한다.

6) Dove의 법칙

북반구에서 태풍 진로의 우측에서는 풍향이 시계방향으로 돌고 좌측에서는 반시계 방향에서 분다.

7) Buys-Ballot 법칙

태풍의 중심 방향을 알 수 있는 방법으로 북반구에서 바람을 등지고 양팔을 벌리고 서면 왼팔의 전방 20~30° 전방에 태풍(저기압)의 중심이 있다.

4. 각종 Check List

1) 악천후 조우시 Check List

표 3-1 ● 악천후 조우시 Check List

NO.	확인 및 조치사항	이행 여부	
		YES	NO
1	조우가 예상되는 악천후의 정도 및 예상 진로 파악을 위한 기상정보는 입수하였는가?		
2	본선의 감항성에 따른 예정 항로상의 피항지 및 피항 항로는 검토하였는가?		
3	해치 카버 및 갑판상 개구부의 수밀 상태는 확인하였는가?		
4	갑판상 배수구는 배수에 지장이 없도록 준비되었는가?		
5	갑판적 화물에 대한 라싱 상태를 재점검하고 보강하였는가?		
6	갑판상의 하역기기 및 속구, 기타 선용품은 이동이 없도록 고박되었는가?		
7	유동수의 영향을 방지키 위해 발라스트 탱크를 "FULL" 또는 "EMPTY"로 유지했는가?		
8	악천후에 대비한 기관의 준비, STEERING MOTOR 및 발전기의 병렬 운전은 준비되었는가?		
9	악천후를 피하기 위한 조선법은 적절히 운용되고 있으며 필요시 적의 감속하였는가?		
10	기상 악화시 선박 동정 보고는 지시대로 보고되고 있는가?		
11	선장은 상기 사항을 직접 확인하고 지휘 감독하였는가?		
	특기 사항 :		

2) 시계 제한시 Check List

표 3-2 • 시계 제한시 Check List

NO.	확인 및 조치사항	이행 여부	
		YES	NO
1	안개, 눈, 폭우 등에 의한 시계 제한시 시간 및 조치 내용을 항해일지에 기재했는가?		
2	현재의 시계 불량 상태를 선장에게 보고하였는가?		
3	필요시 견시원 및 필요 부서에 적정 인원을 배치하였는가?		
4	당직 기관사에게 연락하고 항시 기관을 사용할 수 있도록 준비하였는가?		
5	RADAR/ARPA 및 무중 신호를 작동하고, 항해등을 점등하였는가?		
6	레이다 화면상에서 레이더 플로팅을 실시하였는가?		
7	타선 접근시의 상호 교신 방법은 강구되었으며, VHF 청취 당직은 이행하고 있는가?		
8	타선 및 위험물을 충분히 회피할 수 있도록 안전속력으로의 항행을 계획하였는가?		
9	확실한 정보로 주변 상황을 정확하게 파악하고서 항행하였는가?		
10	현재의 항행 침로가 타선과의 박근 상태를 배제한 가장 합당한 침로인가?		
11	선장은 상기 사항을 직접 확인하고 지휘 감독하였는가?		

특기 사항 :

3) 협수로 통항시 Check List

표 3-3 ◉ 협수로 통항시 Check List

NO.	확인 및 조치사항	이행 여부	
		YES	NO
1	해당 협수로의 수로서지 및 관련 정보를 수집, 분석, 확인하였는가?		
2	적정 항로와 침로로 통항을 계획하였는가?		
3	통항분리방식이 채택된 해역에서는 법규대로 통항을 계획하였는가?		
4	경험의 유무, 본선 성능 및 주변 상황을 감안하여 적절한 통항 시기를 결정하였는가?		
5	선장은 협수로 통항 전 선장 호출 지점을 지정하였는가?		
6	기관의 준비, STEERING MOTOR 및 발전기의 병렬 운전은 준비되었는가?		
7	육상 STATION의 각 REPORTING POINT 및 사용 주파수 등은 확인되었는가?		
8	조타, 항통 장비 및 등화는 사전 점검되었으며, 고장시의 대책은 마련되었는가?		
9	필요시 견시원의 배치 및 필요 부서의 인원 배치 계획은 마련하였는가?		
10	안전 운항을 위한 적정 속력의 유지 계획은 세웠는가?		
11	타선 접근시의 상호 교신 방법 및 근접 선박의 피항 방법은 강구되었는가?		
12	선장은 상기 및 기타 필요 사항을 통항 전 선교에서 직접 확인하고 조선에 임했는가?		

특기 사항 :

제 4 장

선박 관리

제4장 선박 관리

4.1 선박의 입거 및 수리 검사

1. 입거의 목적

입거(入渠, Dry docking)란 운항중인 선박이 선체, 기관, 기타 설비의 보수와 수리, 선저의 부착생물 제거와 도장, 선박안전법이 규정하는 검사 등을 위하여 조선소의 독(Dock)에 들어가 독내의 물을 모두 배수하고 선체가 완전히 공기 중에 노출되게 하여 수리 및 검사를 행하는 작업이며 또한 충돌, 좌초 등의 불의의 사고에 의한 긴급수리를 위하여 입거를 하기도 한다.

그림 4-1 • Dry dock 입거 중

선박은 원칙적으로 정기검사 및 중간검사를 위하여 매 2~3년마다 선체를 입거하여 검사를 받아야 한다.

2. 입거시 수리

① 선체(외판 부착 생물 제거 및 도장, Ballast tank 검사, 만재 흘수선 등)
② 배수 설비(각종 선외 밸브 및 관련 펌프)
③ 조타, 계선 및 양묘 설비(Rudder, Anchor, winch/windlass)
④ 구명 및 소방 설비
⑤ 항해용구(항해 기기)
⑥ 위험물, 기타 특수화물의 적재 설비(Cargo hold)
⑦ 하역 작업 설비(적/양하 기기)

3. 입거시 검사

1) 정기검사

정기검사(定期檢査, Special survey)는 선박안전법에 의하여 선체 및 기관, 설비 및 속구, 만재흘수선, 무선 설비 등에 관하여 행하는 정밀한 검사이다. 정기검사의 유효 기간은 5년(어선에 대해서는 4년)으로 하고, 선박제조 중 등록검사를 받은 선박의 최초의 정기검사를 제1차 정기검사로 하고, 그 후로 순차적으로 번호를 붙여서 구분한다.

2) 중간검사

중간검사(中間檢査, Intermediate survey)는 정기검사와 정기검사와의 중간에, 매 1년 단위로 행하는 비교적 간단한 검사로서 제1종 중간검사와 제2종 중간검사로 구분한다.

(1) 제1종 중간검사

입거하여 선저검사를 포함한 정기검사를 받은 후부터 2~3년 사이에 받는 선체 검사로서 입거하여 검사한다. 이 검사를 한국선급 규정에서는 그냥 중간검사(Intermediate survey)라고 한다. 검사 항목으로는 선체 및 기관, 설비 및 속구, 만재흘수선, 무선전신전화 설비 등이 있다.

(2) 제2종 중간검사

정기검사나 제1종 중간검사를 받은 날로부터 1년이내의 기간에 받는 검사로서 입거상태가 아닌 물 위에 뜬 상태에서 검사를 행한다. 이 검사를 한국선급 규정에서는 연차검사(年次檢査, Annual survey)라고 하며 검사 항목은 주로 양하장치, 만재 흘수선, 무선전신전화 시설 등이다.

3) 특수선 검사

특수선 검사는 일반 선박을 임시로 여객운송과 같은 특수한 용도에 사용하고자 할 때 행하는 검사로서 다음의 경우에 행한다. 이 검사는 항해의 목적에 따라 필요한 거주, 위생, 구명 및 소방 설비 등 인명안전에 관한 설비에 대하여 시행한다. 따라서 검사 준비는 그 때마다 해운관청의 지시에 따라서 행한다.

4) 임시검사

임시검사는 다음과 같이 선박의 요목, 항행구역, 만재 흘수선, 무선설비 등의 변경이 있을 경우나, 해운관청이 특별히 필요하다고 인정할 경우에 행하는 검사이다.

5) 제조검사

제조 검사는 여객선 및 길이 24미터이상 선박의 제조자(製造者)가 선박의 제조에 착수한 때부터 선체, 기관, 배수설비 및 만재 흘수선의 표시를 필요로 하는 선박의 만재 흘수선에 관하여 제조검사를 받는 것을 말한다.

4.2 선박의 부식과 오손

1. 선체 부식의 원인 및 종류

선체는 주로 강, 철 및 경금속 또는 목재 등에 의하여 구성되어 있으나 항상 해수와 접촉하며 습윤한 공기에 둘러 쌓여 있으므로 각종 물리적인 원인과 화학적인 원인으로 인하여 선체가 녹이 슬거나 썩게 되는데 이를 부식(腐蝕)이라 한다.

강선의 부식으로 금속의 부식은 금속이 화합물로 변화하여 금속 자체가 붕괴하는 현상을 말한다.

1) 산화작용

금속의 부식은 산화작용에 의한 녹(Rust)의 형성으로 나타나므로 금속의 부식 정도는 각 금속의 산소와의 화학적 친화력에 의하여 좌우된다.

① 온도의 영향 : 온도의 상승도 부식을 촉진시킨다. 온도가 상승하면 해수의 점성이 감소되어 산소의 확산속도를 증가시키므로 화학반응의 속도가 증대하기 때문이다.
② 건습작용의 영향 : 강재에 물과 공기가 교대로 접촉하면 부식은 촉진된다. 이것은 수중에 산소의 용해량이 증대하기 때문이다.
③ 교란 및 응력의 영향 : 교란이 부식을 촉진시킨다는 것은 이것이 산소의 용해량을 증대시킴과 동시에 부식 생성물을 제거 또는 파괴하기 때문이다.
④ 불순물의 영향 : 물 속에 불순물(Co_2, SO_3, NaCl, $MgCl_2$ 등)이 있으면 강의 산화가 촉진된다. 청수보다 해수가 강의 부식을 촉진하는 것은 잘 알려진 현상이다.

2) 전식작용

이종의 금속이 전해질 수용액 중에 있을 때는 그 양자간에는 전기 현상이 일어나 전류는 전기적 양성의 금속에서 전기적 음성의 금속으로 흐른다. 그 결과 전기적 양성의 금속의 표면은 이온화(Ion化)하여 침식된다. 이와 같이 금속의 이온화에 의하여 행해지는 부식을 전기화학적 부식이라 하며 이와 같은 부식 작용을 전식작용(電蝕作用)이라 한다.

2. 선체 부식의 방지법

강선의 방식에서 강선의 부식은 금속의 산화작용에 의한 녹과 전식작용이 주원인이므로 다음과 같은 방법으로 방식(防蝕)을 실시한다.

① 강철면에 방청용의 각종 페인트를 도장하여 보호피막을 만들어 물 또는 공기, 산소와의 접촉을 끊는다.
② 특히 부식이 심한 부위에는 아연 또는 주석 도금을 한 것을 사용한다.
③ 프로펠러나 키(Rudder) 주위에는 철보다 그림과 같이 이온화 경향이 큰 아연판(Zinc plate)의 양극금속을 부착시켜서 전식작용에 의하여 철 대신 아연판이 부식되도록 한다.

그림 4-2 ● 타와 선미부에 취부한 아연판

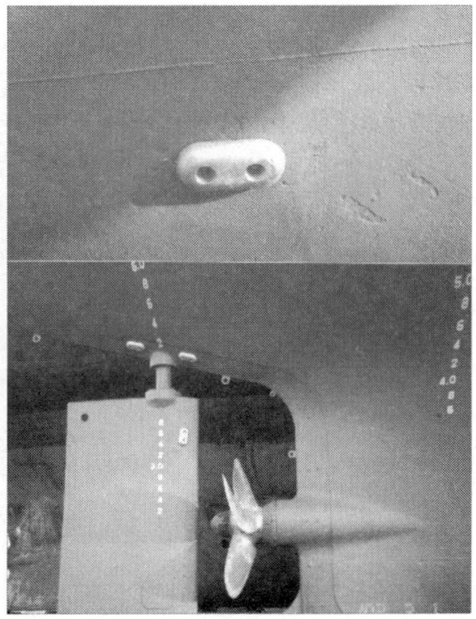

그림 4-3 ● 아연판과 선미부분 부착상태

④ 고순도의 마그네슘 또는 아연의 양극(陽極) 금속을 이용하여 전반적인 선체 외판이나 탱크의 부식을 막는 방법도 많이 사용한다.

⑤ 일반 화물선에서는 건조한 공기의 강제 통풍에 의하여 화물창내의 습도를 줄여서 화물의 변질을 방지하고 방식의 효과도 거두고 있다.

4.3 선박의 정비와 보수

선박의 경제성을 높이고 수명을 연장하기 위해서는 선체 정비를 꾸준히 지속하여야 한다. 선박의 보수에는 입거를 필요로 하는 대규모적인 것과 본선 선원들에 의해서 자체적으로 행하는 보수 정비가 있다.

1. 외판 정비

선체의 외판은 크게 수선상부, 수선부 및 선저부 등의 3부분으로 나눈다.

1) 수선상부

수선상부(水線 上部, Topside area)는 항상 수면 위에 떠 있는 부분이므로 부식의 발견이 쉽고 또 정비가 용이하지만, 각종 시설물과의 마찰로 페인트가 쉽게 벗겨지고 부식도 일어나기 쉽다. 또한 이 부분은 선박의 이미지를 좌우하는 곳이므로 오명과 부식을 자주 정비하여 항상 깨끗하게 유지해야 한다.

특히 외판에 표시되어 있는 각종 만재 흘수선 및 흘수표, 건현표, 선명, 선창 격벽표시, 바우스러스터 표시, 구상선수 표시, 예인선의 접이안 보조작업 위치 선적항 및 IMO NO. 등은 항상 선명하게 유지해야 한다.

2) 수선부

선체의 수선부(水線部, Boot-top area)는 흘수 변화 및 파랑에 의하여 건습작용, 염도 변화, 온도 변화 등이 빈번하게 일어나는 부분이므로 도막이 물리적, 화학적으로 약화되기 쉽고 부식작용도 촉진되며 또한 장기간 정박을 할 경우 해조류가 도막이 벗겨진 부분에 집중적으로 부착하여 선체의 마찰을 증가시키므로 선속 감소의 원인이 되기도 한다.

이 부분의 정비는 항해중에는 거의 불가능하며 또한 항구에 정박시에도 대부분의 항구에서 항내 페인트 작업을 금하고 있으므로 힘들므로 대부분은 입거기간 중에 정비를 행하고 있다.

3) 선저부

선저부(船底部, Bottom area)는 화물의 적양하에 관계없이 항상 수면하에 잠겨 있는 부분으로 수선부에 비하여 부식이 적게 일어나지만, 프로펠러 주위와 같이 다른 종류의 금속이 접합된 부위에서는 전식작용에 의한 부식이 일어나기 쉽다.

선저부에 있어서 가장 큰 문제는 해조류의 부착에 의한 오손으로, 선원들만의 힘으로는 평소에 정비가 불가능하고, 다만 입거(入渠, Dry docking)시에만 가능하다. 그러나 특별히 열대지역에서 장기간 정박함으로써 선저오손이 심하여 선속 저하에 큰 영향을 줄 때에는 잠수부에 의한 임시 선저청소를 실시할 수도 있다.

이 선저부의 정비를 위해서는 A/F 페인트보다 방오효과가 훨씬 뛰어난 특수 페인트인 SPC(Self Polishing Copolymer)페인트를 칠하여 해조류에 의한 선저 오손을 방지하고 있다.

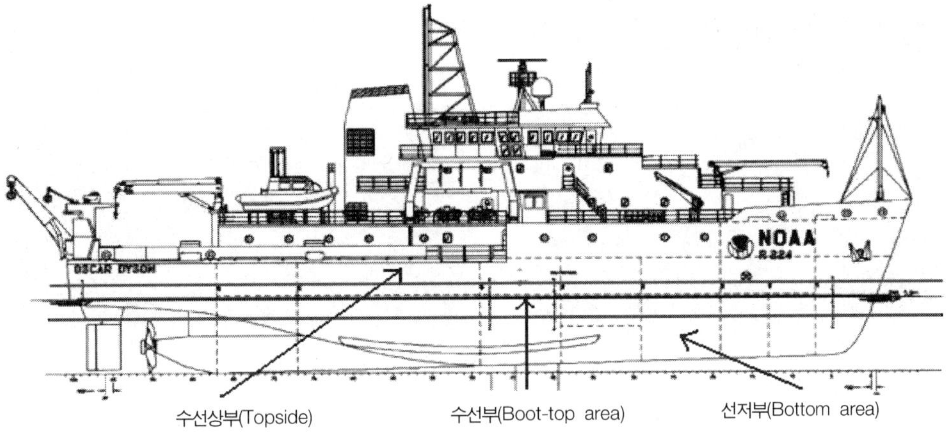

그림 4-4 ◦ 선체 외판의 페인트부

2. 선체 도장 목적

선체 도장은 선체의 보존 정비를 위해서 필요한 작업으로 선체에 페인트를 칠하는 것을 말하며 장식, 방식, 방오가 그 주된 목적이다.

1) 장 식

선체에 도장하는 각종 페인트는 안료에 의하여 여러 가지 색깔을 나타낼 수 있다. 그러므로 선박의 종류에 따라서 선체의 각 부분을 적당한 색깔로 도장하여 외관상 보기에 아름다움을 느끼게 한다. 그리고 그 선박에 승무하고 있는 선원들에게도 작업 능률을 높이고, 선상 생활의 즐거움과 안락함을 느끼게 한다. 특별히 연돌이나 선측외판에는 그 선박회사의 로고를 표시하여 회사의 이미지 향상에 기여하기도 한다.

2) 방 식

강판이나 목판에 도장을 하게 되면 도막을 형성하여 물이나 공기와의 직접 접촉을 막아서 부식을 방지하는 역할을 한다.

3) 방 오

선체중의 수면하에 잠기는 부분에는 수은과 같이 독성이 강한 화학물질을 도료와 혼합하여 도장함으로써 수중의 생물들이 부착하여 기생하지 못하도록 한다. 한편으로 도장에 의하여 강판이나 목판의 표면을 매끄럽고, 잘 더럽혀지지 않도록 하여 선속 증가의 요소로써 작용하고, 선체의 청결유지에 도움이 된다.

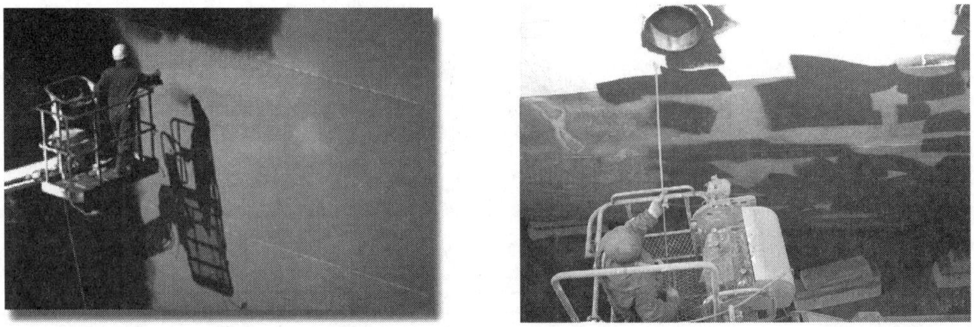

그림 4-5 ● 선체 외판 도장

4.4 선박의 복원성 및 관련 용어

1. 복원성/복원력

선박이 물위에 떠 있는 상태에서 외부로부터 힘을 받아서 경사하려고 할 때의 저항 또는 경사한 상태에서 그 외력을 제거하였을 때 원래의 상태로 돌아오려고 하는 힘을 말하며, 이는 선박의 안전성 판단의 중요한 기준 자료가 되며 또한 적당한 크기로 유지되어야 한다.

2. 복원성 관련 용어

1) 배가 뜨는 이유

선박이 물위에 떠 있을 경우 그 선박이 배제한 물의 무게만큼의 부력을 받는다. 즉 선박이 일정한 상태를 유지하면서 떠 있다는 것은 중력과 부력의 크기가 같고 그 중심이 동일한 연직선상에 있다는 것을 의미한다.

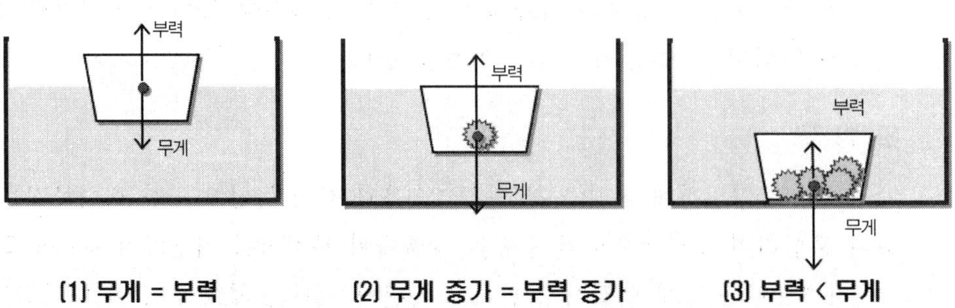

그림 4-6 ● 선박의 부양

2) 무게 중심(Center of Gravity, G)

선체의 전체 중량이 한 점에 모여 있다고 생각할 수 있는 점. 선체가 경사되어도 일정한 위치를 유지한다.

3) 부심(Center of Buoyancy, B)

선체의 전체 부력이 한 점에 작용한다고 생각할 수 있는 점을 말하며 수면하 선체 용적의 기하학적 중심으로 선체가 경사하면 잠긴 선체의 모양에 따라서 부심이 이동한다.

4) 메타센터와 GM

선체가 경사하면 부심은 침하부의 부피 중심으로 이동한다. 선체가 똑바로 서 있을 때 부력의 작용선과 경사된 때 부력의 작용선이 만나는 M점을 메타센터(Metercenter)라고 하며 무게 중심에서 이 메타센터까지의 높이를 GM 또는 메타센터 높이라고 한다.

선박은 이 GM의 크기로서 안정성을 판단한다.

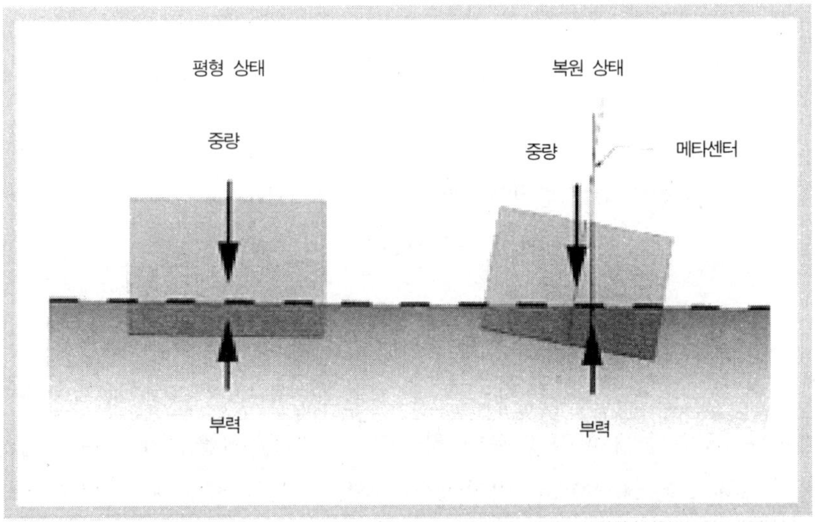

복원기능

그림 4-7 ● 부력과 중력의 작용

GM ＞ 0 선박이 안정하여 원위치로 돌아온다.

GM ＝ 0 선박은 그대로 머물러 있으려고 하는 중립 평형을 이룬다.

GM ＜ 0 선박은 불안정하여 전복된다.

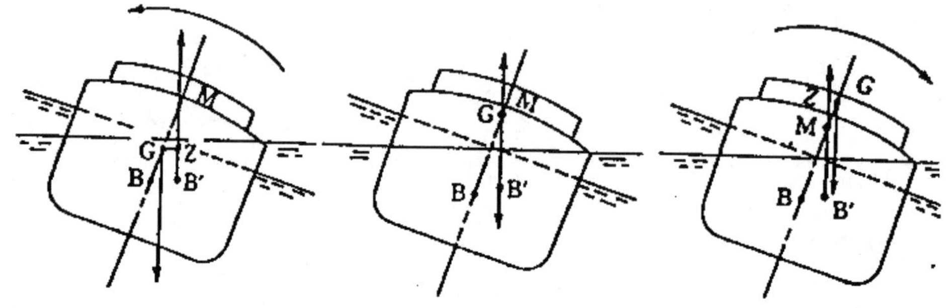

(a) 안정 평형 (b) 중립평형 (c) 불안정 평형

그림 4-8 • 중력과 부력의 작용과 안정성

5) 초기 복원력

선박이 경사된 후 안정한 평형 상태로 돌아가려는 복원력은 일종의 모멘트로서 선체의 무게(배수량)에 작용 거리인 복원정(GZ, G에서 이동 부심 B'에 수선의 발을 내린 점 Z까지의 거리)를 곱해줌으로써 얻어진다.

즉 식으로 표시해보면

$$
\begin{aligned}
\text{복원력} &= \text{선박의 배수량(W)} \times GZ \\
&= \text{선박의 배수량(W)} \times GM \times \sin\theta
\end{aligned}
$$

즉 복원력은 GM의 크기에 비례함을 알 수 있다.

선박은 안전을 위해 적당한 크기의 복원력을 가져야 하며 이는 배의 크기, 종류, 흘수 등에 따라 다르나 경험적으로 일반 화물선의 평온한 해상 상태에서의 GM 값은 60~80cm, 대양에서는 90～100cm 정도가 적당하다. 단 황천시는 이것보다 큰 GM값을 필요로 한다.

또 GM은 횡동요주기와 다음과 같은 관계가 있다.

$$
\text{횡동요주기} = \frac{0.8B}{\sqrt{GM}}
$$

따라서 GM값이 커지면 복원력이 과대하여 횡동요주기가 짧아 승무원들은 멀미를 하며 화물이 이동하기 쉬워지고, GM값이 작으면 복원력이 작고 횡동요주기가 길고 전복의 위험이 있다.

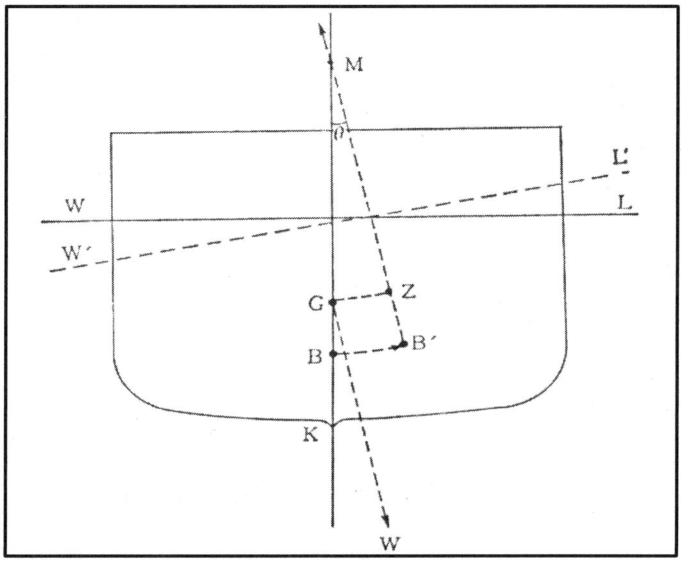

그림 4-9 • 복원력 계산도

3. 복원성에 영향을 주는 요소

1) 선 폭

선폭이 증가하면 복원력이 커진다.

2) 건현(Freeboard)

건현이 작으면 선체의 경사시 갑판 끝단이 물에 잠기게 되어 복원성의 감소를 초래한다.

3) 무게 중심

중심의 위치가 낮아질수록 복원성은 커진다.

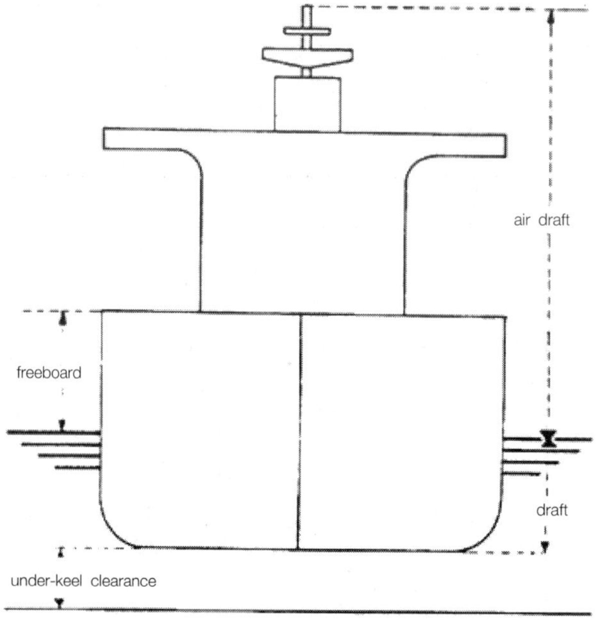

그림 4-10 ● 건현(Freeboard)

4) 현호

건현의 증가와 같은 효과를 나타낸다.

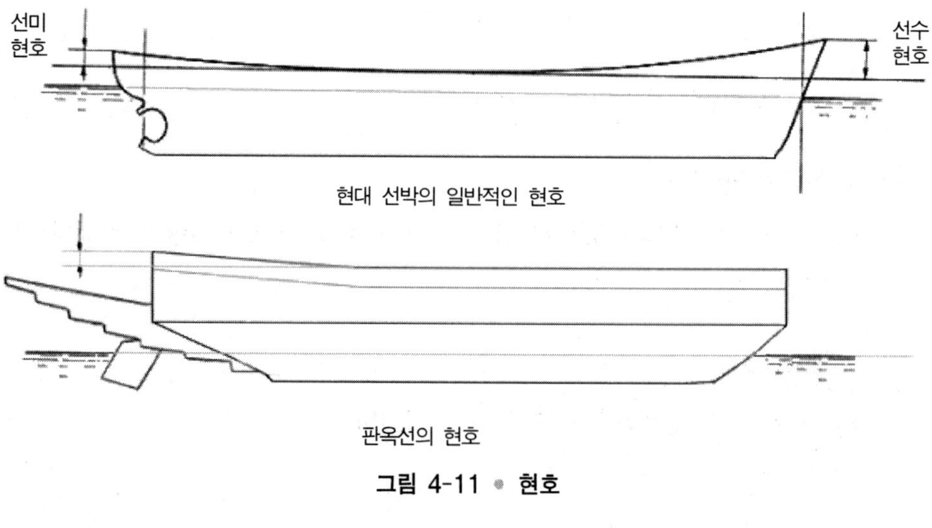

그림 4-11 ● 현호

5) 연료유, 청수 등의 소비

배수량이 감소되고 선체 밑부분에서 감소하므로 무게 중심의 위치가 높아져서 복원력이 감소한다.

6) 유동수의 발생

무게 중심의 위치가 상승하는 효과로 복원력이 감소한다.

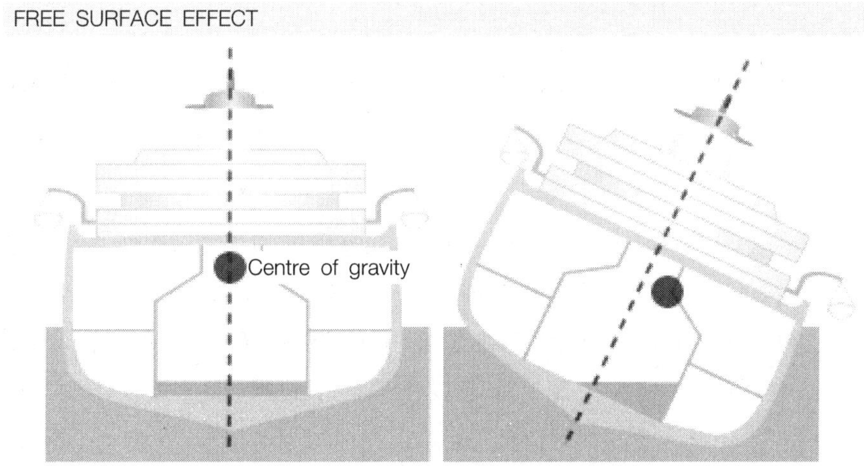

그림 4-12 ● 유동수의 영향

7) 갑판적 화물의 흡수

목재 등의 갑판 적재시 10~20%의 중량 증가가 발생하여 무게 중심을 상승시켜 복원력이 감소한다.

8) 갑판의 결빙

갑판 위로 올라온 해수의 결빙으로 갑판 중량이 증가되어 무게 중심을 상승시키는 역할을 하여 복원력을 감소시킨다.

4. 만재 흘수선

1) 건현(Freeboard)

배가 안전한 항해를 하기 위해서는 어느 정도의 예비부력(Reserve buoyancy)

을 가지지 않으면 안된다. 이 예비부력은 선체의 물에 침하하지 않는 부분의 높이로서 결정되는데 이를 건현(乾舷)이라 한다.

2) 만재 흘수선(Load line)

수면(水面)이 선체와 만나는 부분을 흘수선(吃水線)이라고 하는데, 선박의 만재흘수선(滿載吃水線)이란 선박이 여객이나 화물을 탑재하거나 적재하고 안전하게 항행할 수 있는 최대한도의 선을 나타내는 선을 말한다. 즉 항해의 안전상 허락된 최대의 흘수선을 말한다.

3) 만재 흘수선표(Load Line Mark, Plimsoll Mark) 또는 건현표(Freeboard Mark)

화물의 과적 즉 건현의 부족이 해난의 원인이 되고 있다는 것은 수 세기 전부터 인정되어 만재흘수를 정할 필요성을 느끼게 되었다. 특히 해운은 국제적 기업이므로 각국간의 경쟁 때문에 부당하게 과적하여 선박, 적화물뿐만 아니라 인명을 위태롭게 하는 수가 많아 국제적으로 흘수를 제한하여 재산과 생명을 보호하고 국제적인 통일의 필요성에 따라 국제만재흘수선협약이 생겼다. 항행구역 내에서 선박의 안전상 허용된 최대의 흘수선을 만재 흘수선이라 한다. 만재 흘수선은 선체 중앙부의 양현에 표시되며, 선박의 종류, 크기, 적재하는 화물 및 항행 구역에 따라 구별된다.

4) 만재 흘수선의 적용

만재 흘수선은 여러 가지가 있으며 이들은 세계의 전 해면을 대역(帶域)과 계절에 따라 달리 적용된다. 예를 들면, 적도부근은 연중 거의 정온을 유지하므로 깊은 흘수가 허락되나, 점차 위도가 높아짐에 따라 일반적으로는 얕은 흘수로 제한할 필요가 있다.

또 같은 구역에서도 동기는 하기보다 파도가 높은 것이 일반적이다.

그리하여, 세계의 수면을 열대(Tropical zone), 계절 열대(Seasonal tropical area), 하기대(Summer zone), 계절 동기대(Winter seasonal zone)의 4종으로 대별하며, 다시 계절 동기대는 연간을 동기와 하기의 계절 범위를, 또 계절 열대는 하기와 열대의 계절의 범위를 정하고 있다. 각종 대역과 계절에 대한 만재 흘수선은 그 대역과 계절 기간 동안 적재할 수 있는 최대흘수선으로 표시한다.

5) 구획 만재 흘수선

국제항해에 종사하는 여객선에는 만재 흘수선 이외에 구획 만재 흘수선을 나타내는 C를 부가하여 표시해야 하는데, 구획 만재 흘수선이란 국제해상인명안전협약에 근거를 두어 정해진 것으로, 만약 선박의 어느 부분에 손상을 받아 침수할 때, 그 부분의 수밀 구획에 의하여 침수의 정도를 한정하여 흘수선이 일정한 한계선을 넘지 않도록 흘수를 제한한 수선이다. 구획 만재 흘수선을 표시한 여객선이 국제항해에 종사할 때에는 대역과 계절에 관계없이 그 여객 탑재에 대응하는 구획 만재 흘수선을 초과하여 항행할 수 없다.

6) 목재 만재 흘수선

갑판 적재 목재 운반선은 일반 선박이 표시하는 만재 흘수선 외에 원표의 후방에 별도로 목재 만재 흘수선을 표시한다. 예를 들면 하기목재 만재 흘수선은 LS로 표시한다.

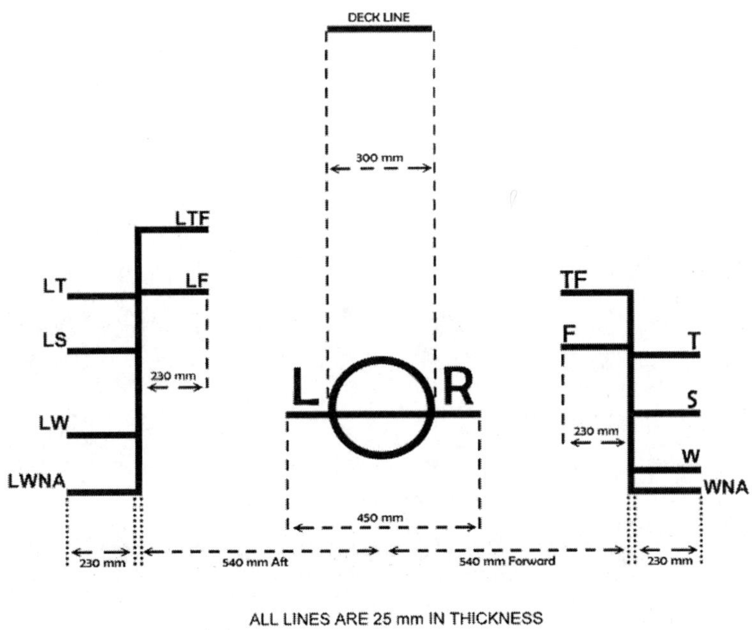

그림 4-13 ◦ Load line

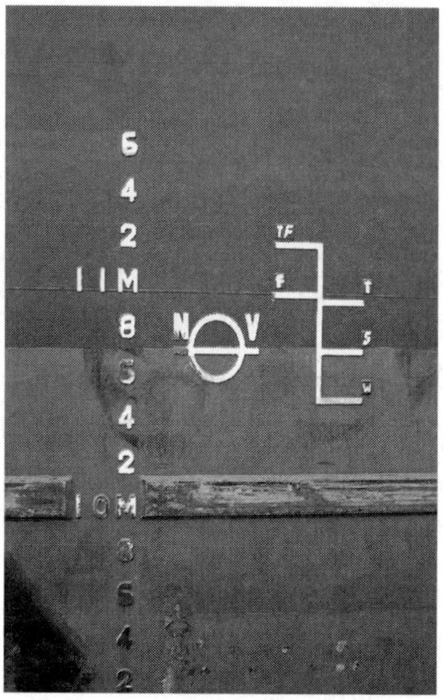

그림 4-14 • 선체 외판의 Load line

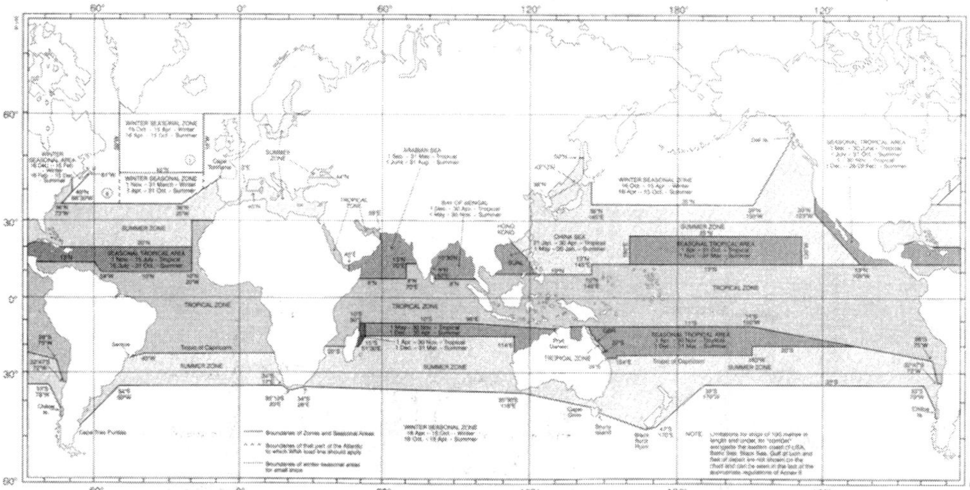

Chart of Zones and Seasonal Areas

그림 4-15 • 선박 만재 흘수선의 대역 및 계절적 구역

표 4-1 ◉ 흘수선의 종류

종 류	기 호	건 현
Summer load line 하기 만재 흘수선	S	Summer freeboard 하기 건현
Winter loadline 동기 만재 흘수선	W	Winter freeboard 동기 건현
Winter north atlantic load line 동기 북대서양 만재 흘수선	WNA	Winter north atlantic freeboard 동기 북대서양 건현
Tropical load line 열대 만재 흘수선	T	Tropical freeboard 열대 건현
Fresh water load line in summer 하기 담수 만재 흘수선	F	Fresh water freeboard in summer 하기 담수 건현
Tropical fresh water load line 열대 담수 만재 흘수선	TF	Tropical fresh water freeboard 열대 담수 건현

5. 선박의 주요 도면

선체 구조를 이해하기 위해서는 선체의 도면(Drawings)이 필요하다. 선체 도면은 상당히 복잡하고 여러 가지 종류가 있으나, 이 중 중요한 것으로는 다음과 같은 것들이 있으며, 이들 도면은 그 구조의 재질, 치수 및 명칭 등을 표시한 것이므로 설계도면(設計圖面)이라고 불린다.

설계도면은 축척의 관계로 상세히 표시하기 곤란하므로, 이 밖에도 조선소에서 실제로 선박을 건조할 때 필요로 하는 현장도(現場圖)를 따로 만든다.

선박에는 도면은 보통 Basic(주로 각종 Table), Hull(선체 구조 등), Outfitting (의장품과 선체 각종 부착물 등), Machinery(기관), Electric(전기계통)의 4part로 분류하여 제공하고 있다.

1) 중앙 횡단면도(中央橫斷面圖, Midship section)

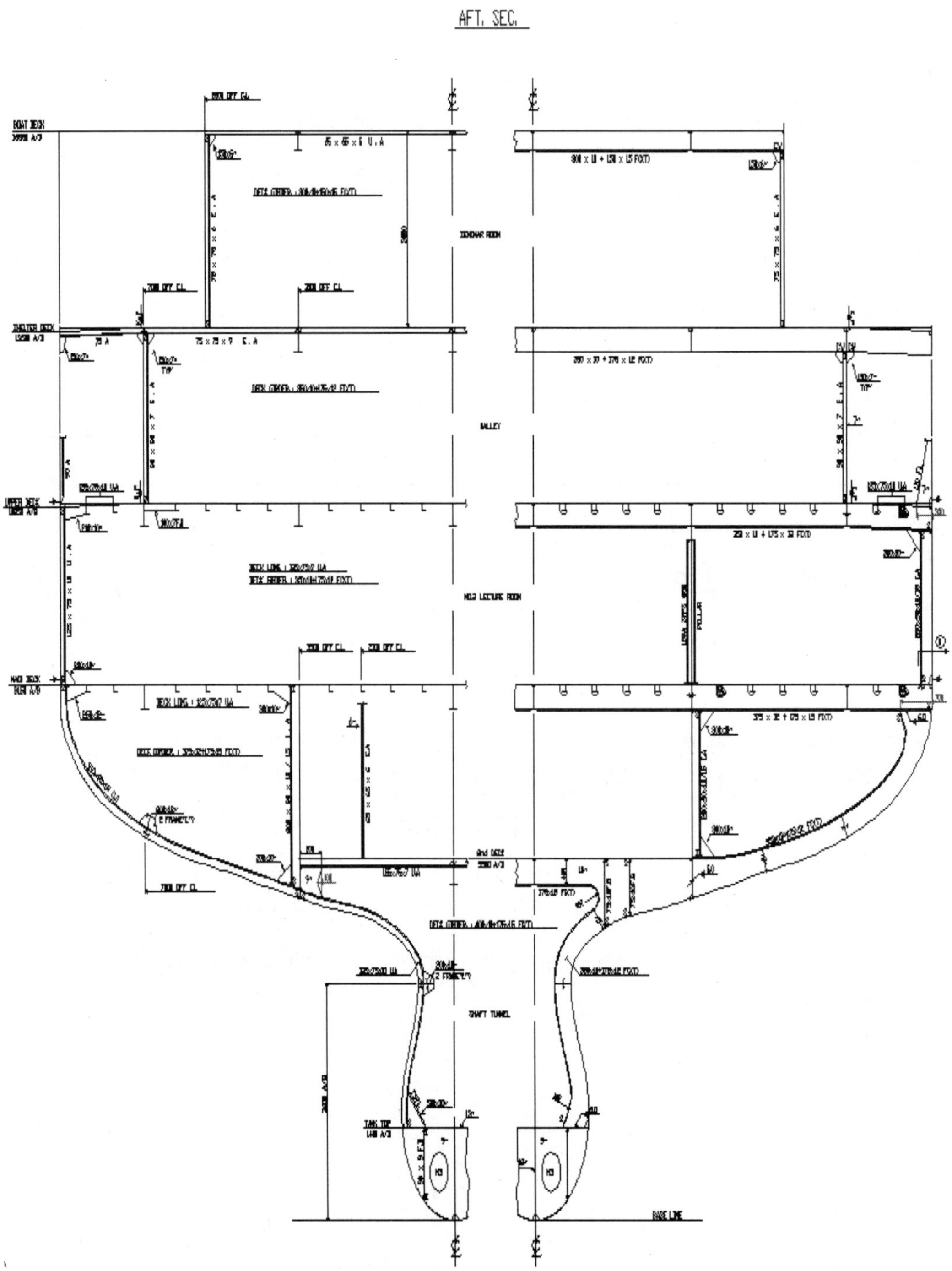

그림 4-16 • 중앙 횡단면도

이것은 선체의 중앙부를 횡단하여 각부의 구조와 치수를 나타내는 도면이다. 선체의 중앙부라도 선창부(船艙部)와 기관부(機關部)에서는 구조가 다르므로 오른쪽에는 선창부를, 왼쪽에는 기관부의 횡단면을 그리는 것이 보통이다. 이의 도면에는 배의 주요 치수, 즉 길이, 너비, 및 깊이 외에 만재흘수, 갑판 사이의 높이 및 의장품(앵커, 체인, 로우프) 등을 기입한다.

2) 일반 배치도(一般配置圖, General Arrangement)

이것은 주로 배치를 나타낸 것으로서 마스트(mast), 연돌, 의장, 선실, 선창, 기관실, 청수 탱크, 발라스트(Ballast) 탱크, 기름 탱크, 데리크(Derrick), Cargo hold, Winch, windlass 및 계선 장치 등을 나타내는 것으로서 처음에 선박의 구조를 이해하기 위해서 가장 먼저 살펴보는 도면 중의 하나다.

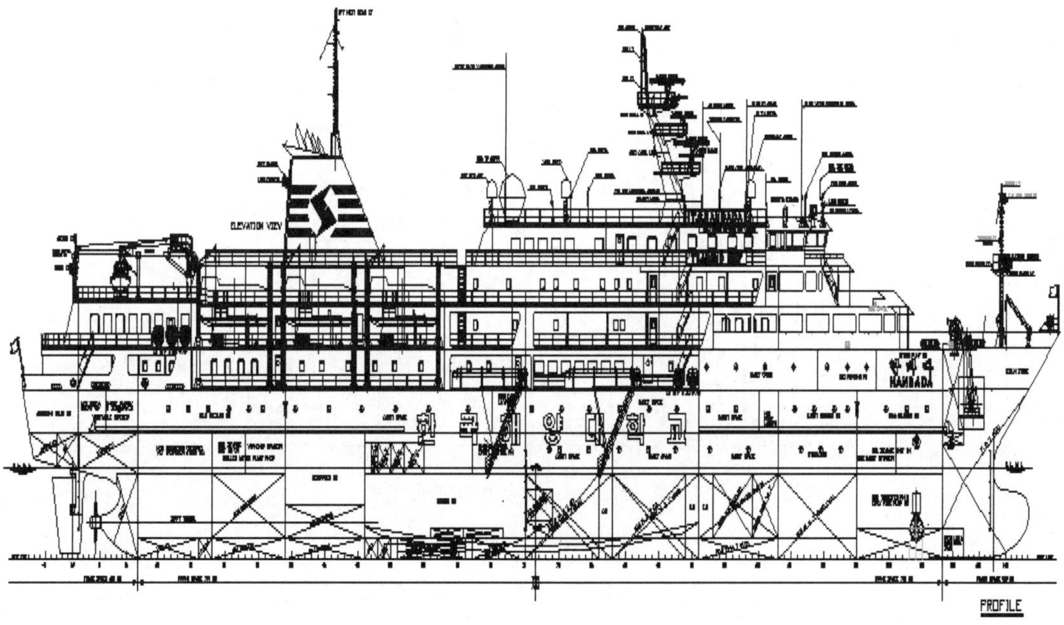

그림 4-17 ● 일반 배치도

3) 외판 전개도(外板展開圖)

이것은 외판을 길이 방향으로는 그대로 두고 거어드(girder)만을 펼친 도면으로, 외판과의 늑골과의 관계 위치, 선외 개구부의 위치 및 치수, 외판의 두께와 접합 방법, 격벽이나 각종 종통재의 외판 결합 등을 나타내는 중요한 도면이다.

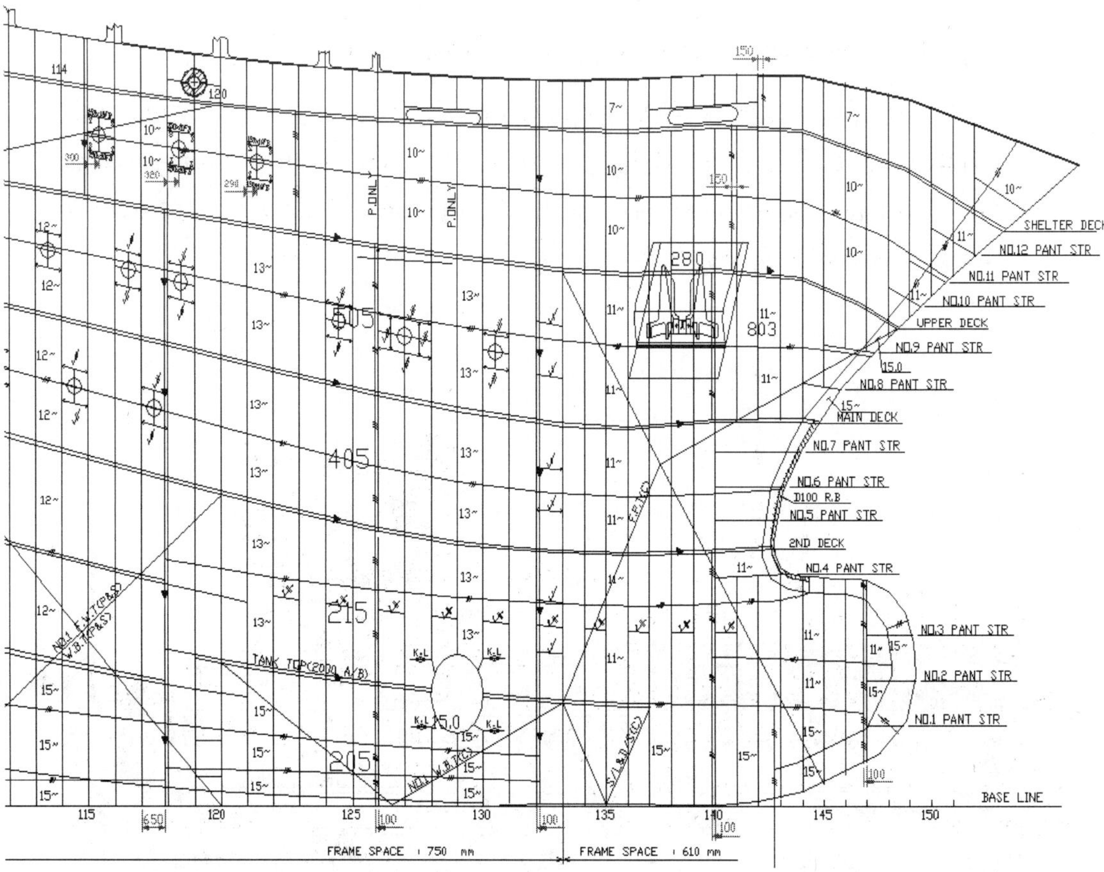

그림 4-18 ◉ 외판 전개도

4) 선도(Lines plan)

선체를 종, 횡 및 수평으로 등분한 절단선으로 구성되는 평면도(Body plan), 측면도(Sheer plan) 및 반폭도(Half breadth plan)의 세 개의 도면으로 선체의 형을 정확히 나타내는 도면이다. 톤수 및 각종 계산이 이 선도에서 산출되며, 또 이 선도에 의하여 모형을 만들고 수조 시험으로 소요 마력이나 속력 등이 추산된다.

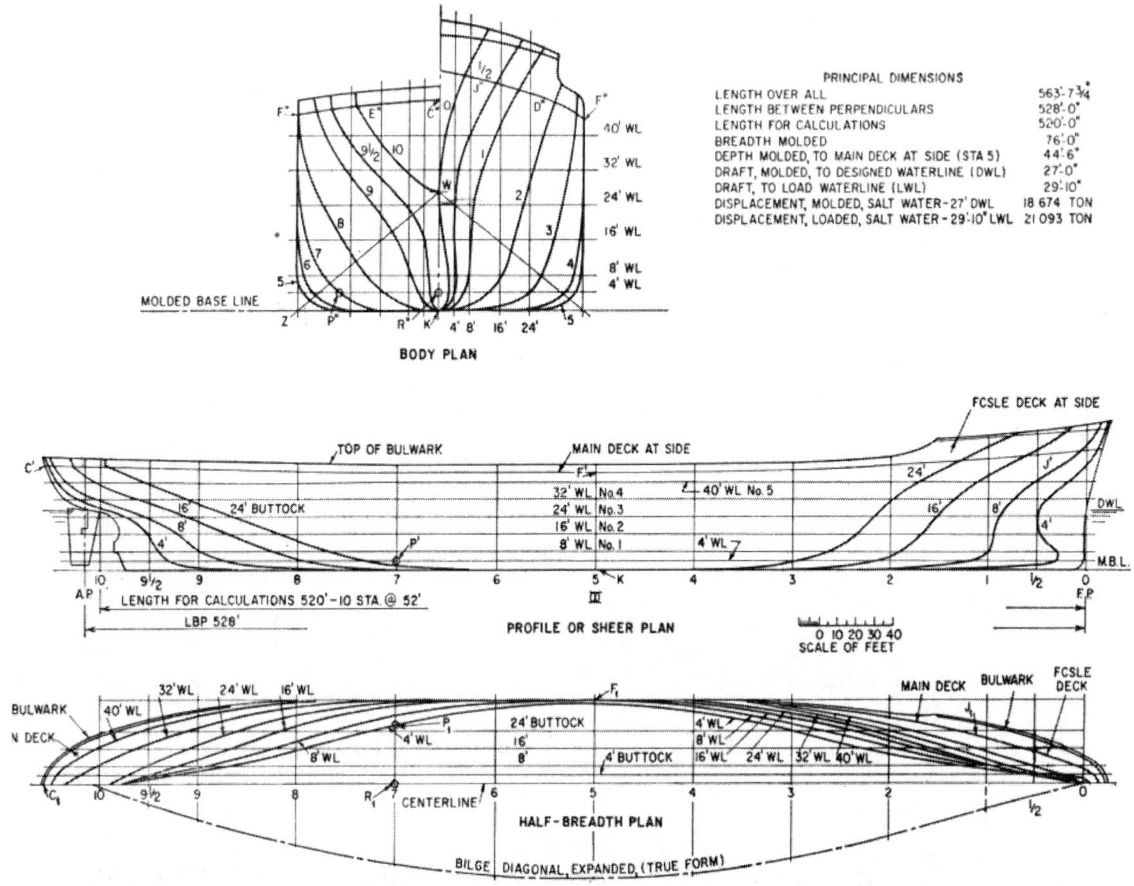

그림 4-19 ◦ 선도

5) 소화/안전 도면(Fire & safety control plan)

이것은 그 선박에 비치되어 있는 각종 소화/안전 장비들을 한 눈에 알아보기 쉽게 나타낸 것인데 초임 3항사들이 가장 많이 접하고 익혀야 할 도면이다.

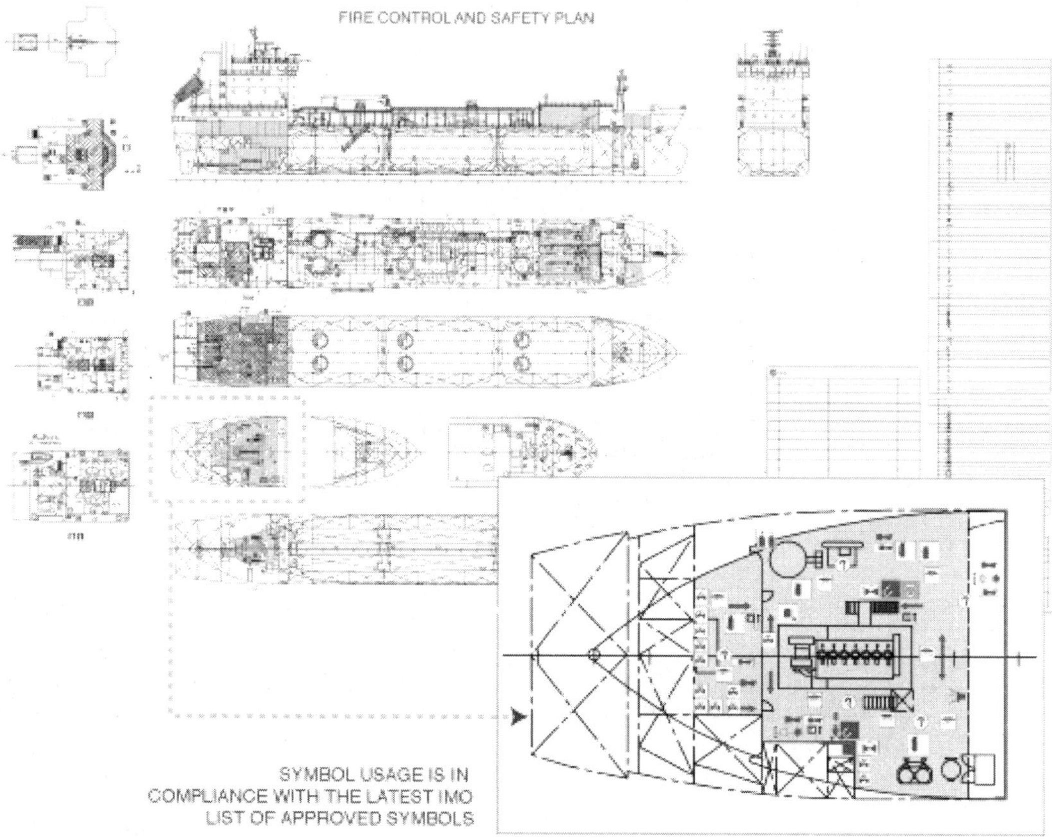

그림 4-20 • Fire & safety control plan

6) 기 타

상기 도면 이외에도 격벽도(隔壁圖, bulkhead plan), 기관실이중저도(機關室二重底圖, double bottom in engine), 2중저도(2重底圖, double bottom in hold), 선수구조도(船首構造圖, bow construction), 선수재(船首材, stem), 선미구조도(船尾構造圖, stern construction), 선미재도(船尾材圖, stern frame), 키도(rudder plan)와 선박의 paint에 관해서 자세히 나와 있는 painting specification(또는 paint schedule) 등이 있다.

6. Condition report

1) 목적 및 작성 시기

출 · 입항시 흘수를 확인하여 선박의 안전을 확보하고, 연료유와 청수의 소모량을 확인하여 운항 condition을 유지하는데 그 목적이 있으며 모든 기항지에서 필요하며, 출 · 입항 30분전에 작성하여 원본은 선교에 보관하고, 선/기장, 1항/기사 및 통신장에게 배부한다.

참고로 한나라호에서 사용하고 있는 condition report를 표 4-2에 표시한다.

2) 작성 지침

(1) Arrival / Leaving / Shifting에 해당 사항을 표시한다.

(2) ①에 선명을 기입한다.

(3) ②에 항차 번호를 기입한다. 항차는 부산항의 학교 부두를 이안하는 시점을 항차의 시작으로 하며, 다음 항차가 시작되기 직전의 시점을 끝으로 한다. 항차 번호는 다음의 순서로 기록한다.

00(총항차)-00(년도)-00(당해 항차)

(4) ③④에 출입항하는 항구명과 날짜를 기입한다.

(5) ⑭⑮⑯⑰⑱⑲에 해당 시각을 기입한다.
⑭는 "First line to pier" 시각을 기입하고, ⑲는 'Cast off all lines' 시각을 기입한다.
시간은 가급적 6분 단위로 한다.

(6) ⓐⓑⓒⓓ를 기관실로부터 자료를 받아 기입한다.
ⓐ에는 D.O를, ⓑ에는 F.O를 기입한다.

(7) ⓔⓕ는 각 Tank를 계측하여 Sounding Table에 의해 그 양을 구해 기입한다.

(8) ⓖⓗ에 해당 사항을 기입한다.

(9) ⓘ의 Constant는 불명 중량이므로 신조한 이후에 선적된 각종 속구, 선용품, 개인물품 등으로 정확하게 측정할 수 없는 중량을 말한다. 이 불명 중량은 공선시 흘수 감정을 통하여 수시로 확인한다.

(10) ⓙ의 total 값은 ⓐⓑⓒⓓⓔⓕⓖⓗⓘ를 모두 합산한 값으로 이는 선박에 선적된 모든 물품의 총 무게를 말한다.

표 4-2 ● Condition report

<table>
<tr><td colspan="10">Arrival / Leaving /Shifting CONDITION REPORT</td></tr>
<tr><td colspan="2">T/S</td><td colspan="3">①</td><td>VOY. NO</td><td colspan="4">②</td></tr>
<tr><td colspan="2">PORT</td><td colspan="3">③</td><td>DATE</td><td colspan="4">④</td></tr>
<tr><td colspan="2" rowspan="4">DRAFT</td><td>FORE</td><td colspan="2">⑤</td><td rowspan="3">MIDSHIP</td><td colspan="2">PORT</td><td colspan="2">⑧</td></tr>
<tr><td>AFT</td><td colspan="2">⑥</td><td colspan="2">STB'D</td><td colspan="2">⑨</td></tr>
<tr><td>MEAN</td><td colspan="2">⑦</td><td colspan="2">MEAN</td><td colspan="2">⑩</td></tr>
<tr><td>M/M</td><td colspan="2">⑪</td><td>Q/M</td><td colspan="4">⑫</td></tr>
<tr><td colspan="5">DENSITY</td><td colspan="5">⑬</td></tr>
<tr><td colspan="5">ARRIVAL TIME</td><td colspan="5">⑭</td></tr>
<tr><td colspan="5">QURANTINE TIME</td><td colspan="5">⑮</td></tr>
<tr><td colspan="5">BERTHING TIME</td><td colspan="5">⑯</td></tr>
<tr><td colspan="5">COMMENCED LOADING / DISCHARGING</td><td colspan="5">⑰</td></tr>
<tr><td colspan="5">COMPLETED LOADING / DISCHARGING</td><td colspan="5">⑱</td></tr>
<tr><td colspan="5">LEAVING TIME(ETD)</td><td colspan="5">⑲</td></tr>
<tr><td rowspan="2">F.O</td><td colspan="2">BUNKER(A)</td><td>ⓐ</td><td>M/T</td><td colspan="2" rowspan="6">SUPPLIED</td><td colspan="2">ⓚ</td><td>M/T</td></tr>
<tr><td colspan="2">BUNKER(B)</td><td>ⓑ</td><td>M/T</td><td colspan="2">ⓛ</td><td>M/T</td></tr>
<tr><td rowspan="2">L.O</td><td colspan="2">CYLINDER OIL</td><td>ⓒ</td><td>LTR</td><td colspan="2">ⓜ</td><td>LTR</td></tr>
<tr><td colspan="2">SYSTEM OIL</td><td>ⓓ</td><td>LTR</td><td colspan="2">ⓝ</td><td>LTR</td></tr>
<tr><td rowspan="2">F.W</td><td colspan="2">FRESH WATER</td><td>ⓔ</td><td>M/T</td><td colspan="2">ⓞ</td><td>M/T</td></tr>
<tr><td colspan="2">DRINKING WATER</td><td>ⓕ</td><td>M/T</td><td colspan="2">ⓟ</td><td>M/T</td></tr>
<tr><td colspan="3">BALLAST</td><td colspan="2">ⓖ</td><td colspan="2">DISPLACEMENT</td><td colspan="3">ⓠ</td></tr>
<tr><td colspan="3">CARGO</td><td colspan="2">ⓗ</td><td colspan="2">CORRECTION</td><td colspan="3">ⓡ</td></tr>
<tr><td colspan="3">CONSTANT</td><td colspan="2">ⓘ</td><td colspan="2">LIGHT SHIP</td><td colspan="3">ⓢ</td></tr>
<tr><td colspan="3">TOTAL</td><td colspan="2">ⓙ</td><td colspan="2">DWT</td><td colspan="3">ⓣ</td></tr>
<tr><td colspan="3">MARK</td><td colspan="7">DIFFERENCE ⓤ</td></tr>
</table>

(11) ⓤ의 DIFFERRENCE의 난에는 흘수 감정에 의한 적화중량과 차항에서 설명한 ⓙ의 선박에 선적된 모든 물품의 총 무게를 구하고 이를 비교하여 기록함으로서 불명 중량의 변화를 쉽게 파악할 수 있도록 구성되어 있다. ⓙ의 선박에 선적된 모든 물품의 총 무게를 구하고 이를 비교하여 기록함으로써 불명 중량의 변화를 쉽게 파악할 수 있도록 구성되어 있다.

제 5 장

국제해사안전관리

5.1 국제해사기구
5.2 국제해사협약
5.3 국제안전관리코드
5.4 항만국통제
5.5 국제해사보안제도

제5장 국제해사안전관리

선박건조기술과 운항기술의 발달로 인해 선박의 대형화 · 고속화 · 자동화가 이루어지고, 세계교역량의 증대는 해상교통량의 증가로 이루어지고 있다. 이러한 결과, 해양사고를 방지하기 위한 많은 노력에도 불구하고 해양사고는 지속적으로 발생하고 있으며 많은 인명과 재산의 손실을 초래하고 있다. 특히 연안 또는 항내에서의 해양오염사고는 인접한 연안국에 막대한 환경피해를 야기시켜 국가간의 분쟁을 유발하기도 한다. 이러한 문제를 해결하기 위하여 해상안전과 해양환경보호라는 두 가지 목적을 가지고 유엔산하 전문기구인 국제해사기구가 설립되었으며, 이에 관한 제반 기술사항 및 실질적인 기준을 채택하고 정부간의 협력을 유도해 나가고 있다.

이에 국제해사안전관리의 전반적인 내용을 개관하기 위하여 중심적 역할을 수행하고 있는 국제해사기구에 대하여 먼저 살펴보고, 실질적 기준이라 할 수 있는 각종 국제해사협약의 성립과정 및 주요 해사협약에 관하여 살펴본다. 그 가운데 인적과실에 의한 해양사고방지를 목적으로 한 국제안전관리규약에 대하여 개관하고 이러한 실질적 기준의 실행을 강제하기 위하여 제도화되고 있는 항만국통제에 관하여 살펴본다. 마지막으로 미국의 9 · 11 테러 이후 급격하게 대두된 국제해사보안제도의 개괄적인 내용에 관하여 살펴본다.

5.1 국제해사기구

1. 설립배경

1945년 제2차 세계대전 당시 8개국의 연합국 대표에 의하여 전시 소요물자의 수송을 목적으로 구성되었던 해사주관청연합(United Maritime Authority)은 연합국 상선대의 90퍼센트 이상과 중립국 선박의 일부까지도 관할하는 조직이었다.

이 조직은 1948년에 이르러 항로, 화물, 항해, 운임과 용선료에 이르기까지 해사문제 전반에 걸친 국제조직에 의하여 정부상호간의 이익과 민간기업의 통제효과를 거둘 수 있다는 경험에 입각하여 평화시의 정상적인 해운활동으로 복귀할 때까지 정부간 기구를 두는 것에 합의하고 해운분야의 기술적인 자문을 행하는 정부간 해사자문기구(IMCO : Inter-governmental Maritime Consultative Organization)를 설립하였다.

선진국들은 설립당시 가능한 한 통제기능이 약한 자문적·권고적 기능만을 가지는 기구의 설립을 원하였으므로 이 국제기구의 성격을 통제기능이 약한 국제연합 경제사회이사회 산하의 소위원회 성격으로 설치할 것을 제안하였다. 그러나 다수의 개발도상국들은 실질적 권한을 가진 독립적 기구가 설치되어 선진국의 차별적 해운관행을 통제할 수 있기를 원하였다. 이의 절충안으로 기술적 자문의 성격을 지닌 국제연합(UN) 산하의 전문기구로서 설립한다는 정부간 해사자문기구(IMCO)협약이 체결된 것이다.

이 기구의 역할이 기술적 문제의 자문에 그침에 따라 협약이 채택된 이후에도 이를 수락하는 국가의 수가 적어 발효요건이 충족되지 못하는 상태가 상당기간 계속된 바 있다. 이러한 상황에서 대형 해양사고가 빈발하여 해상안전조치에 대한 필요성이 절실하였고 선박의 건조 및 운항설비의 표준화, 구명설비와 탐색·구조시설의 효율화 등이 인명손실의 방지를 위하여 시급하다는 판단에 따라 이를 위한 국제기구 설치가 가장 적절한 수단으로 대두되었다.

이러한 각국의 여론에 힘입어 정부간 해사자문기구협약은 성립 후 10년이 지난 1958년 3월에 비로소 발효하게 되었고 1959년 1월 런던에서 1차 해사자문기구총회를 개최하였다. 그 후 1975년 제9차 총회에서는 기구의 명칭을 정부간 해사자문기구(IMCO)에서 국제해사기구(IMO)로 개정하는 안을 채택하여 1982

년 5월 22일 기해 발효요건이 성립됨에 따라 국제해사기구(IMO : International Maritime Organization)라는 정식기구로 새롭게 출발하게 되었다.

이러한 명칭의 변화가 시사하는 바는 과거의 자문역할이라는 소극적 활동에서 벗어나 국가간의 해사문제에 보다 능동적이고 적극적으로 개입할 수 있는 기구의 역할로 확대하였음을 뜻한다.

2. 성격 및 기능

국제해사기구는 정부간의 기구이므로 체약국의 정부만이 회원이 될 수 있으며 정부가 임명한 대표만이 회의에 참여하여 자국의 권한을 행사할 수 있는 특성을 지닌다. 또한 회원국의 자격에 대하여는 제한을 두지 않는 범세계적인 성질을 가진 기구이다. 따라서 기구의 사업이나 협약에 관심을 가진 국가는 모두 회원국으로 가입할 수 있도록 한다.

이 기구의 목적은 해운에 관련한 제반 기술사항에 대하여 정부간의 협조체제를 구축하고 해상안전과 해양오염방지를 위한 실질적 기준을 채택하는 것이다. 이 외에도 국제교역에 있어서 차별적 조치나 불필요한 제한을 철폐하도록 심의함과 동시에 이에 관한 정보를 교환하는 데에도 운영의 목적이 있다.

국제해사기구는 이러한 목적을 달성하기 위하여 문제가 되는 사항들을 제의하여 심의하고 권고, 협정 및 규정 등을 작성한다. 이것은 협약의 채택을 위한 준비 작업이 되며 회의를 소집하여 협약채택의 통상적인 절차를 수행하는 것 또한 국제해사기구의 역할이다.

3. 구성 및 운영

국제해사기구는 총회, 이사회, 해사안전위원회, 법률위원회, 해양환경보호위원회, 간소화위원회, 기술협력위원회와 사무국으로 구성하고 해사안전위원회와 해양환경보호위원회 산하에 분야별로 각 소위원회를 두고 있다.

1) 총회(Assembly)

국제해사기구의 최고 의결기관인 총회는 모든 회원국들로 구성되어 있다. 총회는 매 2년마다 정기총회를 개최하여 하부조직의 의결을 추인하는 역할을 한다. 총회의 주요기능을 살펴보면 다음과 같다.

① 기구의 사업계획 및 예산, 결산의 승인
② 이사회의 이사국과 사무총장의 승인
③ 이사회 보고서와 상정안의 심의 및 결의
④ 협약채택을 위한 국제회의 소집
⑤ 보조기관의 설치

2) 이사회(Council)

이사회는 총회에서 선출하여 그 임기를 2년으로 하는 32개의 회원국으로 구성되며 1개월의 예고기간을 거쳐 수시 회의가 개최된다. 이사회의 주요 기능은 다음과 같다.

① 각 위원회의 권고 및 보고사항의 검토와 총회제출
② 기구의 활동에 대한 총회에의 보고
③ 다른 국제기구와의 협정체결
④ 사무총장의 임명 및 사무국 직원의 근무조건에 관한 결정

등이다.

현재 우리나라는 1991년 11월 최초로 이사국으로 진출하여 1993년, 1995년, 1997년에 이어 1999년 11월 제20차 IMO 총회에서 다섯번째로 연속해서 이사국으로 재선임되었으며, 2001년 11월에 개최된 제22차 IMO 총회에서 세계주요해운국가 그룹인 A그룹 이사국으로 선정되었다.

3) 위원회 및 소위원회(Committee and Sub-committee)

(1) 해사안전위원회(MSC : Maritime Safety Committee)

이 위원회는 국제해사기구의 설립 당시부터 주요의결기관으로 역할을 다하여 왔다. 이 위원회는 협약의 위임규정에 따라 각 분야별로 9개의 전문위원회를 두고 선박, 화물, 여객 및 선원의 안전전반에 걸친 제반사항들을 처리하고 있다. 각 전문위원회에서도 보다 상세한 문제를 다루기 위한 사안별 특별작업반(Ad hoc Working Group) 또는 통신작업반(Correspondence Group)이 구성되기도 한다.

MSC 산하의 9개의 전문위원회는 다음과 같다.

① 항해안전 소위원회(NAV : Sub-Committee on Safety of Navigation)
② 무선통신 · 수색 및 구조 소위원회(COMSAR : Sub-Committee on Radio Communication and Search and Rescue)
③ 선원훈련 및 당직기준 소위원회(STW : Sub-Committee on Standard of Training and Watchkeeping)
④ 선박설계 및 설비 소위원회(DE : Sub-Committee on Ship Design and Equipment)
⑤ 복원성 · 만재흘수선 및 어선안전 소위원회(SLF : Sub-Committee on Stability and Loadlines and Fishing Vessels Safety)
⑥ 방화 소위원회(FP : Sub-Committee on Fire Protection)
⑦ 산적액체 및 가스 소위원회(BLG : Sub-Committee on Bulk Liquids and Gases)
⑧ 위험물 · 고체화물 및 컨테이너운송 소위원회(DSC : Sub-Committee on Carriage of Dangerous Goods, Solid Cargoes and Containers)
⑨ 기국준수 소위원회(FSI : Sub-Committee on Flag State Implementation)

위의 전문위원회는 기존의 전문위원회 중 1996년 1월부터 잠정적으로 BCH는 BLG로 그 명칭을 변경하고, CDG와 BC는 통합되어 COMSAR로 운영됨에 따라 전체 전문위원회 수는 9개로 줄어들게 된 것이다.

(2) 해양환경보호위원회(MEPC : Marine Environment Protection Committee)

이 위원회는 해양오염에 관련된 문제 전반에 걸쳐 협약 및 방지활동을 하는 것을 목적으로 한다. 이 위원회를 구성하게 된 직접적인 동기는 1967년 Torrey Canyon호의 좌초로 인하여 약 8만여 톤의 쿠웨이트산 원유를 해상으로 유출시킨 심각한 해양오염사고 때문이었다.

이 사고 이후 해양환경보호위원회는 선박에 의한 해양오염의 방지 및 규제를 위한 문제를 심의하고, 이와 관련한 국제협약의 채택 및 개정의 기능을 수행하고 있다. 해사안전위원회 산하의 소위원회인 기국준수 소위원회(FSI)와 산적액체 및 가스 소위원회(BLG)는 동시에 해양환경보호위원회의 소위원회이기도 하므로 관련 사항들을 심의하는데 있어 해양오염문제를 다루고 있다.

(3) 법률위원회(LEG : Legal Committee)

이 위원회는 해상운송에서 야기되는 손해와 오염에 대한 책임과 보상, 구조 및 원조, 외국항에 있는 선박, 여객 및 수하물 등에 관한 법적 문제를 다루고 있으며 기구의 업무범위에 속하는 모든 법률사항을 심의하고 국제해사기구의 협약, 총회 및 이사회가 부여한 의무 또는 기타 모든 국제문서에 부과된 범위내의 업무수행을 위한 조치를 취한다.

(4) 간소화위원회(FAL : Facilitation Committee)

국제항해에 종사하는 선박의 입출항시 요구되는 서류 및 수속절차를 간소화, 표준화하기 위한 국제간의 협조를 위한 위원회로 1965년 국제해상운송간소화 협약을 채택하는 역할을 함으로써 항구간의 교역을 촉진시킨 바 있으며 선박이 항내에서 소비하는 시간을 단축시켜 운송업무에 보다 많은 시간을 할애할 수 있도록 노력하고 있다.

(5) 기술협력위원회(TC : Technical Cooperation Committee)

이 위원회는 개발도상국들이 국제해사기구의 채택기준을 시행하는 데 어려움이 있다는 지적에 따라 개발도상국에 대한 기술협력을 위한 기술협력사업을 위해 만들어졌다. 기술협력은 전문가 파견, 장학금 지급 또는 장비의 보급과 같은 형태로 이루어지는데 이를 위한 재정은 각 회원국 정부의 기부금과 신탁기금, 유엔개발계획(UNDP)과 유엔환경계획(UNEP)의 기술원조자금에 의존하고 있다.

이 위원회는 기술협력활동과 관련된 문제들을 심의 · 검토하는 한편, 스웨덴의 세계해사대학(World Maritime University)과 3개월 과정의 국제해사학교를 설립하였고, 유류방제센터를 운영하는 등의 기술협력 사업을 수행하고 있다.

표 5-1 ● IMO 위원회 및 기능

구 분	기 능
법률위원회	기구의 업무와 관련된 모든 법률문제 심의
해양환경보호위원회	선박에 의한 해양오염방지 및 규제에 관한 문제 심의
해사안전위원회	최초로 헌장에 규정된 가장 오래된 전문위원회로서 선박의 구조 및 설비 등 해사안전에 관한 사항 심의
기술협력위원회	기구의 기술협력 활동과 관련된 모든 문제 심의
간소화위원회	선박의 입 · 출항 수속, 서류 및 절차의 간소화 문제 심의

4) 사무국(Secretariat)

사무국은 사무총장의 지휘 하에 6개의 국을 두고 있다. 즉 해사안전국, 해양환경국, 법률 및 대외관계국, 행정국, 회의국, 기술협력국으로 이루어진다. 사무국의 주된 업무는 각 위원회의 사무국 역할 및 국제연합 산하의 국제기구를 비롯한 대외관련 기관과의 협력 및 기구의 일반사무 기능 등을 담당한다.

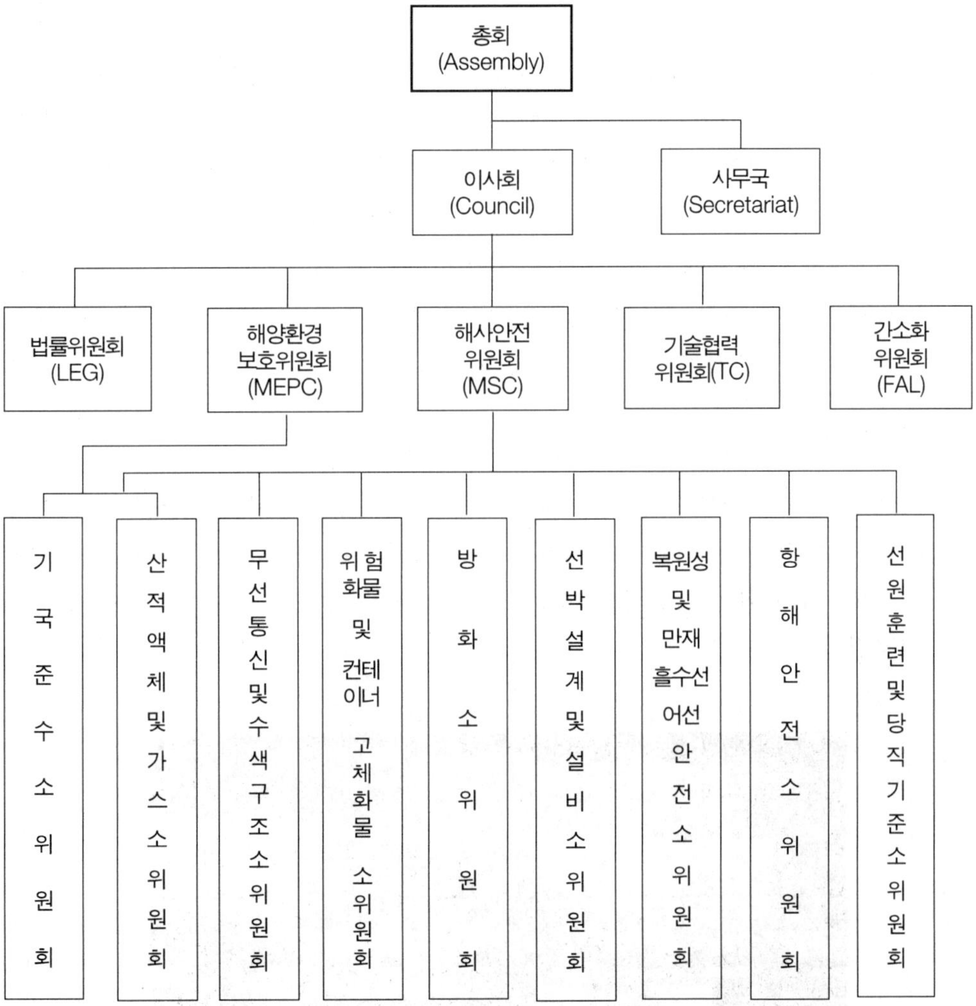

그림 5-1 ● 국제해사기구 조직도

5.2 국제해사협약

1. 국제해사협약의 성립

18세기와 19세기의 산업혁명에 따른 세계적인 경기활성화에 힘입어 해운분야 특히 그 중에서도 해상안전과 관련되는 국제조약들이 채택되기 시작하였는데, 이 조약들은 주로 선박의 톤수측정, 충돌방지, 신호 등에 관한 것이었다. 1958년 IMO가 설립되기 전에도 이미 몇 가지의 중요한 국제협약, 즉 1948년의 해상인명안전협약이나 1954년 해양오염방지협약 등이 채택되어 있었는데 그 후에 이러한 협약들은 IMO가 관장하게 되면서부터 해운기술의 향상에 보조를 맞추기 위하여 여러 차례 개정되어 왔다. IMO가 설립된 시기는 세계해운의 격동기였으므로 필요에 따라 새로운 협약을 채택하거나 기존의 협약을 개정하는 작업은 IMO의 가장 중요한 역할로 여겨졌으며, 이것이 2006년 무려 58여종의 국제협약을 주관하기까지에 이르게 되었다.

1) 채 택

IMO의 각 회원국은 새로운 협약의 채택이나 기존 협약의 개정을 요구할 수 있다. 일반적으로 이러한 첫 제안은 통상 위원회나 소위원회에서부터 이루어지며, 일단 위원회에서 합의가 이루어지면 이사회 또는 필요에 따라서는 총회에 상정된다.

그림 5-2 ◦ 국제해사기구의 회의 모습

총회 또는 이사회는 사안에 따라 다시 위원회에 위임하고 위원회는 제기된 사안에 대하여 심의에 들어간다. 위원회는 세부사항에 대하여 대체로 분야별 소위원회에 필요한 작업의 내용을 재위임함으로써 상세한 심의를 하도록 하고 있다.

위원회 및 소위원회의 작업은 각 회원국의 대표들로 이루어지며 IMO와 관계를 맺고 있는 정부간 국제기구 및 국제민간기구들의 의견도 수용하고 있다. 위원회는 작업이 완료된 협약초안을 다시 이사회와 총회에 보고하고 동시에 그 초안을 정식으로 채택하기 위한 국제회의 소집을 권고하게 된다. 이에 따라 IMO는 IMO의 모든 회원국 및 UN 또는 UN산하 전문기구의 회원국인 모든 나라에 국제회의 참가 초청을 한다. 회의장에서는 각 정부 및 관련기구로부터 제출된 의견과 함께 협약초안에 대한 세밀한 검토를 거쳐서 출석한 정부의 만장일치 또는 과반수가 찬성할 수 있는 내용이 되도록 필요에 따라 수정을 하게 된다.

이러한 과정을 거친 다음 협약을 정식으로 채택하게 되며 채택된 협약은 사무총장에게 기탁된다. 사무총장은 채택된 협약의 사본을 회원국정부에 회람하여 통상 12개월의 기간 내에 각국 정부가 서명할 수 있도록 개방하여 둔다. 서명한 나라는 동 협약에 대하여 비준(ratification) 또는 수락(acceptance)함으로써 협약당사국이 되며, 비서명국가는 가입(accession)이라는 절차를 거쳐 협약당사국이 될 수 있다.

IMO에서 행하는 협약의 초안작성 및 채택과정은 수년의 기간을 지나 완료되는 경우가 많으며, 때에 따라 긴박한 현안을 다루기 위해 즉각적인 조치가 필요한 경우가 있는데 그러한 경우에는 각 정부가 자발적으로 협조함으로써 이러한 과정을 신속하게 처리하고 있다.

2) 발 효

협약이 발효되기 위하여 다시 말하면 협약당사국이 된 국가의 정부에 대하여 구속력을 지니기 위해서는 정식으로 수락하는 절차가 필요하다. 각 협약에는 그 협약이 발효되기 위하여 충족되어야 하는 요건, 즉 발효요건이 있기 마련인데 그러한 요건은 협약에 따라 다소 차이는 있으나 일반적으로 중요한 협약일수록 그 요건은 엄격하다.

예컨대, 1974년 SOLAS 협약의 발효요건은 전 세계 선박 총톤수의 50% 이상을 구성하는 상선 보유 25개 국가의 수락을 요구하고 있으며, 1969년 선박톤수 측정에 관한 국제협약(1969 TM)에서는 전 세계선박 총톤수의 65% 이상의 상선보유 25개 국가의 수락을 발효요건으로 하였다. 한편, 특수상용여객선협정(1971 STP)에서는 3개 국가의, 1971년 핵물질의 해상운송에 있어서의 민사책임에 관한 협약(1971 NUCLEAR)은 5개 국가의 수락을 발효요건으로 하였다.

통상 발효요건이 충족되어도 그 협약은 즉각 발효하지 않고 일반적으로 모든 국가가 그 협약을 시행하기 위한 준비조치를 위할 수 있도록 하기 위하여 어느 정도의 유예기간을 두어 정식 발효하게 된다. 따라서 1974년 SOLAS 협약의 경우에는 발효요건 충족 후 12개월 후에 발효되었다.

협약을 수락한다는 것은 단순히 수락공문을 IMO에 기탁하는 것으로 끝나는 것이 아니다. 정부가 협약을 수락한다는 것은 협약에서 요구되는 조치를 취할 의무를 부담한다는 것을 의미하는 것이며, 경우에 따라 협약규정을 시행하기 위하여 국내법을 정비하거나 개정하여야 하며 어떤 경우에는 별도의 인원 및 시설을 보강하여야 한다. 또한 협약에 명시된 기능을 수행하기 위한 검사기관을 지명하거나 요원들에 대하여도 교육 및 훈련을 시켜야 하며, 선주, 조선소 등 이해관련자에게 사전에 통보하여 그들이 향후 영업이나 사업계획수립에 협약규정을 반영하도록 하는 것도 매우 중요하다.

3) 개 정

사회의 전반적인 발전과 함께 해운 · 조선 산업부문에서의 기술발전도 급격히 이루어지고 있다. 이러한 변화에 맞추기 위하여 새로운 협약이 요구될 뿐만 아니라 기존협약을 수정하여야 할 필요가 계속 발생하고 있다. 예를 들면 1960년 SOLAS 협약은 1965년에 처음 발효된 이래 1966년, 1967년, 1968년, 1969년, 1971년 및 1973년에 걸쳐 6차례나 개정되었고, 1974년에는 이러한 모든 개정사항에 약간의 수정을 가하여 새로운 1974년 SOLAS 협약으로 채택되었다. 그러나 1974년 SOLAS 협약도 현재까지 지속적으로 개정되고 있다.

협약에 대한 개정은 일정한 비율의 협약당사국(통상적으로 2/3)들이 개정을 수락한 후에만 발효하게 되어 있다. 그러나 협약당사국의 계속적인 증가에 따라 개정안이 발효되기 위해서는 협약제정시보다 훨씬 많은 국가의 수락이 요구된다.

이러한 불합리한 점을 개선하기 위하여 IMO에서는 이른바 '묵시수락(tacit

acceptance)'이라는 개정절차를 도입하였다. 이는 개정안의 발효를 위하여 협약당사국의 일정 수 이상의 수락을 필요로 하던 종전의 절차에 대하여 일정한 수의 당사국이 정해진 기한 내에 반대의사를 표명하지 아니하는 한 특정한 날로부터 발효하도록 함으로써 신속하게 개정될 수 있도록 한 것이다.

1974년 SOLAS 협약에 대한 개정은 당사국의 1/3 이상 또는 상선선복량의 합계가 총톤수로 세계상선선복량의 50% 이상이 되는 당사국이 반대통보를 하지 않는 한 "당사국에게 개정문이 송부된 날로부터 2년이 경과하면 수락된 것으로 본다"라고 되어 있다. 한편, 확대 MSC에서 당사국의 2/3 이상의 찬성에 의하여 개정이 이루어진 경우에는 위와 같은 반대통보가 없는 한 적어도 1년 이상의 기간이 경과하면 수락된 것으로 간주할 수 있다.

묵시수락(tacit acceptance) 방식을 도입한 결과, 개정절차는 매우 간편하게 되었는데 그 일례로 1960년 SOLAS 협약에 대한 1966년부터 1973년 사이에 채택된 개정안들의 경우 그 어느 것도 발효요건을 충족하는 수락을 받아내지 못하였으나, 1974년 SOLAS 협약의 1981년 개정안(1981. 11. 20 채택)은 1984년 9월 1일에 발효되었다.

4) 시 행

IMO 협약의 시행은 각 협약당사국 정부의 고유권한이며 IMO는 협약의 시행에 관하여는 아무런 권한이 없다.

협약당사국의 정부는 통상적으로 자국의 선박에 관하여 IMO 협약규정을 적용, 필요에 따라 위반선박에 대하여는 적절한 제재조치를 취하기 마련인데 경우에 따라서는 다른 협약당사국 소속선박에 대하여도 협약규정의 위반에 관한한 어느 정도 통제를 행할 수 있게 되어 있다.

협약은 종류에 따라 선박에 해당증서를 소지하도록 요구하고 있는데 이는 그 선박이 적절한 검사를 거쳐 협약에서 요구하는 기준에 적합한 상태라는 것을 해당국의 주관청이 증명하기 위한 것이다. 이러한 증서는 다른 협약당사국에서도 인정되고 있으나 경우에 따라 이에 대한 별도의 조치가 취하여지는 수가 있다.

이른바 항만국통제(port state control)라고 불리우는 이 제도는 1982년 EC 14개국이 프랑스 파리에 모여 소위 '기준미달선(sub-standard vessel)의 통제를 위한 양해각서(Paris Memorandum)'를 채택함으로써 기존협약에 명시되어 있는 항만국통제의 실무기준이 확립되었으며, 현재 전 세계적으로 항만국이 자국에 입항한 외국선박에 대하여 실시하고 있다.

물론 이러한 검사는 항만당국의 관할수역 내에서만 행할 수 있으며, 국제수역에서 일어난 협약위반행위에 대한 벌칙부과는 기국의 권한에 속한다. 그러나 외국의 관할수역에서 협약위반행위가 발생하였을 경우 그 외국정부는 자국법에 따라 소송을 제기하거나 해당선박의 기국(flag state)에 위반사항의 내용을 통보하여 기국이 적절한 조치를 취하도록 할 수도 있다.

2. 주요 국제해사협약의 개요

1) 1974년 해상인명안전협약(1974 SOLAS)

① 협약원명 : International Convention for the Safety Of Life At Sea, 1974
② 채택(발효) : 1974. 11. 1(1980. 5. 25)
③ 목적
- 국제적으로 통일된 원칙과 그에 따른 규칙의 설정에 의하여 해상에서의 인명안전 증진
- 선박의 안전을 위한 선박의 구조, 설비 및 운항에 관한 최저기준의 설정

④ 관련국내법 : 선박안전법, 전파법
⑤ 적용범위 : 각 장별로 별도의 명문규정이 없는 한 모든 여객선 및 총톤수 500톤 이상의 선박으로서 국제항해에 종사하는 선박에 대하여 적용
⑥ 채택배경 및 주요내용

19세기말에서 20세기초에 이르는 기간은 수많은 이민자들이 선박으로 유럽에서 아메리카 및 기타 지역으로 이주한 시기이다. 이에 따라 여객선의 운항횟수가 늘어남에 따라 대형해양사고도 증가하게 되었으며, 대표적인 예로 영국국적의 타이타닉호 사고가 있다. 이는 1912년 4월에 발생한 사고로 북대서양에서 빙산과 충돌하여 1,500여명의 여객과 선원이 사망한 대형사고였다. 이 사고를 통하여 해상안전확보에 대한 여러 가지 문제점이 노출되었으며 이를 계기로 1914년 런던에서 국제회의가 개최되어 역사상 최초로 SOLAS 협약이 채택되었다.

이 1914년 SOLAS 협약은 모든 상선의 항해안전문제, 여객선에 대한 수밀구획 및 방화격벽, 구명설비, 소화설비에 관한 사항 등에 관하여 규정하고 있으며, 특히 타이타닉호 침몰당시 부근을 항해중이던 다른 선박에

조난신호를 보냈으나 상호간 의사소통이 되지 않아 인명구조가 지연되었던 점을 감안하여 무선설비의 비치 의무를 규정하였다.

그 후 선박기술발전과 더불어 1929년, 1948년, 1960년 SOLAS 협약을 채택하였으며, 보다 적용선박을 확대하고 더욱 세분하여 규정하기 시작하였다. 특히 이 시기는 화물선의 비중이 여객선에 비하여 크게 신장된 때였으므로 총톤수 500톤 이상의 화물선에 대하여 화물안전설비증서를 비치하도록 규정하였다.

1974년 SOLAS 협약은 해상에서의 인명안전에 관한 국제회의에서 종래 협약의 개정, 시행에 있어 절차상의 지연문제를 해결하고 미발효 상태에 있었던 6차례의 1960년 SOLAS 협약 개정분을 수용하는 새로운 협약을 제정함으로써 이루어졌다. 1960년 SOLAS 협약까지는 협약을 개정하고자 할 때 체약국 정부의 만장일치 또는 총회에서 전체 체약국의 2/3이상이 수락한 후 12개월 후 개정효력이 발생토록 하는 소위 명시수락(explicit acceptance)절차를 취했었다. 이에 따라 개정제안에서 발효까지 6~7년이 소요되었으며 심지어는 발효요건 미비로 인하여 발효되지 못하고 사장되는 개정안도 많았다.

이에 따라 1974년 SOLAS 협약에서는 새로운 개정절차인 묵시수락(tacit acceptance)절차를 도입하여, 규정된 기간 내에 3분의 1을 넘는 당사국 또는 상선선복량의 합계가 총톤수로 세계상선선복량의 50퍼센트 이상이 되는 당사국이 반대하지 아니하는 한 발효하도록 규정하였다. 한편, 그때까지 SOLAS 협약의 부속서로 되어 있던 국제해상충돌방지규칙이 1972년 국제회의에서 별도의 협약으로 채택되었다.

그 후 지속적인 개정작업을 수행하여 제9장으로 국제안전관리규약(ISM Code), 제10장 고속정의 안전조치, 제11장 해상안전강화를 특별조치, 제12장 벌크캐리어에 대한 추가안전조치 및 제5장 · 제11-1장 · 제11-2장에 해사보안관련 규정 등을 추가삽입 또는 개정하였다.

1974년 SOLAS 협약은 협약본문 및 12개장의 부속서로 이루어져 있다. 협약본문의 주요내용은 이 협약 및 부속서의 실시 및 이에 필요한 국내법의 정비 등 당사국의 의무사항, 비상시 인원수송을 할 경우 이 협약적용의 일시 적용제한, 1960년 SOLAS 협약의 폐지, 이 협약의 개정방법 등이 포함되어 있다.

2) 1966년 국제만재흘수선협약(1966 LL)

① 협약원명 : International Convention on Load Lines, 1966

② 채택(발효) : 1966. 4. 5(1968. 7. 21)

③ 목적

- 선박의 풍우밀 및 수밀보전성의 확보
- 만재 흘수선의 지정에 의한 선박의 최대적재량 제한
- 상기에 대한 국제적인 통일규칙 확립

④ 관련국내법 : 선박안전법

⑤ 적용범위 : 국제항해에 종사하는 길이 24미터 이상의 선박. 다만, 군함, 유람요트 및 어선 제외

⑥ 주요내용

1966년 LL은 협약본문, 부속서 및 권고로 구성되어 있으며, 협약본문은 협약의 시행을 위한 일반적인 사항을 규정하고 있다. 즉, 당사국정부의 협약준수 의무, 용어의 정의, 적용대상 및 검사에 관한 사항이 포함되어 있다. 또한 협약의 가입, 발효여건 및 개정방법 등 조약자체의 성립에 관한 사항도 규정하고 있다.

3) 1972년 국제해상충돌방지규칙(1972 COLREG)

① 협약원명 : Convention on the International Regulations for Preventing Collisions at Sea, 1972

② 채택(발효) : 1972. 10. 20(1977. 7. 15)

③ 목적 : 선박충돌방지를 위한 국제적 통일규칙의 제정

④ 관련국내법 : 해상교통안전법, 선박안전법(선박설비기준)

⑤ 적용대상 : 원양항행선이 항행할 수 있는 해양과 이에 접속한 모든 수역의 수상에 있는 모든 선박에 적용

⑥ 채택배경 및 주요내용

선박간의 충돌방지를 위한 최초의 체계적인 법규는 1863년 영국에서 제정된 해상에서의 충돌방지를 위한 규칙(Regulations for Preventing Collisions at Sea)이었다. 이 규칙은 종래의 단편적인 규칙들을 정비하고 선박의 정의, 등화(light), 무중신호(Fog signal), 항법규칙 및 제재조치의 다섯가지 항목을 포함하는 것이었다. 그러나 여러 가지 문제점이 노출되

고 해상충돌방지를 위하여 국제적인 통일법의 제정이 절실하게 되었다.

그 후 1889년 미국의 워싱턴에서 국제해사회의(International Maritime Conference)가 개최되어 새로운 해상충돌방지규칙이 작성되었으며, 1912년 타이타닉호 침몰사고에 의해 채택된 SOLAS 협약의 제3장 항해의 안전에서 충돌방지규칙에 관한 사항 등을 구체적으로 작성하여 명시하였으나, 세계대전 등으로 인하여 실질적인 효력을 발휘하지는 못하였다.

1948년에 이르러서야 새로운 SOLAS 협약 및 국제해상충돌방지규칙이 채택되었다. 범세계적으로 채택된 최초의 통일규칙이라고 할 수 있는 이 새로운 국제해상충돌방지규칙은 1954년 1월 1일부터 1965년 9월 1일까지 시행되었다. 다시 이 규칙은 1960년에 SOLAS 협약과 함께 개정되었으며, 1972년에는 이 규칙을 SOLAS 협약에서 분리시켜 현재의 협약으로 채택하였다.

1972년 국제해상충돌방지규칙의 구성을 보면 제1장은 총칙(General)으로 이 법의 적용, 책임 및 용어정의 등에 대하여, 제2장의 항행규정(Steering and sailing rules)에서는 3개의 절로 나누어 항법을 기술하고 있다. 구체적으로는 제1절 모든 시정상태에서의 선박의 조치, 제2절 다른 선박이 시야내에 있을 때 선박의 조치, 제3절 시정이 제한된 상태에서 선박의 조치 등으로 나누고 있다. 제3장은 등화 및 형상물(Lights and shapes), 제4장은 음향 및 등화신호(Sound and light signals)에 대하여 규정하고 있고, 마지막으로 부속서(Annex)를 담고 있다.

4) 1978년 선원훈련-자격증명 및 당직유지의 기준에 관한 협약(STCW)

① 협약원명 : International Convention on Standards of Training, Certification and Watchkeeping for Seafarers, 1978

② 채택(발효) : 1978. 7. 7(1984. 4. 28)

③ 목적 : 선원의 훈련, 자격증명 및 당직근무의 기준을 국제적으로 통일함으로써 해상에서의 인명·재산의 안전과 해양환경의 보전

④ 관련국내법 : 선박직원법

⑤ 적용범위 : 체약국의 국기를 게양할 권리를 가진 항해선(Ocean-going ships)에 근무하는 선원에 적용. 다만, 군함, 어선, 유람용 요트, 원시적 목선에 근무하는 선원에는 미적용

⑥ 채택배경 및 주요내용

1967년 3월에 Dover 해협에서 발생한 Torrey Canyon호의 좌초에 따라 엄청난 해양오염이 야기됨에 따라 당시 IMCO는 동년 5월에 특별이사회를 개최하여 유류에 의한 오염의 법적 책임의 검토와 선원의 훈련 및 자격의 기준에 관하여 조사할 것을 결정하였다. 이 조사를 위임받은 해사안전위원회(MSC)는 선원의 훈련 및 자격의 국제적 기준 제정작업을 개시하였으나 국제적으로 해기면허는 복잡하기 때문에 통일할 필요가 없다는 결론을 내렸다.

그러나 1970년 5월에 유엔무역개발회의(UNCTAD)의 해운위원회는 IMCO 및 국제노동기구(ILO)에게 선원의 훈련에 관한 국제기준을 조사할 것을 요청하였다. 이에 따라 IMCO는 MSC에 재검토를 명하였고, MSC는 1971년 9월에 훈련·당직기준소위원회(STW)를 신설하여 이 문제를 집중적으로 처리토록 하였다.

STW는 인명·재산의 안전 및 환경의 보호라는 목적하에 다음 사항을 심의하여, 이를 포괄하는 협약 초안을 완성하였다.

- 관계직원의 최저기준을 포함한 안전한 당직을 유지하기 위하여 준수되어야 할 기본원칙을 규정
- 선장, 항해사, 기관사 및 통신사의 훈련과 면허증에 관한 최적 국제기준을 정하고 강제적 적용에 관하여 연구하여 이에 대한 제안을 준비
- 훈련에 관한 IMCO의 입장을 정리

5) 1995년 STCW 개정협약

① 채택(발효) : 1995. 7. 7(1997. 2. 1)

② 개요 : 기존의 STCW 협약은 1978년에 채택된 후 자동화선박의 출현 등 선박 및 선박운항기술의 발전에 따라 선내조직 및 선원의 기능 및 역할에 많은 변화가 있어 왔음에도 불구하고 1991년의 전세계 해상조난 및 안전제도(GMDSS)의 도입에 따른 일부개정 및 1993년 탱커선 승무원에 관한 규정의 개정 이외에는 이렇다 할 규정의 개정이 없어서 변화하고 있는 해운환경 및 해사기술의 추세에 부응하지 못하고 있다는 지적이 있어 왔다. 거기에다 최근에 발생한 대형해양사고의 경우 선원의 실수 등 인적요인에 기인한 사고가 많았다는 점이 지적되었고, 선박의 대형화추세에 따라

한번의 사고로 엄청난 인명과 재산의 피해는 물론 심각한 해양오염 사고를 일으킬 수 있는 개연성 때문에 이러한 인적요인을 동 협약에 반영시키고자 하는 필요성이 절실하게 되었다. 이러한 필요성에 따라 STCW 협약의 개정을 검토하기 시작하여 최종적으로 1995년 6월부터 7월 사이에 개최된 외교회의에서 최종안이 협약으로 채택되었다.

특징으로 각 당사국은 협약 발효후 12개월 이내에 협약에 규정된 조치들의 이행사항을 IMO 사무총장에게 보고하여야 하며, 이를 각 국가별로 5명의 전문가그룹(Competent Person)에 회부하여 심의케하고 그 심의결과를 바탕으로 해당 당사국의 교육 및 면허체계를 인정함으로써 IMO에서 막강한 통제력이 부여되었다는 점을 들 수 있다.

6) 1979년 해상수색 및 구조에 관한 협약(1979 SAR)

① 협약원명 : Internarional Convention on Maritime Search and Rescue. 1979

② 채택(발효) : 1979. 4. 27(1985. 6. 22)

③ 목적 : 국제적인 수색 및 구조(SAR)체제를 확립함으로써 SAR 작업에 참여하는 전세계 수색 및 구조기구간의 협력촉진

④ 관련국내법 : 수난구호법

⑤ 주요내용

SAR 협약은 협약본문 및 부속서로 구성되어 있다. 협약본문은 SAR 협약의 목적을 규정한 전문과 협약시행을 위한 일반규정으로 되어 있다. 일반규정에는 협약시행에 필요한 당사국의 의무, 이 협약의 개정 및 발효절차, 발효요건 및 기탁 등이 포함되어 있다.

7) 해양오염방지협약(73/78 MARPOL)

① 협약원명 : Protocol of 1978 Relating to the International Convention for the Prevention of Pollution from Ships, 1973.

② 채택(발효) : 1978. 2. 17(1983. 10. 2)

③ 목적 : 선박으로부터의 해양오염방지

④ 관련국내법 : 해양오염방지법

⑤ 적용범위 : 협약 당사국의 국기를 게양할 자격이 있는 선박 또는 그 권한

에 운항되고 있는 선박에 적용되나 각 부속서별로 적용대상에 다소 차이가 있다. 다만, 군함, 국가소유의 선박으로서 비상업용 목적에만 사용되는 선박에는 적용하지 아니한다.

⑥ 채택배경 및 주요 내용

해양에 유출된 기름은 증발하거나 용해되거나 가라앉지 않으며 박테리아에 의한 분해도 되지 않기 때문에 지속적으로 해수를 오염시켜 연안수산생물의 생태환경을 파괴하는 한편 해류와 바람에 밀려 광대한 범위로 해안선에 손해를 확대시킨다. 이에 대한 연안국의 규제는 외국선박에 대하여는 국제법상 영해 내에 있을 경우에 한하여 그 대상이 될 수 있고, 또 자국선박만 규제한다면 자국선박의 운항능률이 저하되어 국제해운경쟁에서 불리한 처지에 놓인다. 그러므로 국제적인 통일조약에 의하여 이를 규제하지 않으면 실효를 거둘 수가 없다.

초창기에 이러한 문제를 해결하고자 1954년 기름에 의한 해양오염방지협약(OILPOL)이 채택되었다. 이 후 지속적인 개정작업을 통해 실효성을 확보하려 하였으나, 1954년 OILPOL 협약의 개정이 거듭되는 동안에도 기름의 해상운송량과 탱커의 수는 엄청나게 증가하였고 또 해상을 통하여 운송되는 화학물질은 점점 늘어나서 1954년의 협약으로써는 도저히 해양의 오염을 방지하기에 역부족이라는 사실을 깨달았다.

이에 따라 1973년 선박으로부터의 오염을 방지하기 위한 국제협약(International Convention for the Prevention of Pollution from Ships, 1973 : MARPOL 1973)이 채택되어 해양오염을 방지하기 위하여 기름뿐만 아니라 육지에서 발생된 폐기물을 바다에 투기하는 것을 제외한 모든 형태의 해양오염을 규제하게 되었다.

1973년의 MARPOL 협약은 신속하게 시행되기를 희망하였으나 몇 가지 기술적인 이유와 재정적인 부담 때문에 이 협약을 비준한 나라가 극소수에 불과하고 가까운 장래에 발효될 전망이 보이지 않게 되자 1978년에 개최된 "유조선의 안전과 오염방지에 관한 국제회의(TSPP : International Conference on Tanker Safety and Pollution Prevention)"에서는 MARPOL 협약에 대하여 크게 수정을 가하여 1978년의 MARPOL 의정서(1978 Protocol)를 성립시켰는데 이것이 이른바 MARPOL 73/78이라 줄여서 부르는 "1978년 의정서에 의하여 수정된 1973년의 선박으로부터의 오염을 방지하기 위한 국제협약(International Convention for the Prevention of Pollution from Ship, 1973 as modified by the Protocol of 1978 thereto)"이다. 이 MARPOL 의정서는 1973년 MARPOL 협약의 일부를 수정하는 한편 수정하지 아니한 부분도 모두 받아들인 것으로서, 결과적으로 모 협약인 1973년 MARPOL 협약을 흡수한 1개의 문서로 보아야 한다. 따라서 이 MARPOL 의정서를 보통 73/78 MARPOL이라고 부른다.

주요 내용으로는 기름에 의한 오염방지, 산적된 유해액체물질에 의한 오염규제, 포장된 형태로 선박에 의해 운송되는 유해물질에 의한 오염방지, 선박하수에 의한 오염방지, 선박폐기물에 의한 오염방지 및 선박기인 대기오염방지 규정 등을 담고 있다.

8) 1996년 HNS 협약

① 협약원명 : International Convention on Liability and Compensation for Damage in Connection with the Carriage of Hazardous and Noxious Substances by Sea, 1996

② 채택(발효) : 1996. 5. 3(미발효)

③ 목적 : 선박의 유해·위험물질 유출사고시 손해에 대한 배상

④ 관련 국내법 : 없음

⑤ 적용대상 : 유해·위험물질(HNS)을 운송하는 모든 형태의 항해선 및 해상주정(단, 체약국의 군용성, 비상업적 선박은 제외)

⑥ 채택배경 및 주요 내용

1978년 Amoco Cadiz호 좌초사고 이후 대형 유조선 등에 의한 해양사고가 빈발함에 따라, 기존의 유류오염 민사책임협약(CLC)의 적용 대상에서 제외되는 별도의 유류오염손해에 대한 보상제도를 마련할 필요성이 제기되었다. 즉, CLC는 MARPOL 협약 부속서 I에 규정되어 있는 지속성 유류[1](persistent oil)에 의한 오염손해에 대해서만 보상하고 있으므로 기타의 손해에 대해서도 보상의 필요성이 요구되었다. 이에 따라 IMO 주관으로 1990년 제62차 법률위원회에서 협약안이 최초로 제안되었으며, 1996년 외교회의에서 채택되었다.

---

1) 지속성 유류란 해면상에 엷은 유막을 형성하여 해안까지 이동하는 점성이 큰 기름으로 해양오염 손해가 큰 유류(원유, 연료유, 중유 등)를 지칭함.

HNS 협약의 주요내용으로 해상운송과 관련된 책임은 선박소유자에 의한 손해배상과 HNS 기금(HNS Fund)의 보상이라는 2단계 시스템으로 구성되어 있으며, 제1차적으로는 HNS를 화물로서 실제 운송하는 선박의 소유자가 사전에 의무적으로 가입한 책임보험을 통해 배상하도록 하고 있다. 그러나 선박소유자의 손해배상 책임한도를 초과하거나 그 책임이 면책되는 경우, 또는 HNS 손해가 불가항력이거나 자연현상 등에 의해 야기된 경우에는 HNS를 수령한 수입업자의 분담금으로 설치되는 HNS 기금에서 보상하도록 하고 있다. 이와 같은 HNS 손해 보상체계는 기존의 CLC와 기금협약(FC)의 체계와 매우 유사하지만, HNS 협약은 선박소유자의 책임에 관한 부분과 HNS 기금에 의한 보상규정이 하나의 협약으로 통합되어 있다.

5.3 국제안전관리코드

1. 도입배경

IMO는 '보다 안전한 해운, 보다 깨끗한 해양'(Safer Shipping, Cleaner Oceans)이라는 목표를 달성하기 위하여 선박자체의 구조 및 설비의 강화에 초점을 맞추어 왔다. 그러나 각종 기준을 지속적으로 강화하는 노력에도 불구하고 1987년 3월 'Herald of Free Enterprise'호의 전복사고 등 국제적으로 대형 해양사고와 해양오염사고가 잇달아 발생하였다.

그림 5-3 ● 대형유조선 사고 현장

그 원인을 분석한 결과 IMO는 전체 해양사고의 80%이상이 인적과실(Human error)에 기인한 것으로 판명되었고 이러한 인식하에 인적과실을 방지하기 위한 대책을 마련하기로 하였다. 즉 선박의 물리적 안전성에 추가하여 지속적으로 선원의 자질향상을 위한 노력을 수행함과 동시에 해운기업의 육해상 모든 부서를 망라하는 안전관리시스템을 수립하여 시행하기로 하였다. 이는 IMO가 해상안전과 해양환경보호라는 목표를 달성하기 위하여 하드웨어적인 측면에 부과하여 소프트웨어적인 측면까지 그 범위를 확대하고자 하는 인식의 전환이라 할 수 있다. 결국 그 결과 육·해상을 통합하는 안전관리체계인 국제안전관리코드(ISM Code)를 제정하게 된 것이다.

이에 따라 IMO에서는 1993년 10월 총회결의 제741호로 '국제안전관리규약(ISM Code)'을 채택하고 각국 정부로 하여금 이를 시행토록 권고하였다. 그러나 해상안전을 확보하기 위한 최상의 방안은 SOLAS 협약을 통한 강제화에 있다고 판단하여 1994년 5월 ISM Code를 SOLAS 협약 당사국회의에서 SOLAS 협약 제9장으로 추가하였다.

1) 대형 해양사고와 국제적 대응

(1) Titanic호(여객선)

1912년 북대서양에서 유빙과 충돌하여 침몰. 여객과 선원 1500여명 사망. SOLAS 협약 제정

(2) Torrey Canyon호(유조선)

1967년 영국근해에서 좌초되어 11만 7천톤의 원유가 Dover 해협에 유출. 편의치적선 선원의 자질저하가 문제화됨. MARPOL/STCW 강화

(3) Herald of Free Enterprise호(로로여객선)

1987년 벨기에 지브르그항에서 선수 도어가 개방된 상태에서 출항하여 전복됨. 188명 사망. 여객선 SOLAS 협약을 강화하였으며 ISM 초기 단계

(4) Exxon Valdez 호(유조선)

1989년 Alaska연안 Prince William Sound 수로에서 유빙을 피하려다 좌초되어 원유 35,600톤 유출. 미국 오염방지법(OPA 90). 30억불 오염피해

(5) Scandinavian Star호(여객선)

1990년 북해해상에서 선실화재로 159명 사망. Safety Management System 가속화함(Norway).

(6) Estonia호(여객선)

1994년 발틱해에서 bow ramp 열려서 선박침몰. 900명 이상 사망. Ro-Ro Ferry 검사기준 강화.

2. 목 적

ISM Code의 제정목적은 선박의 안전관리, 운항 및 오염방지에 관한 국제적 통일기준을 마련하여 해운회사 및 선박에 적절한 관리조직, 지침 및 절차 등을 확립토록 하고 최고경영자의 안전관리책임 및 참여의식을 제고함과 동시에 각국 정부가 이의 시행에 필요한 조치를 취함으로서 해상에서의 인명과 재산을 보호하고 해양환경을 보존함에 있다.

3. 대상선박 및 적용시기

SOLAS 협약 제9장의 제정으로 ISM Code는 1998년부터 모든 비준국가에 단계적으로 적용되게 되었다. 이를 나누어 살펴보면 1998년 7월 1일부터 국제항해에 종사하는 모든 여객선, 총톤수 500톤 이상의 유조선, 케미컬탱커, 가스운반선, 산적화물운반선, 고속화물선에 적용되고, 국제항해에 종사하는 총톤수 500톤 이상의 모든 화물선(냉동어획운반선 및 공모선을 포함) 및 이동식 해양구조물에는 2002년 7월 1일부터 적용되었다.

4. 증서발급 및 통제

각국 정부 또는 정부가 인정한 단체는 선사 또는 선박의 안전경영체제가 ISM Code의 요건에 맞는 회사와 선박에 대하여 다음와 같은 증서를 발급하고 선박에는 회사의 안전관리 적합증서 사본과 선박안전관리증서를 비치하여야 한다.

① 사업장 : 안전관리 적합증서(DOC : Document of Compliance)

② 선박 : 선박안전 관리증서(SMC : Safety Management Certificate)

항만국(Port State)은 선박의 입·출항시 증서의 비치 여부를 확인하여 유효한 증서가 비치되지 아니한 선박은 출항을 통제하게 되어 있다. 선박이 ISM Code에 따른 유효한 증서를 소지하고 있지 않은 경우 각국 항만으로부터 출입통제를 받게 되기 때문에 선박의 운항을 위해서 ISM Code 준수는 필수적이다.

5. ISM Code 관련 국내 법규의 적용

우리나라는 대한민국 선급의 안전운항 체제 확립을 위해 ISM Code의 국내 시행을 위한 1997년 6월 3일 “선박안전경영규정”을 제정하여 고시하였으며 1999년 2월 8일 “해상교통안전법 제10조”에 선박의 안전관리체제를 수립화여 시행토록 규정하고 있다.

6. 검증 및 통제

주관청, 주관청의 요청에 의한 다른 체약국 정부 또는 주관청이 위탁한 단체는 선박의 안전관리체제가 적절히 기능하고 있는지를 정기적으로 검증하여야 한다.

규칙에 따라 교부된 증서를 소지하여야 할 선박은 운항요건에 관한 항만국통제를 받아야 한다. 이 목적상 그 증서가 변경된 경우에 특별한 경과 조치를 국제해사기구가 개발한 지침에 따라 작성하여야 한다.

7. 주요 요소 및 내용

조항	요소 항목	주요 내용
1	정의, 목적, 안전관리시스템(SMS)의 기능적 요건 등	안전관리의 목표를 정하고 안전관리시스템을 구축하고, 실행하고, 유지할 것
2	안전 및 환경보호 방침	회사의 안전관리 목표를 달성하기 위한 방침을 명확히 설정할 것
3	회사의 책임과 권한	선박안전과 환경보호에 관련된 업무를 수행하는 자들의 책임과 권한을 분명히 할 것
4	지정된 자	선박의 안전활동을 보장하고, 선박과 최고경영층간의 교량역할을 위해 책임자를 지정할 것
5	선장의 책임과 권한	선상안전활동에 관한 선장의 책임과 권한 및 재량권을 분명히 하여 문서화할 것
6	자원 및 인원	선장을 포함한 자격있는 선원을 배승하고 교육·훈련하고 선상안전활동을 위해 필요한 인적·물적·기술적 자원을 제공할 것
7	선박운항계획의 개발	안전운항과 환경보호에 관련된 주요 선상업무지침을 개발하여 보급할 것
8	비상 대책	잠재적 비상 상황을 식별해 내고 비상 대응계획을 세워 교육·훈련할 것
9	부적합 사항, 사고 및 위험상황의 보고	안전관리시스템 실행 과정에서 발견된 부적합 사항, 발생된 사고 및 위험 상황 등을 회사에 보고할 것
10	선박 및 설비의 정비	강제법규 및 규정에 의해 선박 및 설비의 주기적 검사, 부적합 사항의 원인 색출 및 보고, 시정조치를 할 것
11	문서화	육·해상의 안전관리에 관한 제반사항을 문서화하고 주요업무의 수행절차를 마련할 것
12	회사의 검증, 검토 및 평가	구축된 시스템에 따라 업무 수행이 이루어지는지를 내부감사하고 시스템의 유효성을 검토하고 평가할 것
13	증서, 검증 및 통제	감독관청은 회사와 선박을 심사하고 증서를 발급하고 정기적으로 감사할 것

8. 기대효과

선박 회사의 육상 조직 및 선박에서 ISM Code의 규정에 따라 안전관리시스템을 수립하고 시행하는 경우 해양 사고에 대한 예방 활동으로 경영 비용의 감소, 조직 관리의 효율성 증진, 육 · 해상간의 원활한 의사 소통, 효과적인 안전관리 체제의 정립, 선박에서 비상 상황 발생시 효과적인 대응, 해양 사고 감소와 운항 능률의 향상이라는 효과가 기대되어진다.

5.4 항만국통제

1. 도입배경 및 동기

제2차 세계대전 이후 수십년간 세계적으로 눈부신 경제 성장을 이룩해 온 동시에 선진국을 중심으로 산업화에 따른 환경피해에 대한 관심이 증대되어 여러 가지의 분야와 계층에서 환경보호활동 또한 활성화되어 온 것이 사실이다. 이와 관련하여 선박운항에 따른 해양환경파괴를 방지하기 위하여 IMO에서는 선박안전과 선박에 의한 해양오염방지에 관하여, ILO에서는 선원의 작업안전과 근로환경개선에 관하여 다양한 국제협약을 개발해 왔다.

그림 5-4 • 항만국통제 검사

그러나 이러한 국제협약들은 전 세계적으로 효율적으로 시행되어야 하나, 많은 국가에 의해 비준되지 못하거나, 또한 비준되었다 하더라도 기국정부에 의하여 효과적으로 시행되지 못하고 있는 것이 현실이다. 이러한 현상을 초래하게 되는 주된 원인 중의 하나로서 편의치적선의 확대를 들 수 있다.

대부분의 경우에 선원의 정원관리, 외국선원의 고용 및 선박유지관리 등으로 인한 경제적 부담 경감을 위하여 채택하고 있는 편의치적은 오랜 역사를 가지고, 제2차 세계대전 이후에 획기적으로 성장하여 왔으며, 최근에는 세계 해운의 61.8%[2)]를 차지하기에 이르렀다.

이러한 편의치적선의 증가는 선박관리의 부실에 따른 해양사고의 증가와 더불어 해양오염사고를 수반할 수 있다. 그러나 선박관리에 대한 주된 관할 권한이 기국정부에 있으므로 편의치적선의 안전관리 증진에는 한계가 있었다.

그러던 중 전세계적으로 항만국 통제 시행의 필요성의 인식은 라이베리아 선적 유조선 Amoco Cadiz호 좌초로 인한 대형오염사고가 계기가 되었다. 246,350톤의 원유가 유출되어 프랑스 비스케이만 인근 해안 241km를 오염시켰던 이 사고는 유럽 국가들에게 심각한 충격을 안겨 주었다.

결과적으로 Torrey Canyon 호에 이은 Amoco Cadiz 호 사고는 특히 편의치적선을 대상으로 항만국통제(Port State Control)를 유럽국가들이 공동으로 시행하게 된 직접적인 동기를 제공하게 되었다.

2. 의 의

전통적으로 선박은 국제법상 기국주의 원칙에 따라 기국정부가 통제 및 관할권을 행사하여 왔으나, Torrey Canyon 호 및 Amoco Cadiz 호 등 연이은 대형 해양사고로 인해 연안국의 피해가 속출함에 따라 세계각국이 자국항만에 입항하는 외국선박에 대하여 국제협약상의 기준 준수여부를 엄격히 확인하고 기준미달시 출항정지 등 강력한 통제를 행함으로써 자국연안에서의 해양사고를 방지하고 해운산업을 보호하고자 하는 제도로써 항만국통제를 만들어 낸 것이라 할 수 있다.

즉 기국주의에 따라 선박에 관한 1차적 관할책임은 국적을 부여한 기국에 있

2) 세계 해운에서 편의치적선의 비율은 1970년에 18.0%, 1980년에 27.2%, 1990년에 34.3%로 증가한 이후, 2000년 7월 현재에는 61.8%로 증가하였다. 2000년의 세계 총선복량 7억 5,323만톤(DWT : Deadweight Ton : 재화중량톤수) 중 편의치적 선대가 4억 4,209만톤(DWT)으로 순수 국적선이 불과 40%도 안된다. 특히 선박보유 상위 10대 해운선진국의 편의치적 비율이 67.6%에 달하고 있다(The Institute of Shipping Economics and Logistics(ISL), Shipping Statistics Yearbook, 2000).

으나, 경제적 목적을 위한 편의치적선의 증가 및 그에 대한 효과적인 통제가 이루어지지 못함으로 인해 해상안전 및 해양환경을 위협하는 기준미달선의 양산이라는 결과를 낳은 것이다. 이에 대한 대응책으로서 선박안전관리가 부실한 편의치적선을 충분히 고려하여 기국주의 원칙에서 벗어나 자국항만에 입항하는 외국선박에 대하여도 국제협약의 기준에 따라 선박안전운항 능력을 점검할 수 있는 실질적인 권한을 연안국에게 부여함으로써 자국연안에서의 해양사고 방지 및 해양환경보호라는 목적을 달성하고자 하는 것이다.

또한 이는 IMO 협약의 이행을 강제화하는 역할도 하고 있다. 즉 IMO 협약의 시행은 각 협약당사국 정부의 고유권한이며 IMO는 협약의 시행에 관하여 아무런 권한이 없는 것이 사실이다. 하지만 협약당사국의 자국선박에 대한 통제뿐만 아니라 타국의 항만국에 의한 국제협약이행을 강제 받음으로 인해 실질적으로 IMO 협약당사국으로서의 협약이행을 강제화하고 있음을 알 수 있다. 이는 IMO의 입장에서는 IMO 협약의 이행이라는 측면에서 강력한 수단으로 활용되고 있는 것이다.

3. 항만국통제의 영향

PSC 검사가 활성화되기 이전에는 해난사고가 발생하면 사고 원인을 조사하기 위하여 본선에 승선하여 설치된 시설 및 설비들이 국제협약에서 요구하는 조건에 합당한지를 조사하였으나, 최근에는 해난사고의 유무에 상관없이 PSC라는 명목으로 주기적으로 점검하여 국제협약에 위배된 사항을 조사하고, 발견된 위배사항에 대하여는 결함사항(Deficiency)으로 처리하고 이에 대한 시정조치를 요구한다. 또한, 발견된 결함사항에 대하여 데이터를 선박별, 기국별, 선급별로 분류하고 그 결과를 주기적으로 인터넷을 통하여 일반인에게 공개한다. 다시 말하면 과거에는 해난사고의 결과로서 협약준수 여부를 확인했으나, 현재는 PSC라는 도구를 이용하여 사고의 예방차원에서 자국항에 입항하는 선박에 대하여 협약준수 여부를 확인한다.

인터넷을 통해 발표된 결함사항 통계 자료는 해당 기관의 명성에 치명적인 영향을 줄 수 있다. PSC 성적이 나쁜 기국에게는 등록 선박의 감소뿐만 아니라 국제적으로 비난의 대상이 될 것이며, 화주가 선사를 선택하는데 선사의 PSC 출항정지율은 중요한 자료로 활용될 것이다. 또한 PSC 성적이 나쁜 선주는 PSC 점검횟수가 증가함에 따른 직접적인 금전적 손해를 받을 것이다.

4. 항만국통제의 발전

1) 개별국가에 의한 항만국통제

초기 항만국통제 형태는 1970년대 초반 선진국을 중심으로 자국내 입법 조치를 근거로 하여 자국의 영해 내에서의 항해안전 확보 및 해양환경보호를 목적으로 자국 항만에 입항하는 외국적 선박을 대상으로 검사를 실시해 왔다. 호주는 1972년부터, 미국은 1978년부터 Port & Tanker Safety Act에 근거하여 시행해 왔으며, 일본은 1984년 외국선박의 감독 실시 요령(고시)을 제정하여 시행해 왔다. 그러나 이러한 개별국가에 의한 항만국통제는 항만국별로 통제절차와 집행과정에 상이한 약점을 가지고 있다.

2) 국제협약에 근거한 개발단계

국제해양법협약(UNCLOS), SOLAS, MARPOL, LL, STCW, ILO 147호 등 국제협약내에 연안국의 영해 내에서의 외국선박에 대한 통제권한을 명시하고 개별국가별로 실시하는 단계로 시행국가의 수는 증가하였으나, 여전히 항만국간의 절차상 편차는 존재하여 통일성이 다소 결여되어 있었다.

3) 지역협력에 의한 항만국통제

개별국가를 중심으로 한 항만국통제는 절차상의 문제와 기준미달선의 퇴치에 어려움이 있었으며, 이러한 과정에서 1982년 1월 기준미달선의 운항을 규제하기 위하여 유럽 14개국이 항만국통제의 공동 시행을 위한 양해각서(Paris MOU)를 채택하여 1982년 7월 1일부터 발효하게 되어 지역협력체제의 효시가 되었다.

또한 IMO에서는 파리양해각서에 의한 항만국통제 공동시행이 기준미달선의 퇴치에 큰 성과를 거두고 있다고 평가하고, 지역별 항만국통제 협력체제의 구축을 적극 권장하였다. 이에 따라 1992년 11월 남미지역의 10개국이 참여하는 남미지역 항만국통제 협력체제가 채택되게 되었으며, 이어서 1994년 4월 우리나라를 포함한 아시아·태평양지역 18개국이 참여하는 지역협력체제(Tokyo MOU)를, 1996년 2월 카리브해 지역의 20개국이 참여하는 카리브해 항만국통제협력체제(Caribbean MOU)를, 1997년 7월에는 지중해지역 항만국통제 협력체제(Mediterranean MOU)를, 최근 1998년 6월에는 인도양을 중심으로 한 인도양해역 항만국통제 협력체제(Indian Ocean MOU)를 구축하기에 이르렀다.

이러한 지역협력체제를 통한 항만국통제 시행에 있어서 국가간의 편차 해소를 위한 항만국통제 절차의 통일화가 새로운 과제로 대두됨에 따라, IMO에서는 절차상의 통일을 도모하기 위해 1995년 11월 항만국통제의 통일된 절차인 총회결의서 제787호를 채택하게 되었다.

4) 범세계적 네트워크화

최근에는 지역협력간 유기적 정보교환체계를 구축하기 위해 노력하고 있다. 이는 각 지역별 항만국통제에 대한 제반정보를 인터넷을 이용하여 연결함으로써 기준미달선에 대한 정보를 세계 각국이 공유하고자 하는 것으로, 선진국을 중심으로 기준미달선의 효과적 제어를 위한 보험, 금융, 선주상호보험조합, 선박중개인, 은행 등 제3자까지 가세한 총체적 공동연계 모색 등으로 범세계화되고 있다.

5. 항만국통제의 특성

PSC 검사는 관련 국제기준의 이행을 보장할 목적으로 자국에 입항하는 외국선박에 대해 선박의 국적에 차별없이 이루어져야 하는 통제제도로서 다음과 같은 특성이 있다.

첫째, 기준미달 외국적 선박이 국내의 항만이나 연안에서 해난사고를 야기하면 양식장의 황폐화, 어로활동 불가, 친수공간 상실, 해상수송로 상실 등 국가·국민경제에 막대한 손실을 초래할 수 있으므로 PSC는 국익을 담보하기 위한 적극적인 행위이자 수단이라 할 수 있다. 둘째, 힘의 논리에 따른 강대국과 약소국간 불균형, 불평등, 형평성의 문제점이 있을 수 있다. 셋째, 지역별로 협력하여 각국의 실적 및 활동상황이 공표되기 때문에 해상안전 및 해양환경보호를 위한 IMO 등의 국제적 관심과 노력의 기준이 된다. 넷째, 외국적 선박에 대하여 국제기준의 준수를 통한 국제적 협력상황을 확인할 수 있는 종국적이고 능동적인 검사수단이 된다. 다섯째, PSC는 샘플링 방식의 검사기법을 사용하는 검사의 한계성 때문에 통제행위와 선박의 감항성 문제는 별개라는 등의 특성과 문제점을 가지고 있다. 여섯째, 선주·기국·선급 등이 선박에 대한 안전관리를 철저히 하였는가를 확인할 수 있는 최종적인 안전장치로서 민간에 위임할 수 없는 정부 고유의 책임업무이다. 일곱째, 항만국이 외국적 선박을 통제하는 제도이므로 검사결과에 대한 인정여부를 따라 외교적 사안으로 확대되어 국가간 분쟁으로 비화될 수 있는 속성을 가지고 있다.

6. 우리나라 항만국통제 현황

우리나라는 파리양해각서에 의한 유럽 항만국통제 시행의 영향으로 1986년 9월 부산항과 인천항에서 처음으로 시행후 1988년 9월부터 전체 무역항으로 확대 시행하였다. 이후 1994년 1월 아시아·태평양 항만국통제 양해각서(Tokyo MOU) 수락 후 본격적 항만국통제를 실시하고 있다. 특히 동경양해각서의 경우, 인터넷을 통해 출항정지선박에 대하여 1998년 4/4분기부터 분기별로 선박명단을 공개하기 시작하여 1998년 5월부터는 월별 억류선박을 공개하고 있으며, 파리양해각서와 동경양해각서간에는 출항정지 후 무단도주선박이나 결함이 심하여 일정기간 역내에 입항이 거부된 선박에 대한 정보를 위원회의 사무국을 통하여 상호통보하고 있다.

1996년 이후부터는 점검률을 꾸준히 제고하고 특히 편의치적선, 노후선 등 기준미달혐의가 많은 선박위주로 점검을 실시하여 항만국통제의 효율성을 높이는데 주력하고 있다.

표 5-2 ● 우리나라의 항만국통제 점검률 및 결함선박률

구분	1996	1997	1998	1999	2000	2001
개별입항척수(A)	7,683	8,027	8,385	8,008	8,400	9,380
검사선박(B)	749	1,096	1,276	1,846	2,200	2,348
비율(A/B)	9.7%	13.7%	15.2%	23.1%	26.2%	25.0%
결함선박(C)	291	673	846	1,113	1,361	1,687
비율(B/C)	38.9%	61.4%	65.8%	61.9%	61.9%	71.8%

5.5 국제해사보안제도

1. 도입배경 및 의의

미국의 9·11 테러 참사 이후 보안문제가 각국 및 국제기구의 주요 현안으로 등장한 이후 피해 당사국인 미국의 경우에 정부 및 민간 차원에서 가능한 모든 물적·인적 자원을 동원하여 필요한 조치를 시행하였다. 이러한 조치는 참사를 겪은 인간의 존엄성을 회복하고, 재발을 방지하기 위해 필요한 조치로 인식되어 그 정당성이 부여되었다. 하지만 미국의 보안강화조치는 너무 일방적이고, 각국과 국제기구도 이를 추종하는데 불과하여 사실상 미국의 이익을 위한 입법이 세계 규범화하고 있다는 반론이 제기되면서 IMO을 비롯한 유엔전문기구에서도 선박과 항만의 보안을 강화하기 위한 방안을 강구하기 시작하였다.

IMO는 법률위원회의 주관으로 LNG 및 LPG 등을 포함한 해상화물 운송선박 및 항만시설에 대한 해상 테러 가능성을 대비하기 위한 해상분야 보안강화 규정의 제정 작업을 수행한 결과, IMO는 회원국 대표 등 500여명이 참석한 가운데 2002년 12월 영국 런던에서 국제선박·항만시설보안규정(ISPS : International Code for the Security of Ship and of Port Facilities)을 새로 제정하고, 기존의 해상인명안전협약(1974년 SOLAS 협약) 개정안도 채택하였다.

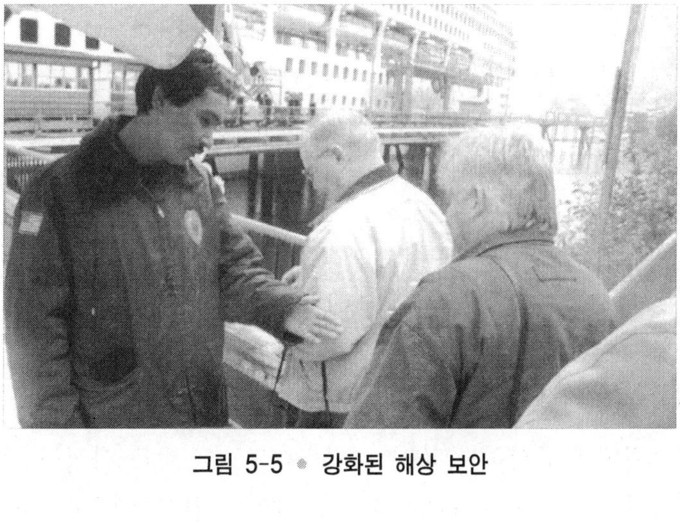

그림 5-5 ◦ 강화된 해상 보안

결국 IMO는 1974년 SOLAS 협약의 개정과 ISPS 규정의 제정, 그리고 이 같은 협약을 시행하는데 필요한 각종 후속작업 등에 관한 결의서를 토대로 국제해사보안제도를 확립해 나가고 있으며, 선박과 항만시설 등이 테러의 수단과 목표가 되는 것을 막기 위해 동원 가능한 모든 법적 수단을 활용한 것이 특징이라 할 수 있다.

2. 구성 및 적용대상

국제해사보안규칙(ISPS Code)은 각종 테러 위협으로부터 선박 및 항만시설을 보호하기 위해 개정된 1974년 국제해상인명안전협약(SOLAS 협약)의 제XI-2장(해사보안 특별조치)의 부록으로 2002년 12월 해사보안에 관한 외교회의에서 채택되었다. SOLAS협약 제XI-2장은 해사보안에 관한 세부 이행사항에 대하여 국제해사보안규칙(ISPS Code)에 위임하고 있으며, 동 규칙은 강제사항인 A편과, A편의 규정들을 준수하기 위한 권고지침인 B편으로 구성되어 있다. 아래에서는 SOLAS 협약상의 해사보안규정과 더불어 강제규정으로 각 당사국의 철저한 이행이 필요한 A편의 내용을 간단히 살펴보고자 한다.

동 규칙은 2004년 7월 1일부터 발효되며, 국제항해에 종사하는 선박들이 이용하는 항만시설과 국제항해에 종사하는 고속여객선을 포함한 여객선, 총톤수 500톤 이상의 고속정을 포함한 화물선 그리고, 이동식 해상구조물 등에 적용된다.

3. 주요 내용

국제해사보안규칙(ISPS Code)의 A편은 총 19개의 규정으로 구성되어 있으며, 선박, 여객(선원 포함), 화물, 항만시설 등에 대한 테러행위를 예방하기 위해 정부, 선사 및 항만당국이 행하여야 할 의무를 규정하고 있다. 주요내용은 선박 및 항만보안으로 대별할 수 있으며, 선박 및 항만시설에 대한 보안전담자를 지정하여 보안평가를 실시한 후 그 결과를 토대로 보안계획서를 작성하여 정부의 승인을 받은 후 관련 규정의 내용을 이행하도록 하고 있다.

1) 선박보안계획의 수립

국제항해에 종사하는 500톤 이상의 모든 선박은 사전에 실시한 보안평가를 바탕으로 보안단계별 조치사항을 포함한 보안계획을 수립하여 정부의 승인을 받은 다음에 선박에 비치하고 운항하여야 한다.

선박보안계획은 선종별, 항로별 특성에 따라 동일한 내용을 포함할 수 있으나, 보안평가만은 반드시 현장에서 별도로 실시하여야 하며, 이 계획에는 보안위협과 보안사고[3] 등이 발생하는 경우에 선박에서 취해야 할 구체적인 조치들이 한글과 영어 등으로 작성되어야 한다. 그리고 체약당사국은 선사 등이 마련한 선박보안계획을 승인하여야 하는데, 이 같은 업무를 보안심사인증기관에 위임하여 처리할 수 있도록 하고 있다.

2) 국제항만시설의 보안계획 수립

국제항로를 운항하는 선박이 입출항하는 항만시설도 사전에 이루어진 보안평가를 토대로 보안단계별 보안계획을 수립하여 시행하여야 한다. 여기에서 말하는 항만시설(Port Facility)이란 체약국 정부 또는 지정관청이 결정한 선박과 항만의 연계서비스가 일어나는 곳으로 우리나라의 경우 28개 무역항이 대상이 된다.

이러한 항만시설 보안계획에는 보안단계별 조치사항이 규정되어야 하나 기존의 항만보안계획이나 기타 비상계획에 반영하거나 연계하여 시행할 수 있으며, 보안심사인증기관에 위임할 수 있으나 보안계획의 승인은 선박과 달리 위임이 불가능하기 때문에 체약국 정부만이 할 수 있다.

3) 선박식별경보장치 설치 의무화

선박식별시스템과 보안경보시스템의 장착을 의무화하고 있다. 선박식별장치는 선박의 명칭, 적재화물의 종류, 입출항 항만 등 선박에 관한 모든 정보를 연안기지국과 주고 받을 수 있는 시스템으로서 항만국은 이 시스템에서 송출되는 정보를 이용하여 그 선박의 움직임을 파악하고, 항적을 추적하는 등 적절한 조치를 취할 수 있다.

이와는 별도로 실제 선박에서 보안사고가 발생하는 경우에 인근지역의 관할기관에 위급상황을 통지할 수 있는 선박보안경보시스템도 설치하여야 한다.

---

3) 보안사고의 유형으로는 ① 폭발물, 방화, 사보타지 등으로 인한 선박이나 항만시설의 훼손이나 파괴, ② 선박이나 선박에 있는 사람의 납치, ③ 화물, 선박 필수 장비와 시스템, 선용품에 대한 불법적인 조작이나 변경, ④ 대량살상무기(WMD)를 포함한 무기류 또는 장비의 밀반입, ⑤ 선박이나 선박의 장비를 테러의 무기로 이용하는 행위, ⑥ 해상 또는 정박하고 있는 선박에 대한 공격 등.

4) 선박번호와 이력기록부

선박에 식별번호를 표시하고, 이력기록부를 비치할 것을 규정하고 있다. 선박식별번호는 기존 IMO 선박번호를 선박에 영구적으로 표시하는 것으로 자동차의 등록번호판을 선박에 부착하는 것과 같은데 선수부분이나 선체 양쪽 등 눈에 잘 띄는 곳에 부착하여야 하며, 여객선인 경우에는 해면과 수평하게 이 번호를 표시하여야 한다.

선박이력기록부(Continuous Synopsis Record)는 선박의 국적 변경이나 소유자의 변경현황 등을 손쉽게 확인하기 위한 선박 비치 문서로서 선박의 기국명, 등록일 및 선박식별번호, 선명, 선적항, 등록선주 성명 및 주소, 회사명, 입급된 선급명칭 등 13개 사항을 기록선박을 소유한 해운회사의 명칭과 주소, 선박안전증서를 발행한 관할 기관, 선박을 검사한 해당 선급에 대한 명세를 기록하도록 하고 있다. 이 같은 제도의 도입은 선박이 '호적세탁' 등과 같은 방법으로 국제테러집단에 이용되는 것을 방지하기 위한 것이다.

5) 선사에 해상안전-보안책임 부과

선박을 운항하는 선사에 대해서도 선박보안계획의 수립과 함께 선박마다 선박보안책임자(Ship Security Officer)와 회사보안책임자(Company Security Officer)를 임명하도록 하고 있다.

선박보안책임자는 정기적으로 선박의 보안사항을 점검하고, 선박보안계획을 이행, 유지, 감독하는 권한과 책임을 가지며, 회사보안책임자는 적절한 보안평가와 기타 관련 정보를 활용하여 당해 선사에서 직면할 수 있는 위험수준에 대한 자문과 선박보안 평가업무를 수행한다.

또한 선사는 회사보안책임자와 선장, 선박보안책임자 등이 당해 업무를 수행하는데 필요한 지원을 하여야 하며, 주기적으로 교육과 훈련을 보장하여야 한다. 특히 선사는 해사보안업무에 관한 한 선장에게 폭넓은 권한과 재량을 부여하여야 하는데, 선박의 안전이 위협받거나 보안사고가 발생하는 경우에 선사나 용선주의 지시에 따르지 않고, 선장의 직업적 판단에 따라 조치를 취할 수 있게 하여야 한다.

뿐만 아니라 선사는 선장에게 그 선박에 승선한 선원의 임명권자, 선박의 운영책임자, 그리고 용선주에 관한 정보를 제공하여야 하는데, 이는 선박입항허가를 받는 과정에서 항만국의 요구에 따르기 위한 것이다.

6) 체약국 정부의 의무

체약국 정부는 선사나 항만당국이 보안계획을 수립하는 데 필요한 단계별 보안 수준을 결정하여야 하고, 보안사고가 발생할 경우에 시설을 보호하는 데 필요한 기본지침을 제공할 의무가 있다. 또한 체약국 정부는 직접 또는 적절한 기관을 지정하여 선박 및 항만시설에 대한 보안평가를 시행하거나 그 결과를 심사하고, 보안계획을 승인하는 것은 물론 준수여부를 지속적으로 감독할 책임이 있다.

선박 및 항만시설 보안계획의 승인과 관련하여서는 이와 같은 업무를 수행하는 책임있는 국가기관이나 지정된 기관이 있는 경우에 그 명칭과 연락처 등을 IMO에 제공하여 다른 국가나 선사에서 활용할 수 있도록 하여야 하며, 자국선박이 이 협약에 정한 요건을 충족하고 있는지 검사를 시행하고, 합격한 선박에 대해서는 국제선박보안증서를 발행하여 국제항해에 종사하는데 지장을 받지 않도록 하여야 한다.

7) 회사의 의무

선박보안계획서에 선장의 권한을 강조하고 정부 및 회사에 지원을 요청할 최우선의 책임 및 권한을 가짐을 명시한다. 또한 회사는 회사보안책임자, 선장 및 선박보안책임자가 ISPS Code에 따라 의무와 책임을 다 할 수 있도록 필요한 지원을 제공한다.

8) 항만국통제 강화

체약국 정부는 자국에 입항하는 외국선박이 협약 규정의 이행여부를 확인하고 제재를 가할 수 있는 항만국통제를 실시하여야 하는데, 다른 협약과 다른 사항은 입항전의 선박에 대해 선박과 선원, 여객명단, 적재화물, 입항전 기항지 등에 관한 정보를 요구할 수 있으며, 조사 결과 보안위협이 있는 것으로 판단되는 경우에는 그 선박의 입항을 금지하거나 영해 밖으로 추방하는 등 적절한 조치를 취할 수 있다는 것이다. 또한 이 같은 항만국통제는 협약에 가입한 국가뿐만 아니라 비가입국가 선박에 대해서도 동일하게 적용되므로 협약에 가입하지 않은 것이 협약 면제수단이 될 수 없는 강제력을 가지고 있다.

제 6 장

해상교통법

제6장 해상교통법

해상교통법은 해상을 항행하는 선박이 준수하여야 하는 교통질서에 관련되는 공법적인 법규범을 의미한다. 여기에서 말하는 해상교통법은 국제해상충돌방지규칙, 해상교통안전법 및 개항질서법 등을 포괄하는 개념이다. 그러므로 선박의 국제항행성에 비추어 해상에서 적용되어야 할 교통법을 통일하고자 제정된 국제협약인 국제해상충돌방지규칙과 맥을 같이 하여 한국 연안에서의 해상교통질서의 유지를 목적으로 선박항행상의 위험과 장애를 제거하기 위하여 제정된 해상교통안전법 및 이에 대한 특별법적 지위에 있으며 개항의 항계안에서 선박교통의 안전 및 질서유지를 목적으로 하는 개항질서법에 관하여 개관하도록 한다.

6.1 국제해상충돌방지규칙

1. 초기의 해상충돌방지규칙

18세기 초에 해상교통의 수단이 돛에 의존하던 범선시대에서 증기에 의한 기선로 바뀌면서 선박이 대형화되고, 또한 속력도 증가하여 해상에서의 교통을 규제하는 법을 만들 필요성이 대두하게 되었다.

이에 따라서 1840년에 영국의 트리니티 하우스(Trinity House)는 관습법을 바탕으로 하여 새로운 항행규정을 만들었다. 그 후에 증기선 항행법(Steam Navigation Act, 1846), 해사규칙(Admiralty Regulations) 및 해운법(Merchant Shipping Act) 등을 제정하면서 보다 구체적인 항행규정이 만들어지게 되었다.

그러나 실질적인 국제해상교통법규는 1863년 영국정부의 통상부(British Board of Trade)의 주관하에 제정된 '1863년 해상항해규정'으로써 그때까지 분

산되어 있던 항해규정, 즉 트리니티 하우스의 항행규정을 포함한 모든 항행규정을 폐기하고 칙령으로 제정된 규칙이었다. 이 항해규정은 선박의 정의, 등화, 안개신호, 항행규칙 및 처벌 등의 내용을 포함하는 해상교통규칙으로서 1864년 말에는 30여개 국가가 채택하여 사용하게 됨으로써 국제해상교통법규의 역할을 하게 되었다.

2. 발달 과정

1889년 미국의 워싱턴에서 국제해사회의(International Maritime Conference)가 개최되어 새로운 국제해상충돌방지규칙인 워싱턴회의규칙(Washington Congress Regulations)이 체결되었다. 이 규칙은 영국, 미국, 독일 및 프랑스에 의해 채택되면서 1895년부터 시행되게 되었다.

이후 1912년 4월 15일의 여객선 타이타닉호의 침몰사고에 따라 1913년에 대서양 연안의 국가들은 해상인명안전회의(International Conference for the Safety of Life at Sea)를 개최하여 SOLAS 협약을 채택하였다. 이 협약에서는 제3장(항해의 안전)에 충돌방지규칙에 관한 사항을 구체적으로 정하고 각국은 국내법으로 수용할 것을 약속하였으나 제1차 세계대전(1914～1918)이 발발하여 실질적으로 실시하지 못하였다.

1929년에는 제2회 해상인명안전회의가 개최되어 충돌방지규칙을 13개조로 확대하고 이를 SOLAS 협약의 제2부속서로 협약안에 첨부하였다. 그러나 이 또한 제2차 세계대전으로 인하여 국제협약으로서 비준·발효되지 못하였다. 결국 세계대전으로 인하여 SOLAS 협약이 제대로 발효되지 못하므로 인하여 1895년 국제해상충돌방지규칙이 1954년까지 시행되는 결과를 가져오게 되었다.

1948년 영국의 런던에서 다시 국제해상인명안전회의가 개최되었고 이 회의에서 1948년 SOLAS 협약 및 국제해상충돌방지규칙이 채택되었다. 범세계적으로 채택된 최초의 통일규칙이라고 할 수 있는 이 새로운 국제해상충돌방지규칙은 1954년 1월 1일부터 1965년 9월 1일까지 시행되었다. 다시 이 규칙은 1960년에 SOLAS 협약과 함께 개정되었으며, 1972년에는 이 규칙을 SOLAS 협약에서 분리시켜 현재의 협약으로 채택하였다.

이 1972년 국제해상충돌방지규칙은 1981년 11월의 제12차 IMO총회를 통하여 총칙에서 부속서에 이르는 광범위한 개정이 이루어졌고, 다시 1987년 11월의 제15차 IMO총회에서 항법규정을 중심으로 일부 개정이 이루어졌다. 그리고

1989년 10월의 제16차 IMO총회에서 일부 개정안이 결의문으로 채택되었고, 1993년 11월의 제18차 IMO총회에서 주로 어선에 대한 내용을 중심으로 한 개정안이 결의문으로 채택되어 1995년 11월에 발효되었다.

3. 주요 구성

국제해상충돌방지규칙(1972 COLREG)에 관한 모든 규정은 우리나라의 해상교통안전법에서 수용하여 그대로 따르고 있으며, 다만 법 조문간의 배열만 다를 뿐이다.

1972 COLREG규칙의 구성을 보면 제1장은 총칙(General)으로 이 법의 적용, 책임 및 용어정의 등에 대하여 기술하고 있으며, 제2장의 항행규정(Steering and sailing rules)에서는 3개의 절로 나누어 항법을 기술하고 있으며, 구체적으로는 제1절 모든 시정상태에서의 선박의 조치, 제2절 다른 선박이 시야내에 있을 때 선박의 조치, 제3절 시정이 제한된 상태에서 선박의 조치 등으로 나누고 있다. 제3장은 등화 및 형상물(Lights and shapes), 제4장은 음향 및 등화신호(Sound and light signals)에 대하여 규정하고 있고, 마지막으로 부속서(Annex)를 담고 있다.

4. 용어의 정의

이 규칙에서 사용하는 주요한 용어의 정의는 다음과 같다.

① 선박(vessel) : 무배수량선과 수상비행기를 포함하여 수상의 운송수단으로 사용하거나 또는 사용할 수 있는 수상의 모든 배를 말한다.

② 동력선(power-driven vessel) : 기계로 추진하는 모든 선박을 말한다.

③ 범선(sailing vessel) : 추진 기계를 장치하고 있더라도 이 추진기계를 사용하지 않은 경우로서 돛으로 진행하는 모든 선박을 말한다.

④ 어로에 종사하고 있는 선박(vessel engaged in fishing) : 조종성능을 제한하는 어망, 낚시줄, 트롤망 또는 기타의 어구를 사용하여 어로하고 있는 선박을 말하며, 조정성능을 제한하지 않는 예승 또는 기타의 어구를 사용하여 어로하고 있는 선박을 포함하지 않는다.

⑤ 조종불능선박(vessel not under command) : 어떠한 예외적인 사정으로 이 규칙의 규정에 따라 조종할 수 없고, 그 때문에 다른 선박의 진로를

피할 수 없는 선박을 말한다.

⑥ 조종능력제한선박(vessel restricted in her ability to manoeuvre) : 그 선박의 작업의 성질상 이 규칙의 규정에 따라서 조종하는 능력이 제한되고 또 그 때문에 다른 선박의 진로를 피할 수 없는 선박을 말한다.
예를 들면, 항로표지 또는 해저전선 부설 작업에 종사하고 있는 선박과 항행중에 보급에 종사하고 있는 선박 및 식량 또는 화물을 옮겨 싣는데 종사하고 있는 선박 등을 들 수 있다.

⑦ 흘수제약선박(vessel constrained by her draught) : 이용할 수 있는 가항수역의 수심과 폭 및 자선의 흘수와의 관계로 침로에서 벗어날 수 있는 능력을 매우 제한받고 있는 동력선을 말한다.

⑧ 시야내에 있다 : 한 선박이 다른 선박을 시각에 의하여 관찰할 수 있는 경우에 한하여 선박이 서로 시야 내에 있다고 본다.

⑨ 제한된 시정(restricted visibility) : 안개, 엷은 안개, 강설, 폭풍우, 모래폭풍 또는 기타 유사한 원인에 의하여 시정이 제한된 상태를 말한다.

5. 항행규정(모든 시정 상태에서의 선박 조치)

1) 경계(look-out)

모든 선박은 상황 및 충돌의 위험성을 충분히 판단할 수 있도록 시각과 청각만 아니라, 그 당시의 사정과 조건에 알맞은 이용가능 한 모든 수단으로써 언제나 적절한 경계를 유지하여야 한다.

2) 안전한 속력(safe speed)

모든 선박은 충돌을 피하기 위하여 적절하고 유효한 동작을 취할 수 있고 또 당시의 사정과 조건에 적합한 거리에서 정선할 수 있도록 언제나 안전한 속력으로 항행하여야 한다.

3) 충돌의 위험성

모든 선박은 충돌의 위험성이 있는지의 여부를 판정하기 위하여 당시의 사정과 조건에 적합한 모든 이용할 수 있는 수단을 활용하여야 하며, 충돌을 피하기 위한 침로나 속력의 변경은 다른 선박이 쉽게 알아볼 수 있을 만큼 충분히 크게 하여야 한다.

4) 좁은 수도(narrow channels)

좁은 수도 또는 안전 항로대를 따라 진행하고 있는 선박은 자선의 우현쪽에 있는 수도 또는 안전항로대의 바깥쪽 한계에 접근하여 항행하여야 하며, 길이 20미터 미만의 선박, 범선 및 어로에 종사하고 있는 선박은 좁은 수도 또는 안전 항로대 안에서만 안전하게 항행할 수 있는 선박의 통항을 방해하여서는 안된다.

가능한 좁은 수도 또는 안전항로대를 횡단하여서는 안되며, 좁은 수도 또는 안전항로대에서의 추월시에는 정해진 음향신호에 의해 그 의사를 표시하고 동의신호도 표시하여야 한다.

5) 통항분리방식(traffic separation schemes)

통항분리수역을 이용하는 선박은 적당한 항행로안에서 그 항행로에 대한 교통흐름의 일방적인 방향으로 진행하여야 하며, 가능한 통항분리선 또는 분리대에 접근하지 않아야 한다. 그리고 일반적으로 항행로의 출입시에는 가능한 교통흐름의 일방적인 방향에 대하여 소각도로 출입하여야 한다.

6. 항행규정(다른 선박이 시야 내에 있을 때 선박의 조치)

1) 추월(overtaking)

다른 선박을 추월하고 있는 선박은 추월당하고 있는 선박의 진로를 피하여야 한다. 추월선박은 다른 선박의 정횡 후 22.5도를 넘는 후방으로부터, 즉 추월당하고 있는 선박에 관하여는 야간에 그 선박의 선미등만 볼 수 있고 어느 쪽 현등도 볼 수 없는 위치로부터 다른 선박을 앞지르고 있는 경우에 추월하는 선박이라 한다.

2) 마주치는 상태(head-on situation)

2척의 동력선이 상반되는 침로 또는 거의 상반되는 침로에서 마주치는 경우에 충돌의 위험성이 있을 때에는 각 선박이 서로 다른 선박의 왼쪽을 통과할 수 있도록 각기 침로를 오른쪽으로 변경하여야 한다.

3) 교차상태(crossing situation)

2척의 동력선이 서로 진로를 교차하여 충돌의 위험성을 내포하는 때에는 다른 선박을 자선의 오른쪽에 두고 있는 선박이 다른 선박의 진로를 피하여야 하며 사정이 허락하는 한 다른 선박의 선수를 횡단하여서는 안된다.

4) 피항선(give-way vessel)의 조치

다른 선박의 진로를 피하여야 하는 피항선은 가능한 빠르고 큰 동작을 취하여 다른 선박으로부터 충분히 멀어져야 한다.

5) 유지선(stand-on vessel)의 조치

두 척의 선박중에서 한 척이 다른 선박의 진로를 피하여야 하는 피항선인 경우에 다른 선박은 침로와 속력을 유지하여야 하는 유지선의 의무를 진다. 그러나 충돌을 피하기 위하여 도움이 될 최선의 동작을 취하여야 할 협력의 의무도 진다.

6) 선박간의 책임

① 항행중인 동력선은 조종불능선, 조종능력제한선, 어로에 종사하고 있는 선박 및 범선의 진로를 피하여야 한다.
② 어로에 종사하고 있는 항행중의 선박은 조종불능선, 조종능력제한선의 진로를 피하여야 한다.
③ 조종불능선 또는 조종능력제한선이 아닌 선박은 흘수제한선의 안전한 통항을 방해하지 않도록 하여야 한다.

7) 시정이 제한된 상태(restricted visibility)에서 선박의 조치

모든 선박은 시정이 제한된 그 당시의 사정과 조건에 적응하는 안전한 속력으로 항행하여야 하며, 동력선은 기관을 당장 사용할 수 있도록 준비해야 한다.

7. 선박의 등화 및 형상물

1) 정 의

① 마스트등(masthead light) : 선수미의 중시선상에 설치되어 계속적인 불빛이 225도에 이르는 수평의 호를 비추고, 또 그 불빛이 정선수 방향으로부

터 각 현의 정횡후 22.5도까지 비출 수 있도록 장치한 백색 등을 말한다.

② 현등(side lights) : 계속적인 불빛이 각기 112.5도에 이르는 수평의 호를 비추고, 또 그 불빛이 정선수 방향으로부터 각기 양현의 정횡후 22.5도까지 비출 수 있도록 장치한 오른쪽의 녹색등과 왼쪽의 홍색등을 말한다. 길이 20미터 미만의 선박에 있어서는 현등을 선수미의 중심선상에 달고 있는 하나의 랜턴속에 결합할 수 있다.

③ 선미등(stern light) : 실행 가능한 한 선미에 가까이 설치되어 계속적인 불빛이 135도에 이르는 수평의 호를 비추고 또 그 불빛이 정선미 방향으로부터 각 현의 67.5도까지 비출 수 있도록 장치한 백색등을 말한다.

④ 예항등(towing light) : 선미등과 동일한 특성을 가진 황색등을 말한다.

⑤ 전주등(all round light) : 계속적인 불빛이 360도에 이르는 수평의 호를 비추는 등화를 말한다.

⑥ 섬광등(flashing light) : 매분에 120회 이상의 주기로 규칙적인 간격을 두고 섬광을 발하는 등화를 말한다.

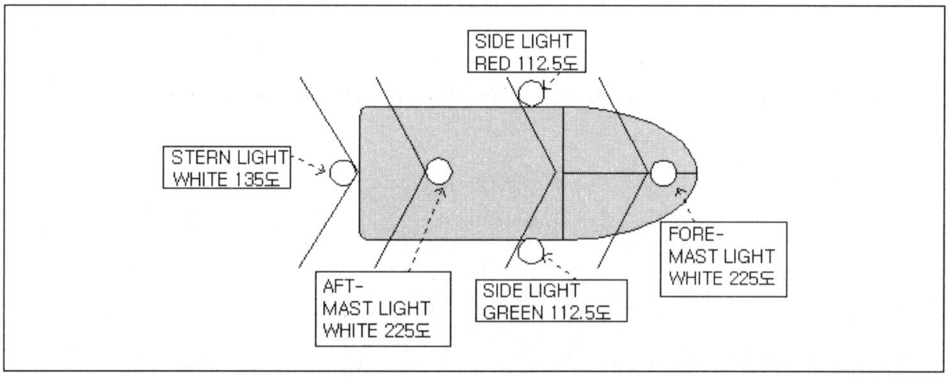

그림 6-1 ● 각종 등화의 표시

2) 항행중인 동력선

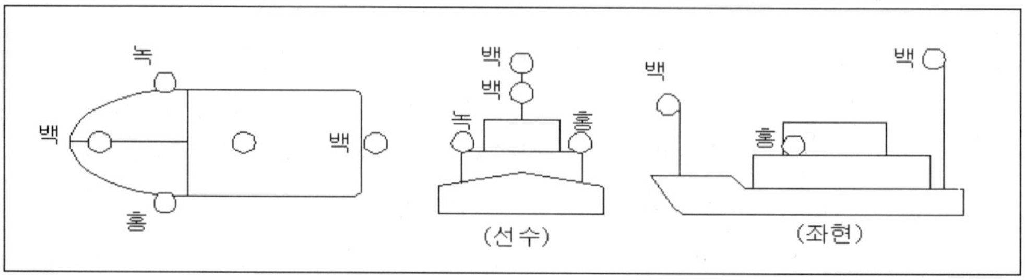

그림 6-2 ● 길이 50미터 이상의 항행중인 동력선

3) 선박의 끌기와 밀기(towing and pushing)

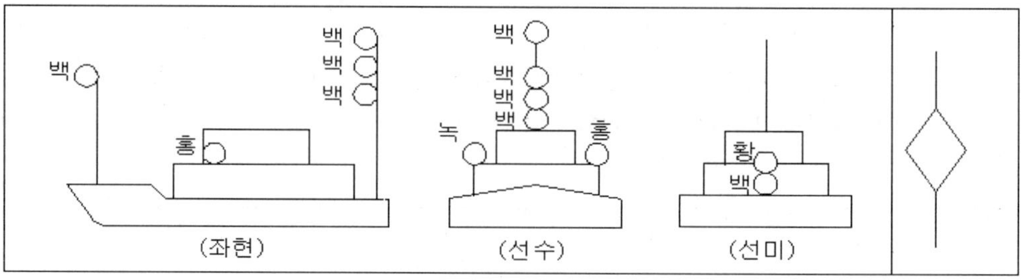

그림 6-3 ● 50미터 이상의 동력선이 타선을 선미에서 끄는 경우(예선열 200미터 이상)

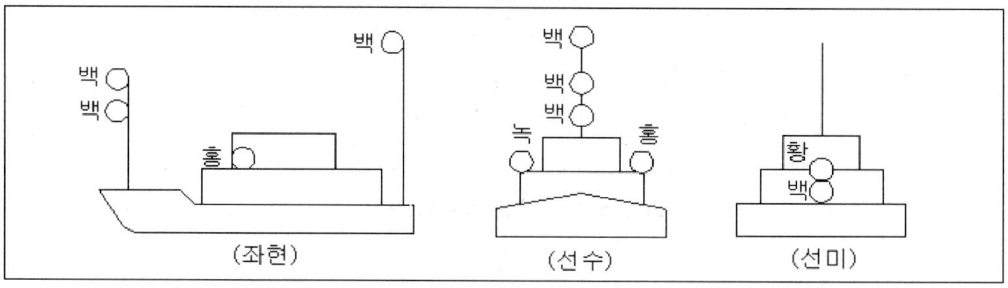

그림 6-4 ● 50미터 이상의 동력선이 타선을 선미에 끄는 경우(예선열 200미터 미만)

4) 조종불능선박(vessel not under command)

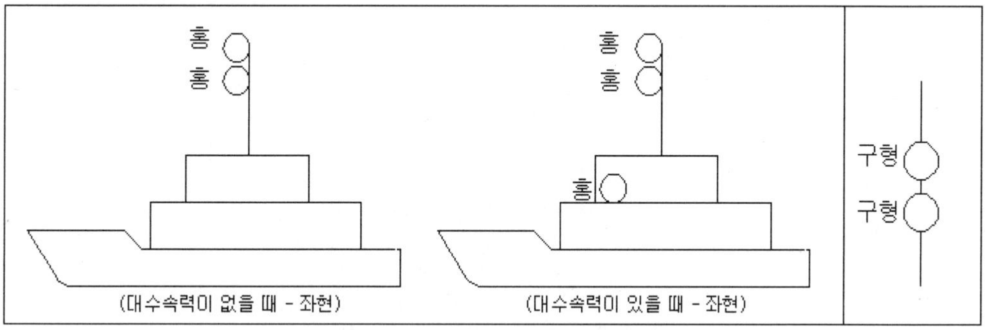

그림 6-5 ◦ 조종불능선박의 등화 및 형상물

5) 조종능력제한선박(vessel restricted in their ability to manoeuvre)

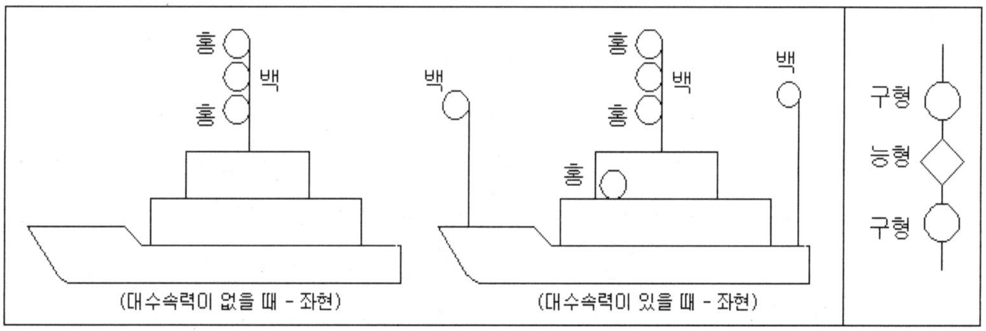

그림 6-6 ◦ 조종능력제한선박의 등화 및 형상물

6) 흘수제약선박(vessel constrained by their draught)

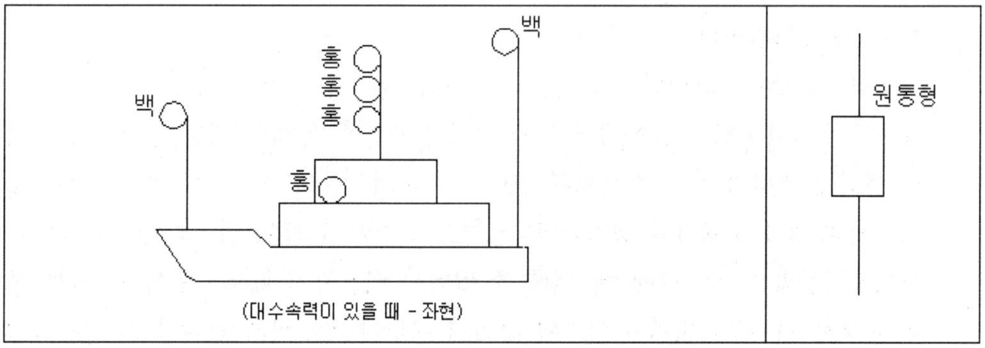

그림 6-7 ◦ 흘수제약선박의 등화 및 형상물

7) 도선선(pilot vessels)

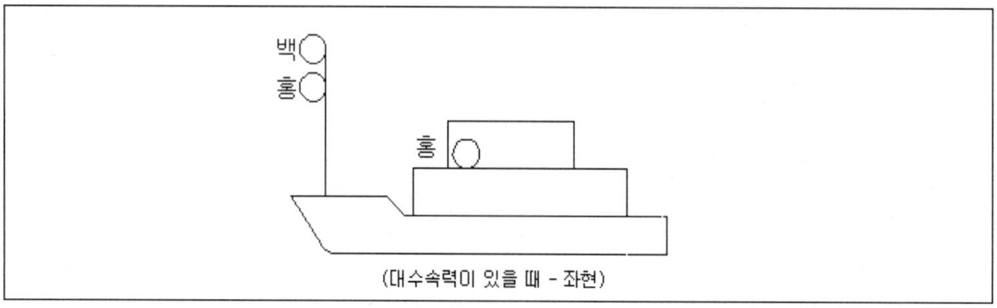

그림 6-8 ● 도선선의 등화 및 형상물

6.2 해상교통안전법

1. 의 의

해상교통안전법은 선박의 안전운항을 위한 안전관리체제를 확립하고, 해상에서 일어나는 선박항행상의 모든 위험과 장해를 제거함으로써 해상에서의 안전 및 원활한 교통을 확보함을 목적으로 하는 교통공법이다.

이 법은 우리나라의 영해 이내의 해역에 있어서 국적에 관계없이 해상교통의 목적에 사용하는 모든 종류의 선박에 관하여 해상교통 질서를 유지하는데 그 입법 목적을 두고 있으며, 1972년 국제해상충돌방지규칙 제정과 그 배경과 맥을 같이 하며 한국 연안에서도 선박의 대형화, 고속화 그리고 특정해역에서의 해상교통량 확대로 인하여 예상되는 해양사고의 증가를 방지하기 위하여 우리나라 연안에 있어서의 특수한 지리적 조건과 특성에 맞추어 입법된 기본적인 해상교통질서법이다.

또한 과거에 입법되었던 해상충돌예방법과는 그 입법 목적을 달리 하는데, 즉 해상충돌예방법은 해상에 있어서 선박의 충돌과 항해의 위험을 방지하기 위한 행위에 대하여 선박 스스로의 판단과 단독적 실행만을 요구하며 또 그 위반효과에 대해서 구체적인 책임규정이 없는 소극적 해상교통법이었다. 반면에 해상교통안전법은 1986년에 해상활동에 있어서 이용자에게 교통질서의 유지의무와 교통시설과 항로표지의 설치와 관리에 대하여 정부에게 관리자 의무를 규정하여 적극적인 해상교통법으로써의 성질을 가지고 있다.

2. 적용범위

1) 적용대상

본 법이 적용되는 대상인 선박은 수상에서 항행수단으로 사용되거나 사용될 수 있는 船舶類(수상에서 이동할 수 있는 水上航空機를 포함한다)를 말한다(제2조). 그러므로 동력선뿐만 아니라 범선, 노도선 및 수상항공기도 여기에 포함된다.

2) 장소적 적용범위

장소적 적용범위에 있어서 해상교통안전법 제3조 제1항은 이 법은 대한민국의 영해 및 내수(해상 항행선박이 항행을 계속할 수 없는 하천·湖沼 등을 제외한다)에 있는 모든 선박과 대한민국의 영해나 내수가 아닌 해역에 있는 대한민국 선박에 대하여 이를 적용한다고 하여 그 적용범위에 대하여 정하고 있다. 즉 동법은 기본적으로 대한민국의 영해 및 내수에 있는 대한민국의 선박은 물론 외국적 선박에 대하여도 적용하고, 대한민국의 선박에 대하여는 공해에서도 적용한다. 대한민국의 선박이란 선박법상의 선박[1)]을 말한다.

그러므로 영해내에서 뿐만 아니라 공해에서 우리나라 국적선박끼리 조우할 때 지켜야할 법은 해상교통안전법이 된다. 영해내에서 우리나라 국적선박과 외국적 선박이 충돌한 경우에도 해상교통안전법이 준거법이 된다. 반면 공해상에서 우리나라 선박과 외국선박이 충돌하면 섭외사건이 되어 만약 우리나라가 관할권을 가지면 가해선박의 해상교통법이 준거법이 된다. 해상항행선박이 항행을 계속할 수 없는 하천 및 湖沼 등을 제외한다고 되어 있으므로, 국제규칙에서와 마찬가지로 해상교통안전법은 한강이나 충주호 등에는 적용되지 아니한다.

3) 인적 적용범위

인적 범위에 있어서는 이 법 또는 시행령 중 선박소유자에 관한 규정은 선박공유의 경우에 선박관리인을 임명한 때에는 이를 선박관리인에게, 선박임대차의 경우에는 이를 선박임차인에게 각각 적용하고 선장에 관한 규정은 선장에

1) 선박법 제1조의2 이 법에서 '선박'이라 함은 수상 또는 수중에서 항행용으로 사용하거나 사용될 수 있는 배의 종류를 말한다. ① 기선 : 기관을 사용하여 추진하는 선박(기관과 돛을 모두 사용하는 경우로서 주로 기관을 사용하는 것을 포함한다), ② 범선 : 돛을 사용하여 추진하는 선박(기관과 돛을 모두 사용하는 경우로서 주로 돛을 사용하는 것을 포함한다), ③ 부선 : 자력항행능력이 없어 다른 선박에 의하여 끌리거나 밀려서 항행되는 선박.

갈음하여 그 직무를 행하는 자에게도 이를 적용한다. 즉 선박의 운항지휘자로서 선장뿐만 아니라 선장의 지휘, 감독 아래 해상교통의 안전 의무를 지고 있는 항해사와 도선사를 포함한다. 또한 해양시설의 소유자에 관한 규정은 해양시설 임대차의 경우에는 이를 해양시설의 임차인에게 적용하도록 하고 있다.

3. 구 성

제1장은 총칙, 제2장은 해상안전관리, 제3장은 해상교통관리, 제3장의2는 해상질서유지, 제4장은 보칙 그리고 제5장은 벌칙으로 구성되어 있다.

이 법은 처음에는 국제규칙과 유사한 내용의 해상교통안전법만을 내용으로 하고 있었으나, 1999년 2월 국제안전관리규약(ISM Code)의 내용을 포함하는 등 우리나라 해상교통의 지리적 환경을 고려하여 국제규칙에서 볼 수 없는 독자적인 해상교통규정인 조성규범을 두고 있다. 또한 국제규칙은 집행상의 문제로 벌칙규정이 없으나 해상교통안전법에는 벌칙규정이 있다.

4. 특 징

1) 정부기관의 관리자 의무와 사용자의 질서 의무를 규정

① 정부기관의 해상안전관리

(제6조) 항행보조시설의 설치 및 관리

(제7조) 선박출항통제

(제45조) 특정해역의 설정과 관리(항로지정 및 해상교통관리)

(제10조의6) 항만국통제

(제11조) 사업장에 대한 지도 감독

(제11조의2) 개선명령

(제50조) 좁은 수로등에서 항로의 지정

② 선박소유자

(제10조) 선박의 안전관리체제 수립 등

(제10조의2) 인증심사

③ 선장의 의무

(제8조의2) 주취중의 조타기 조작금지, 조작지시 금지

(제9조) 해양사고가 발생한 경우의 조치

2) 항법, 등화 형상물의 표시방법

항법, 등화 및 형상물의 표시방법은 국제해상충돌방지규칙과 거의 동일하며 개항질서법이나 조약에 따른 규정이 있을 때는 그 규정의 정하는 바에 따른다.

3) 적용수역

① 모든 나라의 선박 : 한국의 영해와 내수(다만 해항선이 항해를 계속할 수 없는 하천 및 호수를 제외)

② 한국선박 : 공해를 포함한 해항선의 가항수역 전역에서 적용한다(영해 밖에서도 적용)

4) 국제규칙에 없는 정의 항목

① 항로지정방식이라 함은 선박이 통항하는 항로, 속력, 기타 선박 운항에 관한 사항을 지정하는 제도를 말한다. 특히 교통안전특정해역외의 해역으로서 그 해역의 지형 · 조류 기타 자연적인 조건 등으로 해양사고가 발생할 우려가 있다고 인정되는 경우에 그 해역의 범위, 선박의 항로 및 속력 등 선박의 항행안전에 필요한 사항을 정하고 있다.

② 거대선이라 함은 길이 200m 이상의 선박을 말한다. 국제규칙에서는 거대선의 개념을 규정하지 않고 대신 흘수가 깊어서 선박의 조종성에 제약을 받는 흘수제약선을 규정하고 있다.

③ 위험화물운반선이라 함은 선체구조의 일부로서 형성되는 화물창 또는 선체에 고정된 탱크 등에 해양수산부령이 정하는 위험물을 싣고 운반하는 선박을 말한다.

④ 고속여객선이라 함은 시속 15노트 이상의 속력으로 항행하는 여객선을 말한다.

⑤ 해상교통관제방식이라 함은 선박의 안전하고 원활한 통항을 목적으로 해상교통관제시설을 설치하여 항행하는 선박에 대하여 적절한 항행정보를 제공하고 당해 선박이 적법하게 항행하는지의 여부를 감시 · 지도하는 제도를 말한다.

5. 주요 내용

1) 선박출항통제

해상에 기상특보가 발표되거나 안개 등으로 인하여 시계(視界)가 제한되어 선박의 안전운항에 지장을 초래할 우려가 있다고 판단할 때에는 선박소유자 또는 선장에 대하여 선박의 출항을 통제할 수 있도록 함으로써 선박의 안전을 확보하고 있다.

2) 주취중의 조타기 조작 등 금지

해상통항량의 증가로 인해 선박에서의 음주는 중대한 해양사고로 직결될 수 있다. 그러므로 술에 취한 상태에서 운항을 위하여 조타기를 조작하거나 그 조작을 지시하지 못하도록 규정함으로써 음주로 인한 충돌과 좌초의 위험을 감소시키고 해상교통의 안전을 확보하기 위하여 이러한 규정을 두고 있다.

3) 선박의 안전관리체계(ISM Code)

해상안전관리에 관한 해상교통안전법의 내용중 제10조부터 제10조의12까지는 국제해사기구(IMO)의 국제안전관리규약(ISM CODE)을 수용하고 있다. 이는 해상에서의 인적과실로 인한 해양사고를 방지하기 위하여 지속적으로 선원의 자질향상을 위한 노력을 수행함과 동시에 해운기업의 육해상 모든 부서를 망라하는 안전관리시스템을 수립하여 시행하기 위한 규정이다. IMO에서는 SOLAS 협약의 제9장에 추가하여 강제화시키고 있다.

4) 교통안전특정해역의 설정 및 관리

주요 개항 부근의 해상교통량이 밀집하는 지역에서는 그와 비례하여 충돌의 위험성이 증대될 수밖에 없다. 이러한 위험성을 제거하기 위하여 해상교통이 집중하는 연안해역을 해상교통의 특정해역으로 설정하여 교통위험을 인위적으로 관리하기 위한 제도가 교통안전특정해역제도이다.

특정해역이 설정된 해역은 인천, 부산, 울산, 포항 및 여수구역으로 총 5군데 해역이며, 이와 병행하여 항로지정방식을 사용하고 있다. 이는 교통안전특정해역을 항해하는 선박은 법에서 정한 지정항로를 따라 항행하도록 규정하고 있는 것으로 인천항 출입항로, 부산항 출입항로 및 광양만 출입항로에 대하여 분리선 및 분리대를 설치하여 출입항의 안전을 도모하고 있다. 또한 교통안전특정해역에서 어로에 종사하고 있는 선박으로 하여금 항로지정방식에 따라 항행하는 다른 선박의 통항에 지장을 주지 않도록 하며, 어망 기타 어구 등의 설치 및 양식어업을 금지시키고 있다.

5) 유조선 통항금지해역 설정

유조선 통항금지해역이라 함은 선장 또는 항해당직을 수행하는 항해사가 유조선 등의 안전운항을 확보하고 해양사고로 인한 해양오염을 방지하기 위하여 유조선 등의 통항을 금지한 해역을 말한다. 이는 해양환경상의 대재앙이라고 할 수 있는 유류오염사고가 연안해역에서 발생하는 경우에 그 심각성이 더 할 수 있기 때문에 이를 미연에 방지하고자 하는 목적이기도 하다. 즉 연안항해의 경우에 통항량의 증가 및 각종 항행상 장애물이 많을 수밖에 없으므로 연안으로부터 일정한 거리만큼 떨어져 항행하도록 함으로써 항행상의 안전을 확보할 뿐만 아니라 만일의 해양사고의 경우에도 해양생태계를 보호하고자 하는 목적이라 할 수 있다. 이러한 통항금지해역에 해당되는 선박으로는 경유 또는 중유 1천500킬로리터 이상을 화물로 싣고 운반하는 유조선 및 해양오염방지법상 유해액체물질로 규정된 물질을 1천500톤이상 싣고 운반하는 케미컬선 등이 해당된다.

6) 항로 등의 보전

선박이 출입하는 항로는 기본적인 교통로이므로 선박의 통항을 최우선적으로 보장하기 위하여 이를 제도화하고 있다. 즉, 항로를 보호하기 위하여 해양경찰서장을 감독권자로 하여 절대 금지행위와 허가행위를 구분하여 법적으로 규제하고 있는 것이다.

절대 금지행위로는 선박의 방치와 어망 등의 설치 및 투기가 있으며, 허가행위로는 항만해역의 해상교통의 질서를 보호하는 차원에서 해양스포츠를 허가사항으로 규제하고 있다. 즉, 개항 및 지정항, 항만수역 등에 있어서는 해상교통여건 등을 고려하여 스쿠버다이빙, 윈드서핑 및 수상스키 등과 같은 해양스포츠가 제한될 수 있는 것이다.

6.3 개항질서법

1. 의 의

개항질서법은 개항의 항계안에서 선박교통의 안전 및 질서를 유지함을 목적으로 한다. 개항질서법은 개항의 항계안에서의 선박교통의 질서를 유지함을 목적으로 하는 법이므로 해상교통안전법에 대하여 특별법적인 지위에 있다. 그 입법목적을 구체적으로 분류하면 다음과 같다.

1) 해상교통의 안전유지

항계안에는 출입항선박뿐만 아니라 잡종선 등의 항내교통, 항내하역, 항내관광, 수로의 준설, 보수, 항로시설의 설치 및 정비로 인하여 선박교통이 복잡하여 위험이 발생하기 쉬우므로 이와같은 위험을 방지하여 선박교통안전을 확보하기 위한 법이다.

2) 해상교통의 질서유지

항계안에서 항로의 지정, 수리와 계선의 제한, 어로의 제한, 하역선적의 지정, 정박지의 지정 등으로 항만수역의 교통질서를 유지하여 해양사고를 예방하기 위한 법이다.

2. 법적 성질

개항질서법은 개항의 항계내나 부근에서 선박교통의 안전과 질서유지의 목적을 위하여 해양수산부와 국민간의 관계에 대하여 규정한 행정법규이며, 내용의 지시, 명령, 제한, 금지, 허가 등을 준수하도록 하는 강행법규이며 또한 선박 및 관계자의 행동 또는 행위를 규제하는 교통규제법규이다.

또한 개항질서법은 해상교통안전법에 대하여 특별법적 성격을 가지므로, 개항질서법과 해상교통안전법에 상충하는 내용이 있으면 개항질서법이 우선 적용되고 개항질서법에 없는 규정은 해상교통안전법의 규정이 보충적으로 적용된다. 해상교통안전법 제4조는 "개항 및 지정항의 항계안에서 선박의 충돌방지를 위하여 지켜야 할 항법, 신호 기타 운항에 관하여 개항질서법에 다른 규정이 있는 때에는 그 규정에서 정하는 바에 의한다"고 하여 이를 분명히 하고 있다.

3. 적용범위

1) 적용수역

개항질서법 제1조는 개항의 항계안에서 선박교통의 안전 및 질서를 유지함을 목적으로 한다고 규정하고 있다. 그러므로 개항의 항계밖에서는 개항질서법이 적용되지 않고 해상교통안전법이나 국제규칙이 적용된다. 개항과 그 범위는 개항질서법 시행령 제2조에서 규정하고 있다. 우리 나라의 개항은 부산, 인천, 목포, 포항, 태안항 등을 포함한 28개항이다.

그러나 유해물의 투기금지구역에는 개항의 항계내 및 항계 밖 10킬로미터 이내까지 준용하고 있는 등 "개항의 항계 안 또는 항계 부근"까지 적용하고 있다.

또한 위험물의 하역, 운반조항에는 항계 밖의 일정한 장소를 지정하여 하역을 할 수 있게 하고, 이 경우 항계 밖의 일정한 장소는 항계안에 있는 것으로 간주하고 있다.

개항질서법은 제4조에서 지정항에까지 그 적용범위를 확대시키고 있다.

2) 적용대상

개항의 항계 안에 있는 내외국적의 모든 선박이 그 대상이 되며, 인적범위로써는 선장에게 적용되는 것이 원칙이나 선장에 관한 규정은 선장에 갈음하여 그 직무를 행하는 자에게도 이를 적용한다. 즉 선박의 운항 지휘자로서 선장뿐만 아니라 선장의 지휘, 감독 아래 해상교통의 안전 의무를 지고 있는 항해사와 도선사를 포함한다.

4. 구 성

개항질서법은 제1장 총칙, 제2장 입출항과 정박, 제3장 항로와 항법, 제4장 위험물, 제5장 수로의 보전, 제6장 선등과 신호, 제7장 보칙 그리고 제8장 벌칙으로 구성되어 있다.

5. 주요 내용

1) 입·출항 및 정박

첫째, 개항의 항계안에 입항 또는 출항하는 선박은 규정에 따라 관할 지방해양수산청장에게 신고하여야 한다.

둘째, 개항의 항계안에 정박하는 선박(잡종선을 제외)은 선박의 종류 · 톤수 · 흘수 또는 적재물의 종류에 따라 대통령령이 정하는 바에 의하여 지정된 정박구역 또는 정박지에 정박하여야 하며, 이동이 있을 경우에 관할 지방해양수산청장에게 신고하여야 한다.

셋째, 지방해양수산청장은 개항의 효율적인 운영을 위하여 필요하다고 인정하는 경우에는 개항의 항계안에 있는 선박에 대하여 항계안이나 항계밖의 다른 장소로의 이동을 명하거나 전시 · 사변 또는 이에 준하는 국가비상사태나 국가안전보장상 필요한 경우에는 다른 개항으로의 이동을 명할 수 있다.

2) 항로와 항법

개항의 항계내에서 항행하는 선박은 다음의 항법원칙을 준수함은 물론 다른 선박에 위험을 주지 아니할 정도의 속력으로 항행하여야 한다.

(1) 기본항법

① 항로우선원칙 : 지정항로 안에서 항행하는 선박은 우선적 항행권을 가진다.
② 오른쪽 항행원칙 : 지정항로 내에서 다른 선박과 마주칠 경우에는 각 선박은 항로의 오른쪽으로 항행하여야 한다.
③ 나란한 항행의 금지 : 항로의 폭이 좁으므로 2척 이상의 선박이 나란히 항행할 수 없다.
④ 추월금지 : 항로 내에서는 앞에 있는 선박을 추월할 수 없다.
⑤ 흘수제한선, 위험물적재선 우선원칙

(2) 방파제부근의 항법

방파제 부근에서 입항하는 선박과 출항하는 선박이 마주치는 경우에는 출항선이 방파제를 완전히 통과할 때까지 입항선은 방파제 밖에서 기다려야 한다. 이를 출항선 우선원칙이라 한다. 그리고 동시에 2척의 선박이 입항하거나 출항할 경우에는 이 곳은 인위적인 좁은 수로이기 때문에 좁은 수도에서의 항법을 적용하여야 한다.

(3) 기타의 항법

① 속력의 제한 : 개항의 항계안과 항계부근에 있는 선박은 다른 선박에 위

험을 미치지 아니할 정도의 속력으로 항행하여야 한다.

② 항내 시설물 부근의 항법 : 방파제, 부두, 해안으로 길게 뻗은 육지, 잔교 등의 시설물 또는 정박선의 부근을 항행할 때는 오른쪽 항행원칙을 적용하여 이들을 오른쪽으로 보고 항행할 때는 이에 접근하여 항행하고, 이를 왼쪽으로 두고서 항행할 때는 가능한 멀리 떨어져서 항행하여야 한다.

③ 잡종선의 피항의무 : 잡종선은 항계내에서 동력선과 범선의 진로를 피해야 한다.

④ 예항의 제한 : 개항의 항계안에서 4척이상의 단정, 3척 이상의 부선 및 소선 또는 2척이상의 항양선을 예항하고자 할 때에는 지방청장의 허가를 받아야 한다.

3) 위험물 반입 · 하역

첫째, 위험물을 개항의 항계 안으로 반입하고자 하는 자는 입항 전에 해양수산부령이 정하는 바에 따라 지방해양수산청장에게 신고하여야 한다.

둘째, 선박이 개항의 항계안에서 위험물을 하역할 때에는 지방해양수산청장의 허가를 받아야 한다.

4) 수로의 보전

첫째, 누구든지 개항의 항계안 및 항계밖 10킬로미터 이내의 수면에 선박의 안전운항을 해할 우려가 있는 폐기물을 버려서는 아니된다.

둘째, 지방해양수산청장은 개항의 항계안 또는 항계의 부근에서 선박의 항행을 방해하거나 항행에 위험을 미칠 우려가 있는 표류물 · 침몰물 등의 물건을 발견한 때에는 그 물건의 소유자 또는 점유자에 대해 그 제거를 명할 수 있다.

6. 1972년 국제해상충돌방지규칙 및 해상교통안전법과의 차이

개항질서법은 국제규칙 및 해상교통안전법에 대하여 특별법적인 성격을 가지므로 다음과 같은 차이점을 가지고 있다.

첫째, 국제규칙과 해상교통안전법에 따르면 상호시계내에서는 자신의 우현측에 접근하는 선박을 두고 있는 선박이 피항선이 된다(국제규칙 제15조 및 해상교통안전법 제23조). 그런데 개항질서법에서는 잡종선은 항상 동력선과 범선의 진로를 피하여야 하며, 항로밖에서 항로에 들어오거나 항로에서 항로밖으로 나가는 선박은 항로를 항행하는 다른 선박의 진로를 피하도록 규정되어 있다. 방파제부근에서도 입항하는 선박은 방파제 밖에서 출항하는 선박의 진로를 피하도록 되어 있다. 이와 같이 횡단관계가 형성된다고 하여도 개항질서법상의 각 특칙이 우선 적용되어 횡단규정의 적용이 배제된다.

둘째, 국제규칙과 해상교통안전법에 따르면 협수로에서 길이 20미터 미만의 선박이나 범선 그리고 어로작업에 종사하는 선박은 '항로내에서' 동력선이나 모든 선박에 대하여 통항불방해의무를 부담하나(동규칙 제9조 및 동법 제17조), 개항질서법에서는 항로내에서 추월자체가 금지되어 있다. 또한 항로내에서의 병렬항행도 금지된다.

셋째, 국제규칙과 해상교통안전법에 따르면 협수로에서 길이 20미터 미만의 선박이나 범선 그리고 어로작업에 종사하는 선박은 '항로내에서' 동력선이나 모든 선박에 대하여 통항불방해의무를 부담하나(동규칙 제9조 및 동법 제17조), 개항질서법에서는 잡종선, 예인선 및 통선등은 항계내에서 다른 선박의 진로를 방해하여서는 아니된다.

넷째, 국제규칙이나 해상교통안전법에서는 협수로에서 어선은 통항불방해의무를 부담할 뿐이나(국제규칙 제9조, 해상교통안전법 제17조), 개항질서법에서는 항로내에서는 원칙적으로 어로작업이 금지된다.

참고문헌

김세원, 선박·항해학·해사 개론, 다솜출판사.

김인현, "선박충돌과 항법", 효성출판사.

김인현, "해상교통법강의", 효성출판사.

민병언, 해양기상학, 한국해양대학, 해사도서출판부.

박용섭, "해상교통법론", 형설출판사.

박진수, "해사안전관리", 다솜출판사.

박진수, 선박자동식별장치 도입을 위한 기초연구, 해양수산부.

윤여정, 지문항해학, 한국해양대학 해사도서출판부.

윤여정, 천문항해학, 한국해양대학 해사도서출판부.

이윤철, "국제해사조약론", 다솜출판사.

임동철·정영석, "해사법규강의", 해인출판사.

전영우 역, "항만국 통제 절차"(Procedures for Port State Control), 해인출판사.

최재선, "IMO 해사보안협약 시행방안", 한국해양수산개발원.

최재선·조동오, "최근의 해사보안 강화 동향과 정책 시사점", 한국해양수산개발원.

황석갑·이윤철, "해사법규Ⅰ", 다솜출판사.

한국선급 역, "국제선박 및 항만시설 보안 규칙"(ISPS Code), 해인출판사.

해양수산부, 만화로 보는 항로표지(간이책자)

해양수산부, 위성항법 조정기준국 DGPS(간이 책자)

교육인적자원부, 항해, 대한교과서주식회사.

국립해양조사원, 한국의 해도 세계측지계(WGS84)로 변경(간이책자)

국제해사기구 홈페이지(http://www.imo.org)

국제해양정보센터, "IMO 정보연구", 제22권 1호~제22권 3호.

국제해양정보센터, "IMO 정보연구", 제22권 1호~제22권 3호.

Ministry of Defence, Admiralty Manual of Navigation Volume 1, The Stationary Office in U.K., 1984.

Standing Orders(T.V. Patriot State), Massachusetts Maritime Academy Department of Marine Transportation

The American Practical Navigator, 2002 Bicentennial Edition, National Imagery and Mapping Agency

찾아보기

ㄱ

ㄴ

ㄷ

ㄹ

ㅁ

ㅂ

ㅅ

ㅇ

ㅎ

A

B

C

D

Q

R

S

T

U

V

W

항해기초실습

2016년 10월 15일 1판 4쇄 발행

저 자 김 종 성 외
발행인 남 승 우

발행처 도서출판 상尙 학學 당堂
서울시 동작구 사당로9가길 6(사당동)
TEL : 02) 595-1692~4
FAX : 02) 595-1394
E-mail : namdoo6@unitel.co.kr
신고 : 2-155호 (1968. 11. 29)

정가 20,000원

ISBN 978-89-93383-23-2 93500

〈디자인〉 편집 엄해숙 / 표지 토틀컴